电子设计与嵌入式开发
实践丛书

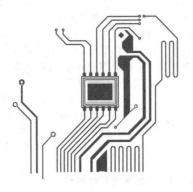

STM32单片机
应用基础与项目实践

微课版

◎ 屈微 王志良 主编

清华大学出版社

北京

内 容 简 介

本书以STM32单片机的多个实训案例贯穿全书，共4篇，22章。第一篇为预备篇（第1～4章），主要介绍必备基础知识；第二篇为基础篇（第5～12章），主要介绍STM32单片机系统结构原理和功能，详细讲解了STM32基础实训的设计和实现；第三篇为应用篇（第13～18章），通过理论和实训介绍了相关模块的原理、结构及应用，讲解STM32外围设备模块应用；第四篇为实战篇（第19～22章），介绍以STM32单片机为核心的4个实际应用系统的设计与实现。

书中提供的16个实训案例涵盖STM32单片机的基础和外设应用，每章设置大量思考和扩展题目，以增强读者兴趣，引导读者进一步思考和设计扩展应用。此外，书中全面讲解了4个完整应用系统的设计过程，对于本科生创新创业训练项目及实际工程项目设计具有很好的参考价值。

本书配套资源丰富，包括PPT课件、实训操作视频以及全部完整工程代码文件。

本书针对STM32单片机教学、综合实训及创新实践的需求，可供物联网、自动化、电子信息工程等相关专业本科生选用，也可供计算机科学与技术、电子科学与技术、控制工程、通信工程、信息安全、智能科学与技术等相关专业选用，还可供需要掌握STM32单片机实际技能的爱好者作为参考书使用。

图书在版编目(CIP)数据

STM32单片机应用基础与项目实践：微课版/屈微，王志良主编. —北京：清华大学出版社，2019
(2022.8 重印)
　(电子设计与嵌入式开发实践丛书)
　ISBN 978-7-302-51095-6

Ⅰ. ①S… Ⅱ. ①屈… ②王… Ⅲ. ①单片微型计算机 Ⅳ. ①TP368.1

中国版本图书馆 CIP 数据核字(2018)第 195629 号

责任编辑：刘　　星
封面设计：刘　　键
责任校对：梁　　毅
责任印制：丛怀宇

出版发行：清华大学出版社
　　　网　　　址：http://www.tup.com.cn，http://www.wqbook.com
　　　地　　　址：北京清华大学学研大厦 A 座　　　　　　　邮　　编：100084
　　　社 总 机：010-83470000　　　　　　　　　　　　　邮　　购：010-62786544
　　　投稿与读者服务：010-62776969，c-service@tup.tsinghua.edu.cn
　　　质量反馈：010-62772015，zhiliang@tup.tsinghua.edu.cn
　　　课件下载：http://www.tup.com.cn，010-83470236
印 装 者：北京国马印刷厂
经　　销：全国新华书店
开　　本：185mm×260mm　　　印　　张：19.25　　　　　字　　数：466 千字
版　　次：2019 年 6 月第 1 版　　　　　　　　　　　　印　　次：2022 年 8 月第 10 次印刷
印　　数：15001～17000
定　　价：59.00 元

产品编号：079639-01

前 言

一、为什么要写本书

随着计算机的发展,单片机作为其中的一个重要分支领域,以完善的性能、可靠性以及较高的性价比,在很多领域得到了广泛应用,其中包括工业过程控制、智能仪表、人工智能和智能家电等。为了顺应工程实际需求和社会需要,单片机已成为相关工程领域必须掌握的一门基础知识,因此,高等院校很多工科专业(物联网、自动化、电子、机械和计算机)都开设了单片机技术课程,并将其作为必修基础课。20 世纪 90 年代,ARM 32 位嵌入式处理器占据了低功耗、低成本和高性能的嵌入式系统应用领域的领先地位,其中典型的 STM32 单片机(也称微处理器)成为主流应用芯片,占据了大部分应用市场。很多高校开设 STM32 嵌入式单片机课程,取代传统的 8 位单片机。

STM32 单片机教学,理论繁杂,组成结构理解起来抽象,需要大量实际操作和项目实例参考,传统的重视理论讲述的教材形式难以满足要求,需要以实训为主要形式,具有丰富的案例讲解的教材,才能更好地辅助学习和掌握相关技术理论,适应 STM32 单片机教学。

本书紧扣教学需求,以实训项目设计过程为主线,按照项目设计过程安排知识点,以实训项目为中心选取相关的理论和实践知识,将知识和技能相融合。本书实训案例内容涵盖 STM32 单片机的基础和外设应用。每个实训为完整的验证性实验,用于加深对理论知识的理解,同时每章设置大量思考和扩展题目。

二、内容特色

在编写本书过程时,作者秉承在新工科背景下,相关专业发展必须加强实训的理念,同时,汲取了工程化教学思想。因此,与同类书籍相比具有如下特点:

结构系统完整

本书实现理论与实践相结合,在讲述实训操作过程中辅以相关理论知识,更有利于读者

Foreword

对涉及的单片机各个方面技术的理解,每个实验可独立完成,又相互联系。读者也可以对其中的知识和实验进一步深入和延伸。

内容层次清晰

本书共分为预备篇、基础篇、应用篇和实战篇,理论知识由浅入深,应用由简单到复杂,层次分明,逐渐递进。内容涵盖设计原理图及开发板制作,STM32 单片机最小系统基础应用,外围芯片扩展应用,以及完整系统的开发。读者可以根据自己的水平有选择地阅读;作为教材,授课教师可以根据本校的教学计划,自由选择内容进行教学大纲设计,灵活调整授课学时。

启发拓展思考

本书提供的 16 个实训为完整的验证性实验,用于加深对理论知识的理解,同时每章设置大量思考和扩展题目,增强读者兴趣,引导读者进一步思考和设计扩展应用,完成创新性实验设计。

三、结构安排

全书共 4 篇,包括:

预备篇(第 1~4 章):介绍了嵌入式系统和 STM32 嵌入式芯片的基本概念,STM32 最小系统开发板的制作以及 STM32 软件开发环境的搭建。这 4 章的知识对于后面的 STM32 开发起到铺垫作用,同时也使读者初步认识 STM32 单片机。

基础篇(第 5~12 章):列举了 STM32 单片机的 I/O、串口、中断、定时器、PWM、DMA 和 ADC 应用,共 10 个基础实验。围绕实训案例,介绍了相关理论知识、软硬件设计、实训操作过程及相关的问题,理论与操作并重,达到相互促进、共同提升的目的。

应用篇(第 13~18 章):列举了 6 个 STM32 外部模块扩展应用实验,每章详细描述了外设芯片的结构、原理和使用方法,对程序源代码进行了详细注解和说明,可以帮助读者建立对 STM32 实际应用设计的概念,这部分的程序代码较为复杂,读者通过阅读和使用可以大大提高 STM32 软件编程能力。

实战篇(第 19~22 章):全面讲解了 4 个完整应用系统的设计过程,提供完整的参考代码,可以使读者对于 STM32 的工程应用建立真实的系统概念。

本书由屈微、王志良担任主编,王志良制订了本书大纲、内容安排并指导文字写作,屈微负责全书的统稿和组织工作。潘秋实制作了基础篇实训讲解视频并提供了全书的各个实验的工程源码,李绪昆制作了应用篇实训讲解视频。屈微、王志良编写了预备篇(第 1~4 章);屈微、卫玲蔚编写了基础篇(第 5~12 章);潘秋实、屈微编写了应用篇(第 13~18 章)和实战篇(第 19~22 章);王国勇参与了基础篇的整理工作,郭雨桐参与了应用篇的整理工作。

四、本书配套资源

- 课件 PPT 等资料:请到清华大学出版社网站本书页面下载。

- 工程源代码和运行环境：扫描此处二维码下载。
  （注意：请先扫描封四刮刮卡中的二维码进行注册。）
- 实训操作视频：扫描书中对应章节处的二维码进行观看。

工程源代码和运行环境下载

五、致谢

　　本书的出版得到了国家自然科学基金重点项目（项目编号：61432004）、国家重点研发计划重点专项（课题标号：2017YFB1002804）、北京科技大学教学基金重点项目（编号：JG2017Z06）、北京科技大学教学基金面上项目（编号：JG2016M30）和清华大学出版社的大力支持，在此表示诚挚的感谢。

　　由于时间仓促，加上编者水平有限，书中难免会有疏漏之处，恳请各位读者、老师批评指正，有兴趣的读者请发送邮件到 workemail6@163.com，在此编者表示衷心的感谢。

编　者

2018 年 12 月于北京

目 录

第一篇 预 备 篇

Contents

第一篇 预备篇

第1章

嵌 入 式 系 统

本章学习目标

1. 了解嵌入式系统概念、发展和分类。
2. 掌握嵌入式微处理器的特点。
3. 了解嵌入式系统组成、应用领域及特点。
4. 熟悉嵌入式系统软、硬件开发流程。

1.1 嵌入式系统概述

1.1.1 嵌入式系统的概念

21世纪,人类已经进入到了所谓的后PC时代。这一阶段,人们开始考虑如何将客户终端设备变得更加智能化、数字化,从而使得改进后的客户终端设备更加轻巧便利、易于控制或具有某些特定的功能。为了实现人们对客户终端提出的新要求,嵌入式技术提供了一种灵活、高效和高性价比的解决方案。嵌入式技术成为当前微电子技术与计算机技术中的一个重要分支。随着信息技术与网络技术的高速发展,嵌入式技术的应用越来越广泛,正在逐渐改变着传统的工业生产和服务方式。

IEEE(Institute of Electrical and Electronics Engineers,美国电气和电子工程师协会)对嵌入式系统的定义是:"用于控制、监视或者辅助操作机器和设备的装置"(原文为:Devices used to control, monitor or assist the operation of equipment, machinery or plants)。国内普遍认同的嵌入式系统定义为:一个嵌入式系统就是一个具有特定功能或用途的计算机软、硬件集合体。以应用为中心,以计算机技术为基础,软、硬件可裁剪,适应应用系统对功能、可靠性、成本、体积、功耗等严格要求的专用计算机系统。

简单地讲,嵌入式系统就是嵌入到对象体系中的专用计算机系统。它的三要素是嵌入性、专用性和计算机。嵌入性是指嵌入到对象体系中,有对象环境要求;专用性是指软、硬件按对象要求进行裁剪;计算机是指实现对象的智能化功能且以微处理器为核心的系统。

嵌入式系统通常由嵌入式微处理器、相关的硬件支持设备以及嵌入式软件系统组成,具有以下特点:

(1) 可裁剪性。支持开放性和可伸缩性的体系结构。

(2) 强实时性。嵌入式操作系统(Embedded Operation System,EOS)实时性一般较强,可用于各种设备控制中。

(3) 统一的接口。提供设备统一的驱动接口。

(4) 操作方便、简单,提供友好的图形 GUI 和图形界面,追求易学易用。

(5) 提供强大的网络功能,支持 TCP/IP 协议及其他协议,提供 TCP/UDP/IP/PPP 协议支持及统一的 MAC 访问层接口,为各种移动计算设备预留接口。

(6) 强稳定性,弱交互性。嵌入式系统开始运行是不需要用户过多干预的,要求负责系统管理的 EOS 具有较强的稳定性。EOS 的用户接口一般不提供操作命令,它通过系统的调用命令向用户程序提供服务。

(7) 固化代码。在嵌入式系统中,嵌入式操作系统和应用软件被固化在嵌入式系统计算机的 ROM 中。

(8) 具有更好的硬件适应性,即良好的移植性。

(9) 嵌入式系统和具体应用有机地结合在一起,其升级换代也是和具体产品同步进行,因此嵌入式系统产品一旦进入市场,具有较长的生命周期。

1.1.2　嵌入式系统的发展

早在 20 世纪 60 年代,嵌入式系统就被用于对电话交换进行控制,当时被称为"存储式过程控制系统"(Stored Program Control System)。真正意义上的嵌入式系统是在 1970 年出现的,发展至今已有 40 多年的历史。纵观嵌入式技术的发展过程,大致经历了四个阶段。

第一阶段:以单芯片为核心的可编程控制器形式的系统,具有与监测、伺服、指示设备相配合的功能。它应用于一些专业性强的工控系统中,一般没有操作系统的支持,通过汇编语言编程对系统进行直接控制。主要特点是:系统结构和功能单一,处理效率较低,存储容量较小,几乎没有用户接口。以前在国内工业领域应用较为普遍。

第二阶段:以嵌入式 CPU 为基础,以简单操作系统为核心的嵌入式系统。主要特点是:CPU 种类繁多,通用性比较弱;系统开销小、效率高;操作系统达到一定的兼容性和扩展性;应用软件较专业化,用户界面不够友好。

第三阶段:以嵌入式操作系统为标志的嵌入式系统。主要特点是:嵌入式操作系统能运行于各种不同类型的微处理器上,兼容性好;操作系统内核小、效率高,并且具有高度的模块化和扩展性;具备文件和目录管理、多任务、网络支持、图形窗口以及用户界面等功能;具有大量的应用程序接口 API,开发应用程序较简单;嵌入式应用软件丰富。

第四阶段:以互联网为标志的嵌入式系统,这是一个正在迅速发展的阶段。目前大多数嵌入式系统还孤立于互联网之外,但随着互联网的发展以及其技术与信息家电、工业控制技术结合日益密切,嵌入式设备与互联网的结合将代表嵌入式系统的未来。

嵌入式系统的特点是集成度高、体积小、成本低、省电,它的功能可以使不同用户的要求得以满足。因而,嵌入式技术在社会的各个方面得到了十分广泛的应用。在当前数字信息技术和网络技术高速发展的后 PC 时代,嵌入式系统已经广泛地渗透到科学研究、工程设计、军事技术、各类产业、商业文化艺术以及人们的日常生活等。随着国内外各种嵌入式产品的进一步开发和推广,嵌入式技术越来越和人们的生活紧密结合。

1.1.3　嵌入式系统的分类

　　嵌入式系统不等同于嵌入式处理器,因为嵌入式系统是一个嵌入式计算机系统,只有将嵌入式处理器构成一个计算机系统并作为嵌入式应用时,系统才可称作嵌入式系统。嵌入式系统与对象系统密切相关,主要技术发展方向是满足嵌入式应用要求,不断扩展对象系统要求的外围电路(如 ADC、DAC、PWM、日历时钟、电源监测、程序运行监测电路等),形成满足对象系统要求的应用系统。因此,嵌入式系统作为一个专用计算机系统,要不断地向计算机应用系统发展。根据不同的分类标准,嵌入式系统可进行如下分类。

　　1. 按表现形式即硬件范畴分类

　　从硬件范畴来讲,只要满足定义中三要素的计算机系统,都可称为嵌入式系统。根据系统组成的硬件可分为:

　　(1)芯片级嵌入式系统:在处理器芯片中含有程序或算法。

　　(2)模块级嵌入式系统:在系统中含有某个核心模块。

　　(3)系统级嵌入式系统:包含完整系统并有嵌入式软件的全部内容。

　　2. 按实时性即软件范畴分类

　　按实时性可分为:

　　(1)实时系统:能及时响应外部发生的随机事件,并以足够快的速度完成对事件处理的计算机应用系统。实时系统的缺点是,如果系统逻辑和时序出现偏差,将引起严重后果。实时系统又分为软实时系统和硬实时系统。

　　(2)非实时系统:用于对外部响应要求不太严格的产品中,如 PAD 等。

1.2　嵌入式系统组成

　　一个嵌入式系统装置通常由嵌入式计算机系统和执行装置组成。执行装置也称为被控对象,它可以接收嵌入式计算机系统发出的控制命令,执行所规定的操作或任务。执行装置可以很简单,如手机上的一个微小型的电机,当手机处于振动接收状态时打开;也可以很复杂,如 SONY 智能机器狗,上面集成了多个微小型控制电机和多种传感器,从而可以执行各种复杂的动作和感受各种状态信息。

　　嵌入式计算机系统是整个嵌入式系统的核心,其基本结构如图 1.1 所示。系统分为软、硬件两个部分。硬件部分包括嵌入式微处理器及其外围电路,在一个嵌入式微处理器基础上添加电源电路、时钟电路、复位电路及内部存储器电路,就构成了一个嵌入式核心控制模块,其中,内存储器包括 SDRAM、ROM、Flash 等,操作系统和应用程序都可以固化在 ROM 中。此外,硬件部分还包括一些人机交互和其他 I/O 接口电路。软件部分由中间层、系统软件层和应用软件层组成。

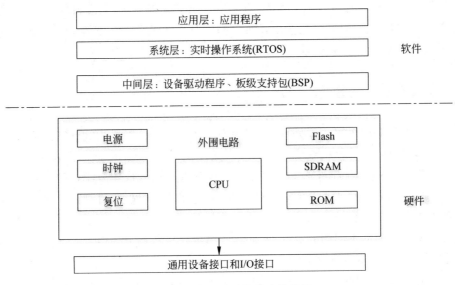

图 1.1　嵌入式系统基本结构图

1.2.1　嵌入式系统硬件组成

1. 嵌入式微处理器

嵌入式系统上的处理器单元称为嵌入式微处理器。嵌入式微处理器是嵌入式系统硬件部分的核心,嵌入式微处理器与通用 CPU 最大的不同在于,嵌入式微处理器大多工作在为特定用户群所专用设计的系统中,它将通用 CPU 许多由板卡完成的任务集成在芯片内部,从而有利于嵌入式系统在设计时趋于小型化,同时还具有很高的效率和可靠性。

嵌入式微处理器的体系结构可以采用冯·诺依曼体系或哈佛体系结构;指令系统可以选用精简指令系统(Reduced Instruction Set Computer,RISC)和复杂指令系统 CISC (Complex Instruction Set Computer,CISC)。RISC 计算机在通道中只包含最有用的指令,确保数据通道快速执行每一条指令,从而提高了执行效率并使 CPU 硬件结构设计变得更为简单。

如图 1.2 所示,嵌入式微处理器包含的类型有:

(1) 工业 PC(Industrial Personal Computer,IPC),与一般 PC 的主要不同在于具有高可靠性。由于此类硬件主要用在工业控制领域,所以它具有更长的无故障工作时间指标。

(2) 微处理器单元(Micro-Processor Unit,MPU),例如,Intel 80486 等可作为核心器件被嵌入在应用系统中。

(3) 微控制器单元(Micro-Controller Unit,MCU),也称为单片机,单片机是嵌入式系统硬件最广泛的应用形式之一,它的特点是设计简单、成本低、应用范例多。由于应用的广泛性,单片机硬件研究对于整个嵌入式系统

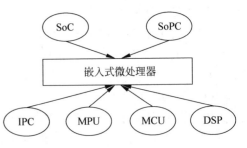

图 1.2　嵌入式微处理器分类

硬件体系的分析研究是很重要的。

（4）数字信号处理器（Digital Signal Processor,DSP），作为嵌入式系统硬件构成之一，在信号处理方面占有很重要的地位。随着语音和图像处理需求的增加，DSP 将发挥更大的作用。

（5）片上系统（System on a Chip,SoC），是嵌入式硬件发展到高级阶段的结果，技术先进，性能优越，备受重视。

（6）片上可编程系统（System on a Programmable Chip,SoPC），是由可编程器件（Programmable Logic Device,PLD）构成的 SoC。

嵌入式处理器的发展有 3 种趋势：经济性，追求成本最小化；微型性，追求封装微型化，同时降低功耗；智能性，追求功能自动化。嵌入式微处理器一般具备以下 4 个特点：

（1）对实时任务有很强的支持能力，能完成多任务并且有较短的中断响应时间，从而使内部的代码和实时核心的执行时间缩短到最低限度。

（2）具有功能很强的存储区保护功能。这是由于嵌入式系统的软件结构已模块化，而为了避免在软件模块之间出现错误的交叉作用，需要设计强大的存储区保护功能，同时也有利于软件诊断。

（3）可扩展的处理器结构，以便能够最迅速地开发出满足应用的最高性能的嵌入式微处理器。

（4）嵌入式微处理器必须功耗很低，尤其是在便携式的无线及移动的计算和通信设备中，靠电池供电的嵌入式系统应用，有时需要功耗只有 mW 甚至 μW 级。

嵌入式微处理器有各种不同的体系，即使在同一体系中也可能具有不同的时钟频率和数据总线宽度，或集成了不同的外设和接口。据不完全统计，目前全世界嵌入式微处理器已经超过 1000 多种，体系结构有 30 多个系列，其中主流的体系有 ARM、MIPS、PowerPC、X86 和 SH 等。但与全球 PC 市场不同的是，没有一种嵌入式微处理器可以主导市场，仅以32 位的产品而言，就有 100 种以上的嵌入式微处理器。嵌入式微处理器的选择是根据具体的应用而决定的。本书第 2 章将介绍 ARM 的 Cortex-M3 体系结构和 STM32 处理器芯片。

2. 存储器

嵌入式系统需要存储器来存放和执行代码。嵌入式系统的存储器包含 Cache、主存储器和辅助存储器。

Cache 是一种容量小、速度快的存储器阵列，它位于主存和嵌入式微处理器内核之间，存放的是最近一段时间微处理器使用最多的程序代码和数据。在需要进行数据读取操作时，微处理器尽可能地从 Cache 中读取数据，而不是从主存中读取，这样就大大改善了系统的性能，提高了微处理器和主存之间的数据传输速率。Cache 的主要目标就是：减小存储器（如主存和辅助存储器）给微处理器内核造成的存储器访问瓶颈，使处理速度更快，实时性更强。在嵌入式系统中，Cache 全部集成在嵌入式微处理器内，可分为数据 Cache、指令 Cache 或混合 Cache，Cache 的大小依不同处理器而定。一般中高档的嵌入式微处理器才会把 Cache 集成进去。

主存储器是嵌入式微处理器能直接访问的寄存器，用来存放系统和用户的程序及数据。它可以位于微处理器的内部或外部，其容量为 256KB～1GB，根据具体的应用而定。一般片内存储器容量小，速度快；片外存储器容量大。

常用作主存存储器的有：ROM 类：NOR Flash、EPROM 和 PROM 等；RAM 类：SRAM、DRAM 和 SDRAM 等。其中 NOR Flash 凭借其可擦写次数多、存储速度快、存储容量大、价格便宜等优点，在嵌入式领域内得到了广泛应用。

辅助存储器，也称为外存储器，用来存放大数据量的程序代码或信息，它的容量大，但读取速度与主存储器相比就慢得很多，用来长期保存用户的信息。嵌入式系统中常用的外存储器有硬盘、NAND Flash、CF 卡、MMC 和 SD 卡等。

3. 通用设备接口和 I/O 接口

嵌入式系统和外界交互需要一定形式的通用设备接口，通过与片外其他设备或传感器的连接，实现微处理器与外部设备的输入/输出。每个外设通常都只有单一的功能，它可以在芯片外，也可以内置于芯片中。外设的种类很多，可以是一个简单的串行通信设备，也可以是一个非常复杂的 802.11 无线设备。

目前，嵌入式系统中常用的通用设备接口有模/数转换接口（A/D）、数/模转换接口（D/A），I/O 接口有串行通信接口（RS-232 接口）、以太网接口（Ethernet）、通用串行总线接口（USB）、音频接口、VGA 视频输出接口、现场总线（I2C）、串行外围设备接口（SPI）和红外线接口（IrDA）等。

1.2.2 嵌入式系统软件组成

1. 中间层

硬件层与软件层之间为中间层，也称为硬件抽象层（Hardware Abstract Layer，HAL）或板级支持包（Board Support Package，BSP），它将系统上层软件与底层硬件分离开来，使系统的底层驱动程序与硬件无关，上层软件开发人员无须关心底层硬件的具体情况，根据BSP 层提供的接口即可进行开发。该层一般包含相关底层硬件的初始化、数据的输入/输出操作和硬件设备的配置功能。BSP 具有以下两个特点：

（1）硬件相关性：因为嵌入式实时系统的硬件环境具有应用相关性，而作为上层软件与硬件平台之间的接口，BSP 需要为操作系统提供操作和控制具体硬件的方法。

（2）操作系统相关性：不同的操作系统具有各自的软件层次结构，因此，不同的操作系统具有特定的硬件接口形式。

实际上，BSP 是一个介于操作系统和底层硬件之间的软件层次，包括了系统中大部分与硬件联系紧密的软件模块。一个完整的 BSP 需要完成两部分工作：嵌入式系统的硬件初始化；设计硬件相关的设备驱动。

嵌入式系统硬件初始化过程可以分为 3 个主要环节，按照自底向上、从硬件到软件的次序依次为片级初始化、板级初始化和系统级初始化。

（1）片级初始化，完成嵌入式微处理器的初始化，包括设置嵌入式微处理器的核心寄存器和控制寄存器、嵌入式微处理器核心工作模式和嵌入式微处理器的局部总线模式等。片级初始化把嵌入式微处理器从上电时的默认状态逐步设置成系统所要求的工作状态。这是一个纯硬件的初始化过程。

（2）板级初始化，完成嵌入式微处理器以外的其他硬件设备的初始化。另外，还需设置某些软件的数据结构和参数，为随后的系统级初始化和应用程序的运行建立硬件和软件环境。这是一个同时包含软、硬件两部分在内的初始化过程。

（3）系统初始化，以软件初始化为主，主要进行操作系统的初始化。BSP 将对嵌入式微处理器的控制权转交给嵌入式操作系统，由操作系统完成余下的初始化操作，包含加载和初始化与硬件无关的设备驱动程序，建立系统内存区，加载并初始化其他系统软件模块，如网络系统、文件系统等。最后，操作系统创建应用程序环境，并将控制权交给应用程序的入口。

BSP 的另一个主要功能是设计硬件相关的设备驱动。硬件相关的设备驱动程序的初始化通常是一个从高到低的过程。尽管 BSP 中包含与硬件相关的设备驱动程序，但是这些设备驱动程序通常不直接由 BSP 使用，而是在系统初始化过程中由 BSP 将它们与操作系统中通用的设备驱动程序关联起来，并在随后的应用中由通用的设备驱动程序调用，实现对硬件设备的操作。与硬件相关的驱动程序是 BSP 设计与开发中另一个非常关键的环节。

2. 系统软件层

系统软件层由实时多任务操作系统（Real-time Operation System，RTOS）、文件系统、图形用户接口（Graphic User Interface，GUI）、网络系统及通用组件模块组成。RTOS 是嵌入式应用软件的基础和开发平台。

嵌入式操作系统（Embedded Operation System，EOS）是一种用途广泛的系统软件，EOS 负责嵌入式系统的全部软、硬件资源的分配、任务调度，控制和协调其并发活动。EOS 必须体现其所在系统的特征，能够通过装卸某些模块来达到系统所要求的功能。目前，已推出一些应用比较成功的 EOS 产品系列。随着 Internet 技术的发展、信息家电的普及及 EOS 的微型化和专业化，EOS 开始从单一的弱功能向高专业化的强功能方向发展。嵌入式操作系统在系统实时高效性、硬件的相关依赖性、软件固化以及应用的专用性等方面具有较为突出的特点。EOS 是相对于一般操作系统而言的，它除具备一般操作系统最基本的功能外，如任务调度、同步机制、中断处理、文件功能等，还有以下特点：

（1）可装卸性。开放性、可伸缩性的体系结构。

（2）强实时性。EOS 实时性一般较强，可用于各种设备控制当中。

（3）统一的接口。提供各种设备驱动接口。

（4）操作方便、简单，提供友好的图形 GUI，图形界面，追求易学易用。

（5）提供强大的网络功能，支持 TCP/IP 协议及其他协议，提供 TCP/UDP/IP/PPP 协议支持及统一的 MAC 访问层接口，为各种移动计算设备预留接口。

（6）强稳定性，弱交互性。嵌入式系统一旦开始运行就不需要用户过多的干预，这就要求负责系统管理的 EOS 具有较强的稳定性。嵌入式操作系统的用户接口一般不提供操作命令，它通过系统调用命令向用户程序提供服务。

（7）固化代码。在嵌入式系统中，嵌入式操作系统和应用软件被固化在嵌入式系统计算机的 ROM 中。辅助存储器在嵌入式系统中很少使用，因此，嵌入式操作系统的文件管理功能应该能够很容易地拆卸，而用其他内存文件系统替代。

（8）更好的硬件适应性，也就是良好的移植性。

3. 应用软件层

嵌入式应用软件开发是应用软件开发的一种，就是在嵌入式操作系统平台上写各种应用程序，实现各种功能。操作系统控制着应用程序编程与硬件的交互，而应用程序控制着系统的运作和行为。

通常嵌入式开发人员将系统软件和应用软件组合在一起,不加区分,这里稍加解释。嵌入式系统软件是更底层的,也就是应用软件的平台。嵌入式系统的应用软件开发是指用户的应用程序开发,由于嵌入式系统硬件存储空间有限,因而要求软件代码紧凑、可靠,大多对实时性有严格要求。嵌入式应用软件主要是 PC 软件或者手机上的各种 APP。例如,一个智能公交卡,CPU 卡芯片包含嵌入式操作系统(μC/OS),属于嵌入式系统软件;而要往卡里充值时就要用到 PC 的充值软件,就是一个应用软件。

1.3 嵌入式系统应用

不论是日常生活中经常使用的家庭自动化产品、家用电器、手提电话、自动柜员机(ATM),还是各行各业的办公设备、现代化医疗设备、航空电子、计算机网络设备、用于工业自动化和监测的可编程逻辑控制器(PLC),甚至是娱乐设备的固定游戏机和便携式游戏机等,都属于嵌入式系统。归纳起来,嵌入式系统的应用领域可以包括以下几个方面:

(1)工业设备:工业过程控制、数控机床、电力系统、电网安全、电网设备监测、石油化工系统等。

(2)信息家电和安防:具有用户界面,能远程控制、智能管理的电器是未来发展趋势,如冰箱、空调等的网络化、智能化等。另外,安防产品进入嵌入化发展阶段,如网络摄像头、硬盘录像机、网络数据采集器等以嵌入式系统为基础的网络化设备。

(3)消费类电子:智能玩具、手持通信、自动售货机等都将用到嵌入式技术。

(4)交通管理和环境监测:在车辆导航、流量控制、信息监测与汽车服务等方面也将用到嵌入式技术;在水利资料的实时监测、防洪体系及水土质量的监测、堤坝安全、地震监测网、实时气象信息网、水源和空气污染监测等方面也有广泛应用。

(5)智能仪器:嵌入式技术在网络分析仪、示波器、医疗仪器等智能仪器设备中应用越来越广,如医疗电子应用技术及设备、医疗影像设备、医疗微波治疗与诊断设备、医疗监护设备和便携式电子医疗设备等。

(6)汽车电子:高性能强实时的嵌入式操作系统、汽车电控、汽车网络及汽车电器的嵌入式软件平台等是汽车电子的关键技术。

(7)军事国防武器:导弹瞄准、雷达识别和电子对抗设备等军事国防武器的仪器中也大量用到嵌入式技术。

(8)社会发展方面:楼宇控制、水电表、家庭自动控制等。

1.4 嵌入式系统开发流程

由嵌入式系统本身的特性所决定,嵌入式系统开发与通用系统的开发有很大的区别。嵌入式系统的开发首先需要进行系统总体开发。在系统总体开发中,由于嵌入式系统与硬件密切相关,往往某些需求只能通过特定的硬件才能实现,因此需要进行处理器选型,以更好地满足产品的需求。另外,对于有些硬件和软件都可以实现的功能,就需要在成本和性能上做出抉择,往往通过硬件实现会增加产品的成本,但能大大提高产品的性能和可靠性。另外,开发环境的选择对于嵌入式系统的开发也有很大的影响。这里的开发环境包括嵌入式操作系统的选择以及开发工具的选择等。在进行嵌入式系统开发时要对项目进行分析,根据需求选择合适的嵌入式操作系统。例如,对开发成本和进度限制较大的产品可以选择嵌入式 Linux,对实时性要求非常高的产品可以选择 VxWorks 等。

系统总体开发有了初步的系统规划后,接下来进入嵌入式硬件开发和嵌入式软件开发部分。

1.4.1　嵌入式硬件开发流程

嵌入式系统硬件开发,首先根据系统所要完成的功能,选择合适的处理器和外围器件,完成系统的功能框图设计。然后,进行 PCB 设计仿真,需要在 EDA 仿真设计平台下,设计系统原理图及 PCB 图,并对 PCB 板上的信号完整性、EMI 等进行仿真,根据仿真结果来对 PCB 进行合理的布局布线调整,完成 PCB 的设计。接着,对加工完成的 PCB 进行器件焊接、调试和测试,完成整个系统硬件的设计。一个完整的项目大致需要 4 个阶段。

（1）项目需求和计划阶段。此阶段开始于项目需求分析,结束于总体技术方案确定。主要进行硬件设计需求分解,包括硬件功能需求、性能指标、可靠性指标、可制造性需求、可服务性需求及可测试性等需求;对硬件需求进行量化,并对其可行性、合理性、可靠性等进行评估,硬件设计需求是硬件工程师总体技术方案设计的基础和依据。

（2）原型阶段。此阶段开始于总体技术方案,直到完成硬件概要设计为止。主要对硬件单元电路、局部电路或有新技术、新器件应用的电路的设计与验证及关键工艺、结构装配等不确定技术的验证及调测,为概要设计提供设计依据和设计支持。

（3）开发阶段。此阶段开始于硬件概要设计评审通过后,结束于初样成功转为试样。主要有原理图及详细设计、PCB 设计、初样研制/加工及调测,每个阶段都要进行严格、有效的技术评审,以保证“产品的正确”。

（4）验证阶段。此阶段是对各要素进行验证、优化的阶段,为大批量投产做最后的准备,开始于初样评审通过,结束于试样成功转产。主要有试样生产及优化改进、试样样机评审、转产;验证、改进过程要及时、同步修订、受控设计文档、图纸、料单等。

1.4.2　嵌入式软件开发流程

嵌入式软件开发的工具非常多,为了更好地帮助读者选择开发工具,下面首先对嵌入式软件开发过程中所使用的工具做简单归纳。嵌入式软件的开发工具根据不同的开发过程而划分,比如在需求分析阶段可以选择 IBM 的 RationalRose 等软件,而在程序开发阶段可以采用 CodeWarrior 等,在调试阶段选用 Multi-ICE 等。同时,不同的嵌入式操作系统往往会有配套的开发工具,比如 VxWorks 有集成开发环境 Tornado,Windows CE 有集成开发环境 Windows CE Platform 等。此外,不同的处理器可能还有对应的开发工具,比如 ARM 的常用集成开发工具 ADS、IAR 和 RealView 等。

嵌入式软件开发总体流程分为需求分析、软件概要设计、软件详细设计、软件实现和软件测试。嵌入式系统的软件开发与通常软件开发的区别主要在于软件实现部分,其中又可以分为编译和调试两部分,下面分别对这两部分进行介绍。

1. 交叉编译

嵌入式软件开发所采用的编译为交叉编译,所谓交叉编译就是在一个平台上生成可以在另一个平台上执行的代码。与交叉编译相对应,平时常用的编译称为本地编译。由于不同的体系结构有不同的指令系统,交叉编译最主要的工作就是将程序转化成运行该程序的CPU 所能识别的机器代码。因此,不同的 CPU 需要有相应的编译器,而交叉编译就如同"翻译"一样,把相同的程序代码"翻译"成不同CPU 对应的可执行二进制文件。要注意的是,编译器本身也是程序,也要在与之对应的某一个CPU 平台上运行,如图 1.3 所示。这里一般将进行交叉编译的主机称为宿主机,也就是通用 PC;而将程序实际的运行环境称为目标机,也就是嵌入式系统环境。由于一般通用计算机拥有非常丰

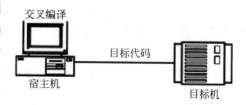

图 1.3 交叉编译示意图

富的系统资源、使用方便的集成开发环境和调试工具等,而嵌入式系统的系统资源非常紧缺,无法在其上运行相关的编译工具,因此,嵌入式系统的开发需要借助宿主机来编译出目标机的可执行代码。

通常程序编译的过程包括编译、链接等几个阶段,同样,嵌入式的编译也包括这些过程,如图 1.4 所示,从源码编辑到可执行代码的过程中,使用的是嵌入式的交叉编译、交叉链接工具。通常 ARM 的交叉编译器为 arm-elf-gcc、arm-linux-gcc 等,交叉链接器为 arm-elf-ld、arm-linux-ld 等。

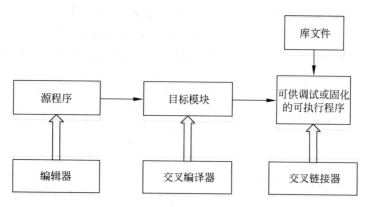

图 1.4 交叉编译过程

2. 交叉调试

嵌入式软件经过编译和链接后即进入调试阶段,调试是软件开发过程中必不可少的一个环节,嵌入式软件开发过程中的交叉调试与通用软件开发过程中的调试方式有很大的区别。在常见软件开发中,调试器与被调试的程序往往运行在同一台计算机上,调试器是一个单独运行的进程,它通过操作系统提供的调试接口来控制被调试的进程。而在嵌入式软件开发中,调试时采用的是在宿主机和目标机之间进行的交叉调试,调试器仍然运行在宿主机的通用操作系统之上,但被调试的进程却是运行在基于特定硬件平台的嵌入式操作系统中,

调试器和被调试进程通过串口或者网络进行通信,调试器可以控制、访问被调试进程,读取被调试进程的当前状态,并能够改变被调试进程的运行状态。嵌入式系统的交叉调试有多种方法,主要可分为软件方式和硬件方式两种。它们一般都具有如下一些典型特点:

(1) 调试器和被调试进程运行在不同的机器上,调试器运行在宿主机,而被调试的进程则运行在各种专业调试板上(目标机)。

(2) 调试器通过某种通信方式(串口、并口、网络、JTAG 或 SWD 等)控制被调试进程。

(3) 在目标机上一般会具备某种形式的调试代理,它负责与调试器共同配合完成对目标机上运行着的进程的调试。这种调试代理可能是某些支持调试功能的硬件设备,也可能是某些专门的调试软件(如 gdbserver)。

(4) 目标机可能是某种形式的系统仿真器,通过在宿主机上运行目标机的仿真软件,整个调试过程可以在一台计算机上运行。此时物理上虽然只有一台计算机,但逻辑上仍然存在着宿主机和目标机的区别。

1.5　本章小结

本章首先介绍了嵌入式系统概念、发展和分类,然后重点讲解了嵌入式处理器的特点及嵌入式系统的各个组成部分,接着介绍了嵌入式系统的应用,最后,本章介绍了嵌入式系统软、硬件开发流程,这也是本书的编写脉络,使读者可以对本书的内容有一个框架性的了解。

思考与扩展

1. 什么是嵌入式系统? 嵌入式系统与通用计算机系统有哪些区别?
2. 嵌入式系统有哪些特点?
3. 结合嵌入式系统应用,分析嵌入式系统的发展趋势。
4. 什么是交叉编译和交叉调试? 与本地编译和调试有何区别?
5. 查找资料,了解嵌入式硬件开发的过程及开发板制作工艺。
6. 查找资料,了解嵌入式软件开发各阶段所需要的开发平台。

第 **2** 章

STM32 嵌入式芯片

本章学习目标

1. 了解 ARM 处理器特点和分类。
2. 掌握 ARM Cortex-M3 系列处理器的性能特点及应用。
3. 掌握 STM32 芯片的系统架构和开发方式。
4. 理解 STM32 芯片 SW 调试模式。
5. 了解 STM32 的时钟系统。

2.1 ARM 处理器

ARM(Advanced RISC Machines)，既可以认为是一个公司的名字，也可以认为是对一类微处理器的统称，还可以认为是一种技术。

1991 年 ARM 公司成立于英国剑桥，主要出售芯片设计技术的授权。目前，采用 ARM 技术知识产权(IP)核的微处理器，即通常所说的 ARM 微处理器，已遍及工业控制、消费类电子产品、通信系统、网络系统、无线系统等各类产品市场，基于 ARM 技术的微处理器应用占据了 32 位 RISC 微处理器 75% 以上的市场份额，ARM 技术正在逐步渗入到人们生活的各个方面。

ARM 公司是专门从事基于 RISC 技术芯片设计开发的公司，作为知识产权供应商，本身不直接从事芯片生产，靠转让设计许可由合作公司生产各具特色的芯片。世界各大半导体生产商从 ARM 公司购买其设计的 ARM 微处理器核，根据各自不同的应用领域，加入适当的外围电路，从而形成自己的 ARM 微处理器芯片进入市场。目前，全世界有几十家大的半导体公司都使用 ARM 公司的授权，因此既使 ARM 技术获得更多的第三方工具、制造、软件的支持，又使整个系统成本降低，使产品更容易进入市场被消费者所接受，更具有竞争力。

目前 ARM 公司已形成完整的产业链。ARM 的全球合作伙伴主要由半导体和系统伙伴、操作系统伙伴、开发工具伙伴、应用伙伴、ARM 技术共享计划(ATAP)组成。

2.1.1　ARM 体系结构的特点

ARM 采用 RISC 结构,简化处理器结构,减少复杂功能指令,但提高了处理器速度。RISC 型处理器采用 Load/Store(加载/存储)结构,只有 Load/Store 指令可与存储器打交道,其余指令不允许进行存储器操作。RISC 型处理器增加了指令高速缓冲(I-Cache)、数据高速缓冲(D-Cache)以及多处理器结构,使指令操作尽可能在寄存器间进行,提高指令和数据存取速度。

1. ARM 核心特点

ARM 采用 RISC 指令集,有大量寄存器;支持 ARM/Thumb 指令;采用 3/5 级流水线;具有低功耗、低成本和高性能。

2. RISC 体系结构

ARM 采用的 RISC 体系结构,具有固定长度指令格式,指令归整、简单,基本寻址方式有 2～3 种;使用单周期指令,便于流水线操作执行;拥有大量寄存器,数据处理指令只对寄存器进行操作,只有加载/存储指令可以访问存储器,以提高指令执行效率。

3. 大量的寄存器

ARM 有 31 个通用寄存器;6 个状态寄存器,用于标识 CPU 的工作状态及程序运行状态,均为 32 位。

4. 高效的指令系统

ARM 支持两种指令集:ARM 指令集(32 位)和 Thumb 指令集(16 位)。Thumb 指令集为 ARM 指令集的子集,相比等价的 ARM 代码,节省 30%～40% 的存储空间,具备 32 位代码的所有优点。

5. ARM 核心的其他技术

(1) 在高性能前提下,缩小芯片面积,降低功耗。

(2) 所有指令可依据前面的执行结果决定是否被执行,提高指令执行效率。

(3) 加载/存储指令批量传输数据,提高数据传输效率。

(4) 逻辑和移位处理可在一条数据处理指令中进行。

(5) 在循环处理中使用地址的自动增减来提高运行效率。

2.1.2　ARM 系列微处理器

ARM 微处理器包括 ARM7 系列、ARM9 系列、ARM9E 系列、ARM10E 系列、ARM11 系列、SecurCore 系列、Intel 的 XScale、ARM Cortex 系列等。ARM7、ARM9、ARM9E、ARM10、ARM11 为通用处理器系列,每个系列各有一套相对独特的性能以满足不同应用领域需求;SecurCore 系列专门为安全要求较高的应用而设计;ARM Cortex 系列通过一整套完整的优化解决方案满足各种不同性能要求的应用。

1. ARM7 系列

ARM7 系列适用于对价位和功耗要求较高的消费类应用,应用领域为工业控制、Intenet 设备、网络和调制解调器、移动电话等,特点如下:

（1）具有嵌入式 ICE-RT 逻辑，调试开发方便。

（2）功耗低，适用于对功耗要求较高的应用，如便携式产品。

（3）能提供 0.9MIPS/MHz 的 3 级流水线结构。

（4）代码密度高，并兼容 16 位 Thumb 指令集。

（5）对操作系统支持广泛，如 Windows CE、Linux、Palm OS 等。

（6）指令系统与 ARM9、ARM9E、ARM10E 系列兼容，便于用户产品升级换代。

（7）主频可达 130MHz，高速运算处理能力能胜任绝大多数复杂应用。

2. ARM9 系列

ARM9 系列包含 ARM920T、ARM922T 和 ARM940T 这 3 种类型，以适用于不同应用场合，应用领域为无线设备、仪器仪表、安全系统、机顶盒、高端打印机、数字照相机和数字摄像机等，特点如下：

（1）5 级整数流水线，指令执行效率更高。

（2）提供 1.1MIPS/MHz 的哈佛结构。

（3）支持 32 位 ARM 指令集和 16 位 Thumb 指令集。

（4）支持 32 位高速 AMBA 总线接口。

（5）全性能的 MMU，支持 Windows CE、Linux、Palm OS 等多种嵌入式操作系统。

（6）MPU 支持实时操作系统。

（7）支持数据 Cache 和指令 Cache，具有更高的指令和数据处理能力。

3. ARM9E 系列

ARM9E 系列包含 ARM926EJ-S、ARM946E-S 和 ARM966E-S 这 3 种类型，以适用于不同应用场合，应用领域为下一代无线设备、数字消费品、成像设备、工业控制、存储设备和网络设备等。

4. ARM10E 系列

ARM10E 系列包含 ARM1020E、ARM1022E 和 ARM1026EJ-S 这 3 种类型，以适用于不同应用场合，应用领域为下一代无线设备、数字消费品、成像设备、工业控制、通信和信息系统等。

5. ARM11 系列

ARM11 系列内核：ARM1156T2-S 内核、ARM1156T2F-S 内核、ARM1176JZ-S 内核和 ARM11JZF-S 内核，均基于 ARMv6 指令集体系结构。

ARM1156T2-S 和 ARM1156T2F-S 内核都含有 ARM Thumb-2 内核技术，增添的存储器容错能力对于汽车安全系统类应用产品开发至关重要，应用于多种嵌入式存储器、汽车网络和成像应用产品。

ARM1176JZ-S 和 ARM11JZF-S 内核主要为服务供应商和运营商所提供的新一代消费电子装置的电子商务和安全的网络下载提供支持。

6. SecurCore 系列

SecurCore 系列包含 SecurCore SC100、SecurCore SC110、SecurCore SC200 和 SecurCore SC210 这 4 种类型，以适用于不同应用场合，应用领域为一些对安全性要求较高的应用产品及应用系统，如电子商务、电子政务、电子银行业务、网络和认证系统等，在系统安全方面具有以下特点：

（1）带有灵活的保护单元，确保操作系统和应用数据的安全。

（2）采用软内核技术，防止外部对其进行扫描探测。

（3）可集成用户自己的安全特性和其他协处理器。

7. StrongARM 和 XScale 系列

Intel StrongARM SA-1100 处理器是 32 位 RISC 微处理器，采用 ARM 体系结构高度集成，融合 Intel 的设计和处理技术及 ARM 体系结构的电源效率，软件上兼容 ARMv4 体系结构，也采用具有 Intel 技术优点的体系结构。它适用于便携式通信产品和消费类电子产品。

XScale 处理器采用 ARMv5TE 体系结构，支持 16 位 Thumb 指令和 DSP 指令，已使用在数字移动电话、个人数字助理和网络产品等场合。

8. ARM Cortex 系列

ARM Cortex 系列包含 ARM Cortex-A、ARM Cortex-R 和 ARM Cortex-M 这 3 款处理器，都集成了 Thumb-2 指令集。3 款处理器的使用场合有所不同：

（1）Cortex-A 系列：针对复杂操作系统及用户应用设计的应用处理器。

（2）Cortex-R 系列：针对实时系统的专用嵌入式处理器。

（3）Cortex-M 系列：针对微控制器和低成本应用专门优化的嵌入式处理器。

2.2　ARM Cortex-M3 系列处理器

随着社会的发展、市场需求及科技的进步，单片机片内集成的功能模块越来越多，整体功能也越来越强大。从近几十年单片机的发展历程来看，单片机技术的发展以微处理器技术及超大规模集成电路技术的发展为先导，以广泛的应用领域的迫切需求为动力，展现出以下技术特点：

（1）超长的使用寿命。应用单片机开发的产品一般都可以稳定可靠地工作 10～20 年，很少出现产品质量问题。

（2）低噪声与高可靠性技术。为提高单片机系统的抗电磁干扰能力，使产品能适应恶劣的工作环境，满足电磁兼容性方面更高标准的要求。

（3）低电压与低功耗。一般单片机都能在 3～6V 内工作，对电池供电的单片机不再需要对电源采取稳压措施。

单片机市场的规模发展迅猛，世界各地的器件供应商纷纷发布自己的产品，提供各具特色的器件和架构。业界内部可谓是百花齐放，在这个大环境下，ARM 公司为了让 32 位处理器进入单片机市场，推出 Cortex-M3 处理器。ARM 处理器为 RISC 芯片，其简单的结构使 ARM 内核非常小，这使得器件的功耗也非常低，并且具有经典 RISC 的特点。

2.2.1　ARM Cortex-M3 原理

ARM Cortex-M3 是一种基于 ARM7v 架构的 ARM 嵌入式内核，它采用哈佛结构，使用分离的指令和数据总线。ARM 公司对 Cortex-M3 的定位是：向专业嵌入式市场提供低成本、低功耗的芯片。在成本和功耗方面,Cortex-M3具有相当好的性能,和所有的ARM内核一样,ARM公司将内该设计授权给各个制造商来开发具体的芯片。Cortex-M3内核通过接口总线的形式挂载了储存器、外设、中断等组成一个MCU。迄今为止,已经有多家芯片制造商开始生产基于Cortex-M3内核的微控制器(MCU)。目前Cortex-M3处理器内核的授权客户包括东芝、ST、Ember、Accent、Actel、ENERGY、ADI、NXP、TI、Atmel、Broadcom、Samsung、Zilog和Renesas等,其中ST、TI、NXP、Atmel和东芝等已经推出基于Cortex-M3的MCU产品。

Cortex-M3处理器是一个32位的处理器,内部的数据路径是32位的,寄存器是32位的,寄存器接口也是32位的。基于ARMv7架构的Cortex-M3处理器带有一个分级结构,它集成了名为CM3Core的中心处理器内核和先进的系统外设,实现了内置的中断控制、存储器保护以及系统的调试和跟踪功能。这些外设可进行高度配置,允许Cortex-M3处理器处理大范围的应用并更贴近系统的需求。

Cortex-M3中央内核基于哈佛架构,指令和数据各使用一条总线,所以Cortex-M3处理器对多个操作可以并行执行,加快了应用程序的执行速度。内核流水线分3个阶段:取指、译码和执行。当遇到分支指令时,译码阶段也包含预测的指令取指,这提高了执行的速度。处理器在译码阶段自行对分支指令进行取指。在稍后的执行过程中,处理完分支指令后便知道下一条要执行的指令。如果分支不跳转,那么紧跟着的下一条指令随时可供使用。如果分支跳转,那么在跳转的同时分支指令可供使用,空闲时间限制为一个周期。

Cortex-M3内核包含一个适用于传统Thumb和新型Thumb-2指令的译码器、一个支持硬件乘法和硬件除法的先进ALU、控制逻辑和用于连接处理器其他部件的接口。Cortex-M3处理器是一个32位处理器,带有32位的数据路径、寄存器库和存储器接口,其中有13个通用寄存器、2个堆栈指针、1个链接寄存器、1个程序计数器和一系列包含编程状态寄存器的特殊寄存器。Cortex-M3处理器支持两种工作模式(线程(Thread)和处理器(Handler))和两个等级的访问形式(有特权或无特权),在不牺牲应用程序安全的前提下实现了对复杂的开放式系统的执行。无特权代码的执行限制或拒绝对某些资源的访问,如某个指令或指定的存储器位置。Thread是常用的工作模式,它同时支持享有特权的代码以及没有特权的代码。当异常发生时进入Handler模式,在该模式中所有代码都享有特权。

Cortex-M3的内核架构的简化框图如图2.1所示,下面主要关注架构图中标了序号的模块:寄存器组、NVIC、中断和异常、存储器映射、总线接口、调试支持。

1. 寄存器组(图2.1中标号①)

(1) 通用寄存器(R0~R12):R0~R12都是32位通用寄存器,用于数据操作。绝大多数16位Thumb指令只能访问R0~R7,32位Thumb-2指令可以访问所有寄存器。

(2) 两个堆栈指针(R13):Cortex-M3拥有两个堆栈指针,都是banked,因此任一时刻只能使用其中一个。

(3) 连接寄存器(R14):当调用一个子程序时,由R14存储返回地址。不像其他大多数处理器,ARM为了减少访问内存的次数,把返回地址直接存储在寄存器中。这样足以使很多只有一级子程序调用的代码无须访问内存(堆栈内存),从而提高子程序调用的效率。如果多于一级,则需要把前一级的R14值压到堆栈里。

(4) 程序计数寄存器(R15):指向当前的程序地址,如果修改它的值,就能改变程序的

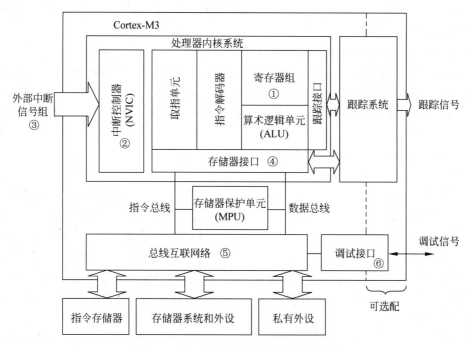

图 2.1　Cortex-M3 的内核架构简化框图

执行流程。

（5）特殊功能寄存器：如程序状态字寄存器组、中断屏蔽寄存器组、控制寄存器等。

2. NVIC 嵌套向量中断控制器（图 2.1 中标号②）

NVIC 的功能为：可嵌套中断支持；向量中断支持；动态优先级调整；中断延时大大缩短；中断可屏蔽。

3. 外部中断信号组（图 2.1 中标号③）

Cortex-M3 的所有中断机制都由 NVIC 实现。除了支持 240 条中断之外，NVIC 还支持 16－4－1＝11 个内部异常源（4＋1 个为保留），可以实现 fault 管理机制。结果，Cortex-M3 有了 256 个预定义的异常类型。

4. 存储器接口（图 2.1 中标号④）

Cortex-M3 支持 4GB 存储空间。与其他的 ARM 架构不同，它们的存储器映射由半导体厂商决定。Cortex-M3 预先定义了"粗线条的"存储器映射。通过把片上外设的寄存器映射到外设区，就可以简单地以访问内存的方式来访问这些外设的寄存器，从而控制外设的工作。

5. 总线互联网路（图 2.1 中标号⑤）

总线互联网路是指 Cortex-M3 内部的若干个总线接口，以使 Cortex-M3 能同时取址和访问内存：

（1）用于访问指令存储器的总线：有两条代码存储区总线负责对代码存储区的访问，分别是 I-Code 总线和 D-Code 总线。前者用于取指，后者用于查表等操作。

（2）用于访问存储器和外设的系统总线，覆盖的区域包含 SRAM、片上外设、片外RAM、片外扩展设备以及系统级存储区的部分空间。

（3）用于访问私有外设的总线，负责一部分私有外设的访问，主要是访问调试组件。它们也在系统级存储区。

6. 调试接口（图 2.1 中标号⑥）

Cortex-M3 在内核水平上搭载了若干种调试相关的特性，最主要的就是程序执行控制，包括停机、单步执行、指令断点、数据观察点、寄存器和存储器访问、性能速写以及各种跟踪机制。目前可用的 DPs 包括 SWJ-DP，既支持传统的 JTAG 调试，也支持新的串行线调试协议 SWD。

2.2.2　ARM Cortex-M3 应用与编程

Cortex-M3 处理器是一个 32 位的处理器。内部的数据路径是 32 位的，寄存器是 32 位的，寄存器接口也是 32 位的；Cortex-M3 的指令和数据各使用一条总线，所以 Cortex-M3 处理器对多个操作可以并行执行，加快了应用程序的执行速度；Cortex-M3 处理器使用 Thumb-2 指令集，它允许 32 位指令和 16 位指令同时使用，代码密度与处理性能大幅提高。以前的 ARM 开发必须处理好两个状态，它们是 32 位的 ARM 状态和 16 位的 Thumb 状态。当处理器在 ARM 状态下时，所有的指令均是 32 位的，此时性能相当高。而在 Thumb 状态下，所有的指令均是 16 位的，代码密度提高了一倍。但 Thumb 状态下的指令功能只是 ARM 下的一个子集，结果可能需要更多条的指令去完成相同的工作，导致处理性能下降。为了取长补短，很多应用程序都混合使用 ARM 和 Thumb 代码段，但这种混合使用在时间上和空间上都有额外的开销，主要发生在状态切换之时。另外，ARM 代码和 Thumb 代码需要以不同的方式编译，这也增加了软件开发管理的复杂度。Thumb-2 指令集与 Thumb 指令集的关系如图 2.2 所示。

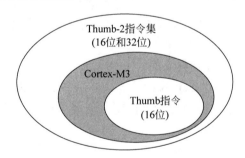

图 2.2　Thumb-2 指令集与 Thumb 指令集的关系

与传统的 ARM 处理器相比，Cortex-M3 在许多方面都更先进：

（1）消灭了状态切换的额外开销，节省了 BOOT 执行时间和指令空间。

（2）不再需要把源代码文件分成按 ARM 编译和按 Thumb 编译，软件开发大大减负。

（3）无须再反复地求证和测试。

ARM Cortex-M 处理器提供优于 8 位和 16 位体系结构的代码密度。这在减少对内存的需求和最大限度地提高芯片上闪存的使用率方面具有很大的优势，主要表现在以下几个方面。

（1）指令宽度。基于 ARM Cortex-M 处理器的微控制器使用 32 位指令，这是一种常见的误解。事实上，PIC18 和 PIC16 指令宽度分别是 16 位和 14 位。对于 8051 体系结构，虽然某些指令的长度为 1 字节，但许多其他指令的长度为 2 或 3 字节。通常，对于 16 位体系结构也是如此，其中某些指令可能占用 6 字节或更多内存。利用可提供极佳代码密度的

ARM Thumb-2 技术,Cortex-M 处理器可以支持已扩展为包括更强大的 32 位指令的 16 位 Thumb 指令。在许多情况下,C 语言编译器将使用 16 位版本的指令,除非使用 32 位版本可以更有效地执行运算。

(2) 指令效率。在许多情况下,单个 Thumb 指令相当于数个 8/16 位微控制器指令,这意味着 Cortex-M 设备的代码量更少,因此可以更低的总线速度完成同一任务。必须注意,Cortex-M 处理器支持 8 位和 16 位数据传输,可以有效利用数据内存。这意味着程序员可以继续使用他们在面向 8/16 位的软件中使用的相同数据类型。

(3) 能效优势。对不断增加连接(如 USB、蓝牙和 IEEE 802.15)、具有复杂模拟传感器(如加速计、触摸屏)且成本日益降低的产品的需求,已导致需要将模拟设备与数字功能更紧密地集成,以对数据进行预处理和传输。大多数 8 位设备在不显著增加 MHz(并因此不显著增加功率)的情况下,不提供支持这些任务的性能,因此,嵌入式开发人员需要寻找具有更高级处理器技术的替代设备。16 位设备以前曾被用来解决微控制器应用中的能效问题。但是,16 位设备相对不高的性能意味着它们通常需要较长的活动工作周期或较高的时钟频率,才能完成 32 位设备所完成的相同任务。

(4) 使软件开发更加容易。基于 ARM Cortex 微控制器的软件开发可能比 8 位微控制器产品的开发容易得多。Cortex 处理器不但完全可通过 C 语言进行编程,而且还附带各种高级调试功能以帮助定位软件中的问题。

基于传统 ARM7 处理器的系统只支持访问对齐的数据,只有沿着对齐的字边界才可以对数据进行访问和存储。Cortex-M3 处理器采用非对齐数据访问方式,使非对齐数据可以在单核访问中进行传输。当使用非对齐传输时,这些传输将转换为多个对齐传输,但这一过程不为程序员所见。

Cortex-M3 处理器除了支持单周期 32 位乘法操作之外,还支持带符号的和不带符号的除法操作,这些操作使用 SDIV 和 UDIV 指令,根据操作数大小的不同在 2~12 个周期内完成。如果被除数和除数大小接近,那么除法操作可以更快地完成。Cortex-M3 处理器凭借着在数学能力方面的功能改进,成为了众多高数字处理强度应用(如传感器读取、取值或硬件在环仿真系统)的理想选择。

2.3　STM32 系列芯片

ARM 公司是专门从事基于 RISC 技术芯片设计开发的公司,作为知识产权供应商,本身不直接从事芯片生产,靠转让设计许可由合作公司生产各具特色的芯片。2004 年 ARM 公司推出了 Cortex-M3 MCU 内核。紧随其后,ST(意法半导体)公司就推出了基于 Cortex-M3 内核的 MCU,就是 STM32。STM32 凭借其产品线的多样化、极高的性价比、简单易用的开发方式,迅速在众多 Cortex-M3 MCU 中脱颖而出,成为一颗闪亮的新星。

2.3.1　STM32 系列芯片概述

STM32 系列芯片专门用于满足能耗使用低、处理性能强、芯片的实时性效果好、价格低廉的嵌入式场合要求,给微处理器使用者带来了广阔的开发空间,提供全新的 32 位产品供用户选择使用,结合了产品性能高、能耗低、实时性强、电压要求低等特点,而且还具备芯片的集中程度高、方便开发的优点。

STM32 系列 MCU 芯片特点如下:

(1) 运用了 ARM 公司的 Cortex-M3 内核。

(2) 突出的能耗控制。STM32 经过特别设计,将动态耗电机制、电池供电方式下低电压工作性能和等待运行状态下的低功耗进行最优化处理控制。

(3) 创新、出众的外设。

(4) 提供各种开发资源和固件库便于用户开发,促使新研发的产品很快上市。

STM32 系列处理器目前主要有 3 大类别:"增强型"系列 STM32F103;"基本型"系列 STM32F101;"互联型"系列 STM32F105、STM32F107。

STM32F101 是基本型产品系列,其处理运算速率可以达到 36MHz。STM32F103 是增强型产品系列,其处理运算速率可以达到 72MHz,是同类产品中性能较高的产品。两个系列都内置 32～128KB 的闪存,不同的是 SRAM 的最大容量和外设接口的组合。时钟频率 72MHz 时,从闪存执行代码,STM32 功耗 36mA,相当于 0.5mA/MHz。该系列芯片本身集成很多内部的 RAM 和外围设备。

STM32 系列的 F105 和 F107 是该公司应用于网络通信的芯片产品,沿用增强型系列的 72MHz 处理频率,增加了以太网接口和 USB 接口。内存包括 64～256KB 闪存和 20～64KB 嵌入式 SRAM。该系列采用 LQFP64、LQFP100 和 LFBGA100 3 种封装,不同的封装保持引脚排列一致性,结合 STM32 平台的设计理念,开发人员通过选择产品可重新优化功能、存储器、性能和引脚数量,以最小的硬件变化来满足个性化的应用需求。

STM32 系列芯片分为不同型号,以 STM32F103C8T6 这个型号的芯片为例,型号说明有 7 个部分,其命名规则如表 2.1 所示。

表 2.1　STM32 型号说明

序号	符号	含　义
1	STM32	STM32 代表 ARM Cortex-M 内核的 32 位微控制器
2	F	F 代表芯片子系列
3	103	103 代表增强型系列
4	C	R 这一项代表引脚数,其中 T 代表 36 脚,C 代表 48 脚,R 代表 64 脚,V 代表 100 脚,Z 代表 144 脚,I 代表 176 脚
5	8	B 这一项代表内嵌 Flash 容量,其中 6 代表 32KB Flash,8 代表 64KB Flash,B 代表 128KB Flash,C 代表 256KB Flash,D 代表 384KB Flash,E 代表 512KB Flash,G 代表 1MB Flash
6	T	T 这一项代表封装,其中 H 代表 BGA 封装,T 代表 LQFP 封装,U 代表 VFQFPN 封装
7	6	代表工作温度范围,其中 6 代表 -40～85℃,7 代表 -40～105℃

STM32 的系统架构如图 2.3 所示。其中,主系统主要由 4 个驱动单元和 4 个被动单元构成。4 个驱动单元是:内核 DCode 总线;系统总线;通用 DMA1;通用 DMA2。4 个被动

单元是：AHB 到 APB 的桥（连接所有的 APB 设备）；内部 Flash 闪存；内部 SRAM；FSMC。

各单元之间通过如下总线结构相连：

（1）ICode 总线：将 M3 内核指令总线和闪存指令接口相连，指令的预取在该总线上面完成。

（2）DCode 总线：将 M3 内核的 DCode 总线与闪存存储器的数据接口相连，常量加载和调试访问在该总线上面完成。

（3）系统总线：连接 M3 内核的系统总线到总线矩阵，总线矩阵协调内核和 DMA 之间的访问。

（4）DMA 总线：将 DMA 的 AHB 主控接口与总线矩阵相连，总线矩阵协调 CPU 的 DCode 和 DMA 到 SRAM、闪存和外设的访问。

（5）总线矩阵：协调内核系统总线和 DMA 主控总线之间的访问仲裁，仲裁利用轮换算法。

（6）AHB/APB 桥：这两个桥在 AHB 和 2 个 APB 总线间提供同步连接，APB1 操作限速 36MHz，APB2 操作速度全速。

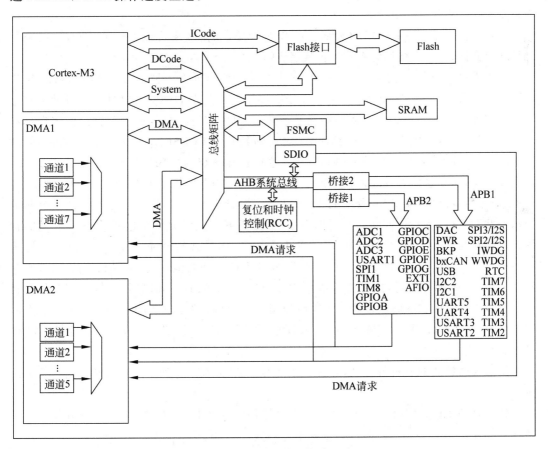

图 2.3　STM32 系统架构图

2.3.2 STM32 的时钟系统

STM32 系统类似一个人的生命系统,而时钟系统就像人的心跳,是 CPU 的脉搏,是 STM32 系统不可或缺的一部分。STM32 既有高速外设又有低速外设,各外设工作频率不尽相同,所以需要分频,把高速和低速设备分开管理;另外,同一电路,时钟越快功耗越高,抗电磁干扰能力越弱,给电路设计带来困难,考虑到电磁兼容性需要倍频。因此,较复杂的 MCU 一般采用多时钟源的方法解决这些问题,并为每个外设配备外设时钟开关,在不使用外设时将其时钟关闭,降低功耗。

在 STM32 中,有 4 个最重要的时钟源,分别为 HSI、HSE、LSI、LSE。

(1) 低速内部时钟 LSI:由内部 RC 振荡器产生,提供给实时时钟模块(RTC)和独立看门狗。

(2) 低速外部时钟 LSE:以外部晶振作时钟源,主要提供给实时时钟,一般采用 32.768kHz。

(3) 高速内部时钟 HSI:由内部 RC 振荡器产生,频率为 8MHz,但不稳定,可以直接作为系统时钟或者用作 PLL 输入。

(4) 高速外部时钟 HSE:以外部晶振作时钟源,晶振频率可取 4~16MHz,一般采用 8MHz 的晶振,也可直接作为系统时钟或者 PLL 输入。

以外部高速时钟为例来分析,并假设外部晶振为 8MHz。如图 2.4 所示,从左端的 OSC_OUT 和 OSC_IN 开始,这两个引脚分别接到外部晶振的两端。8MHz 的时钟遇到第一个分频器 PLLXTPRE,通过寄存器配置,对输入时钟进行二分频或不分频。假定选择不分频,经过 PLLXTPRE 后,仍为 8MHz。之后遇到开关 PLLSRC,可以选择其输出为外部高速时钟(HSE)或是内部高速时钟(HSI)。这里选择输出为 HSE,接着遇到锁相环 PLL,具有倍频作用,在这里可以输入倍频因子 PLLMUL。如果倍频因子设定为 9 倍频,那么,经过 PLL 之后,时钟从原来 8MHz 的 HSE 变为 72MHz 的 PLLCLK。紧接着为一个开关 SW,经此开关输出的是 STM32 的系统时钟(SYSCLK),此开关用来选择 SYSCLK 的时钟源,可选择为 HSI、PLLCLK、HSE。这里选择为 PLLCLK 时钟,那么 SYSCLK 就为 72MHz 了。SYSCLK 经过 AHB 预分频器,分频后输入到其他外设,如 AHB 总线、核心存储器、DMA、SDIO、存储器控制器 FSMC、作为 APB1 和 APB2 预分频器的输入端及作为自由运行时钟 FCLK。本例中设置 AHB 预分频器不分频,即输出的频率为 72MHz。另外,PLLCLK 在输入到 SW 前,还流向了 USB 预分频器,该分频器输出为 USB 外设的时钟(USBCLK)。

从上面时钟树的分析可看到,经过一系列的倍频、分频后得到了几个与开发密切相关的时钟。

(1) SYSCLK:系统时钟,STM32 大部分器件的时钟来源,主要由 AHB 预分频器分配到各个部件。

(2) HCLK:由 AHB 预分频器直接输出得到,提供高速总线 AHB、内存、DMA 及 Cortex 内核的时钟信号,是 Cortex 内核运行的时钟,即 CPU 主频,它的大小与 STM32 的运算速度、数据存取速度密切相关。

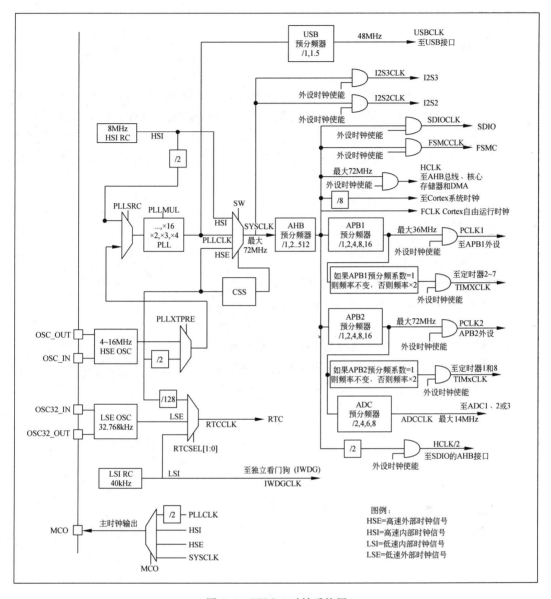

图 2.4　STM32 时钟系统图

（3）FCLK：同样由 AHB 预分频器输出得到，是内核的"自由运行时钟"。"自由"表现在它不来自时钟 HCLK，因此不受 HCLK 影响，它的存在可保证处理器休眠时也能够采样和跟踪到休眠事件，它与 HCLK 同步。

（4）PCLK1：外设时钟，由 APB1 预分频器输出得到，最大频率为 36MHz，提供给挂载在 APB1 总线上的外设。

（5）PCLK2：外设时钟，由 APB2 预分频器输出得到，最大频率为 72MHz，提供给挂载在 APB2 总线上的外设。

外部时钟源在精度和稳定性上有很大优势，上电后需通过软件配置，转而采用外部时钟信号。内部时钟起振较快，在芯片刚上电时，默认使用内部高速时钟。

2.4   本章小结

本章首先介绍 ARM 处理器的结构特点及典型 ARM 处理器系列，然后对 ARM Cortex-M3 系列处理器进行单独讨论，接着简述基于 Cortex-M3 内核的 STM32 芯片的系统架构、开发方式以及 STM32 芯片 SW 调试模式，最后介绍在 STM32 开发中非常重要的时钟系统。由于 STM32 芯片在嵌入式领域介于低端和高端之间，通过对 STM32 的学习能够为嵌入式系统开发打下坚实的基础。

思考与扩展

1. 基于 ARM 体系结构的单片机有哪些系列？
2. 简述 ARM Cortex-M3 系列处理器特点。
3. STM32 单片机有哪些系列？各自有什么特点？
4. 归纳阐述 STM32 单片机的基本组成和基本工作原理。
5. 分析对比 STM32 芯片库开发方式和寄存器开发方式的优缺点。
6. 分析对比 STM32 芯片 JTAG 和 SWD 两种调试方式。
7. 简述 STM32 的几个重要时钟。

第 3 章

制作 STM32 最小系统开发板

本章学习目标

1. 掌握 STM32 最小系统组成。
2. 学会使用 Altium Designer 设计电路图。
3. 掌握 STM32 最小系统制作过程。
4. 初步认识 STM32 最小系统开发板。

3.1　电路设计工具简介和安装

3.1.1　Altium Designer 简介

Altium Designer 是原 Protel 软件开发商 Altium 公司推出的一体化的电子产品开发系统,主要运行在 Windows 操作系统下。这套软件通过把原理图设计、电路仿真、PCB 绘制编辑、拓扑逻辑自动布线、信号完整性分析和设计输出等技术的完美融合,为设计者提供了全新的设计解决方案,使设计者可以轻松地进行设计,熟练使用这套软件可使电路设计的质量和效率大大提高。

Altium Designer 除了全面继承包括 Protel 99 SE、Protel DXP 在内的先前一系列版本的功能和优点外,还增加了许多改进和高端功能。该平台拓宽了板级设计的传统界面,全面集成了 FPGA 设计功能和 SOPC 设计实现功能,从而允许工程设计人员能将系统设计中的 FPGA 与 PCB 设计及嵌入式设计集成在一起。由于 Altium Designer 在继承先前 Protel 软件功能的基础上,综合了 FPGA 设计和嵌入式系统软件设计功能,Altium Designer 对计算机的系统需求比先前的版本要高一些。其功能和特点包括:

(1) 提供了丰富的原理图组件和 PCB 封装库,并且为设计新的器件提供了封装,简化了封装设计过程。

(2) 提供了层次原理图设计方法,支持"自上向下"的设计思想,使大型电路设计的工作组开发方式成为可能。

（3）提供了强大的查错功能，原理图中的 ERC（电气规则检查）工具和 PCB 中的 DRC（设计规则检查）工具能帮助设计者更快地查出和改正错误。

（4）全面兼容 Protel 系列以前的版本，并提供 orcad 格式文件的转换。

3.1.2 安装 Altium Designer

STM32 开发板的原理图和 PCB 图可以采用 Altium Designer 设计，下面以 Altium Designer 15 为例介绍软件安装过程。Altium Designer 15 是基于 Windows 操作系统的应用程序，其安装和卸载过程与 Windows 系统下的其他应用程序基本相同。

打开软件安装包文件夹，如图 3.1 所示。双击 AltiumDesignerSetup15_0_7.exe 文件启动软件安装。

Altium Designer 15.0.7   2015/6/3 21:23   文件夹

图 3.1 Altium Designer 15 软件安装包

出现安装欢迎界面，如图 3.2 所示。单击 Next 按钮，在出现的 License Agreement 界面中，安装语言设置 Chinese，并选择 I accept the license agreement。然后单击 Next 按钮，在 Select Design Functionality 界面中单击 Next 按钮，安装软件默认组件。

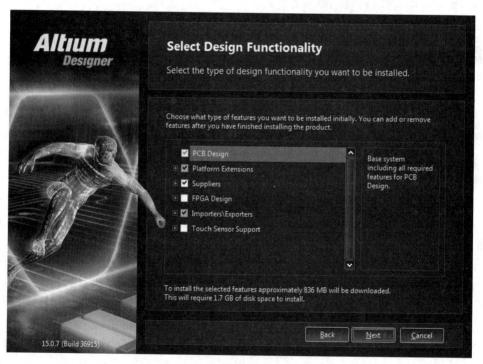

图 3.2 Select Design Functionality 界面

在 Destination Folders 界面设置软件安装路径和共享文档路径。设置软件安装路径时，共享文档路径保持默认。单击 Next 按钮进入 Ready To Install 界面。确认以上信息无误后，单击 Next 按钮进入 Installing Altium Designer 界面，开始安装。安装进度条完成以后，进入 Installation Complete 界面，取消勾选 Launch Altium Designer，单击 Finish 按钮完成安装。然后打开软件，完成软件激活，在 Altium Designer 15 主界面的 Admin 标签下，可以看到已添加了有效的授权文件，表示软件激活成功，如图 3.3 所示。

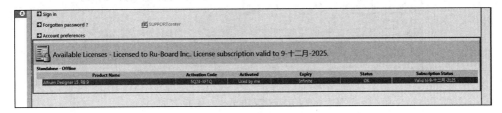

图 3.3　有效的授权文件

单击 Altium Designer 15 主界面左上角的 DXP 菜单按钮，并选择 Preference，如图 3.4 所示。在弹出的对话框中，勾选 Use localized resources，如图 3.5 所示。单击 OK 按钮确认修改。

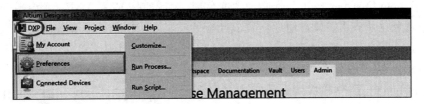

图 3.4　在 DXP 菜单中打开 Preferences

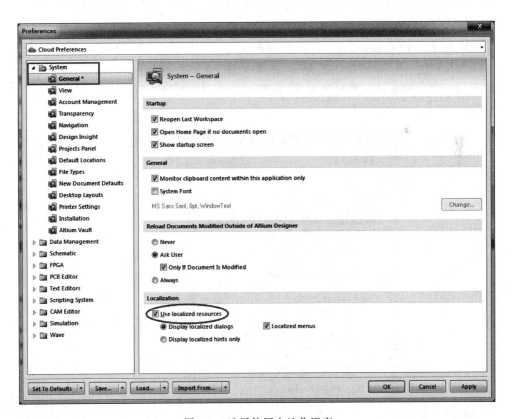

图 3.5　选择使用本地化语言

重启 Altium Designer 15 完成汉化,如图 3.6 所示。汉化是局部的,读者可根据喜好选择使用英文版或汉化版。至此 Altium Designer 15 安装完成,可以使用了。

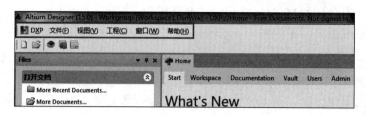

图 3.6   Altium Designer 15 汉化完成

3.1.3   DXP 平台简介

使用 Altium Designer 打开一张原理图文件时,运行的是 DXP. EXE。Altium Designer 下的 DXP 平台可以使应用接口自动地配置成相应的文本,工具栏、菜单和快捷键都被激活。设计 PCB、生成 BOM 表、电路仿真等工作的时候,与之相关的工具栏菜单和快捷键都将被激活。

Altium Design 的软件集成结构如图 3.7 所示。所有的工具栏、菜单和快捷键的排列方式都可以自定义。

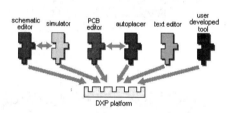

图 3.8 为一个完整的项目结构图,一个项目(PRJPCB)可以包含多个设计文件(如原理图设计文件、PCB 设计文件等),同时还包含项目输出文件(Output Job Files)以及设计中所用到的库文件

图 3.7   Altium Design 的软件集成结构

(Libraries)。项目将设计元素链接起来,包括原理图、PCB、网表和预保留在项目中的所有库或模型。

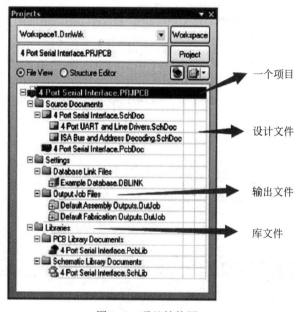

图 3.8   项目结构图

DXP 的系统菜单栏提供了配置软件环境的命令,如图 3.9 所示,选中左上角主菜单旁边的 DXP 图标使用这些命令,DXP 按钮在任何工作界面都可以找到。

图 3.9　在 DXP 菜单下配置设计环境

3.1.4　电路设计过程

电路设计工作内容和过程包括:根据实物板设计方案;制作原理图组件;绘制电路原理图;选择或绘制元器件的封装;导入 PCB 图进行绘制及布线;进入 DRC 检查。下面介绍使用 Altium Designer 绘制电路原理图和 PCB 图的过程。

1. 绘制电路原理图

将一个设计绘制成电路原理图,首先建立一个 PCB 工程,根据设计要求,添加设计元素,Altium Designer 提供了丰富的器件库供使用者选择,将所需要的元器件连接形成电路图,然后加标注,并进一步改进,使之满足设计要求。原理图是为 PCB 设计做准备的,需要添加 PCB 的要求,最后转到 PCB 布局进行 PCB 设计。在 PCB 设计中,如果发现原理图设计问题,还要重新转到前面步骤做修改来符合 PCB 的要求。Altium Designer 中建立一个原理图时的工作流程如图 3.10 所示。

按照设计流程,开发板原理图绘制基本操作步骤如下:

(1) 创建顶层图,在温度传感器工程中添加新的原理图文件,设置图纸规格并保存。

(2) 选择 Design→Create Sheet Symbol from Sheet or HDL 命令。

(3) 在 Choose Document to Place 对话框中,选择 Sensor. SchDoc。

(4) 图纸符号将以浮动光标形式出现,在图的合理位置放置图纸符号,两个图纸接入点在方框图左侧,因为是依据 I/O 类型放置的,所以输入及双向点在左边,输出点在右边。拖动左边的两个点到右边。

(5) 重复上述步骤分别为多张图纸创建图纸符号。

(6) 如果器件可以在默认状态下安装的两个集成库中找到会很方便,如果没有则可以添加或自建集成库。保存顶层图,完成设计进程中的捕获阶段。

(7) 为确保这个设计的层次是正确的,先编译一下。选择 Projects→Compile PCB Project→Temperature Sensor. PrjPcb,编译整个工程,并保存。编译完成后,工程的层次表将展现出来,如图 3.11 所示。

原理图设计完成后,在被转到 PCB 板上之前还有几个工作要做:在层次表上为每一个图表指定一个图纸编号;分配位号;检查设计错误。这里不再赘述。

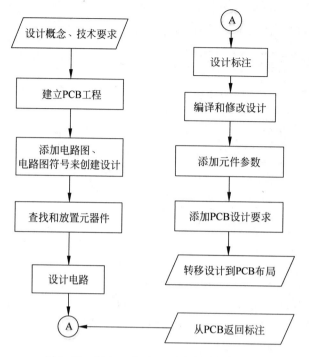

图 3.10 Altium Designer 原理图设计流程

图 3.11 编译完成后界面

2. 绘制 PCB 图

在绘制 PCB 图之前,需进行设计校验:

(1) 使用编译功能检查设计,检查所有的错误或警告。

(2) 解决所有错误。注意,Nets with no driving source 提示无驱动电压源,需要检查每个电气类型为输入、输出、开极、高阻、发射极或电源的引脚网络。

(3) 如果存在一些不会影响设计的警告,可以直接忽略或是在 Options for Project 对话框的 Error Reporting 标签上,把警告类型转成 NoReport。

编译没有错误以后,在原理图界面选择 Design→Update PCB Document,选择生成 PCB 文件,并通过摆放元器件和布线完成 PCB 图绘制。

3.2 STM32 最小系统开发板

3.2.1 STM32 最小系统

最小系统是指仅包含必需的元器件,仅可运行最基本软件的简化系统,也就是用最少的元件但可以工作的系统。无论多么复杂的嵌入式系统,都可以认为是由最小系统和扩展功能组成。最小系统是嵌入式系统硬件设计中复用率最高,也是最基本的功能单元。

一个 STM32 微控制器芯片必须加上电源、复位和时钟信号,如果微处理器芯片内部没有存储器或者需要更多的存储器,还要加上片外的 Flash、RAM 构成一个存储系统。

STM32 微控制器及其运行所必需的电路构成 STM32 的最小系统。系统的调试接口在运行阶段不是必需的,但开发时必须要使用,因此最小系统组成包括调试接口部分电路。典型的最小系统一般应该包括微控制器芯片、电源、调试接口、复位电路、时钟和存储系统(可选)。下面简单介绍以 STM32F103 系列中 STM32F103C8T6 微控制器芯片为核心的最小系统的组成部分。

1. STM32F103C8T6 微控制器

STM32 所有版本都有相应的封装类型,不用将 PCB 重新设计就可以进行 STM32 器件型号更换。STM32F103 系列微控制器是增强型芯片,STM32F103C8T6 芯片参数见表 3.1。

表 3.1 STM32F103C8T6 芯片参数

项 目	参 数	项 目	参 数
类别	集成电路(IC)	程序存储器类型	Flash
主板	嵌入式微控制器	RAM 容量	20KB
芯体规格	32 位	电压-电源(VCC/VDD)	2~3.6V
速度	72MHz	数据转换器	A/D 10×12 位
外围设备	DMA,电机控制 PWM,温度传感器	振荡器类型	内部
输入/输出数	37	工作温度	−40~85℃
程序存储器容量	64KB	封装/外壳	48-LQFP

STM32F103C8T6 为 48 引脚、小外形四方扁平封装外形,各引脚位置如图 3.12 所示。

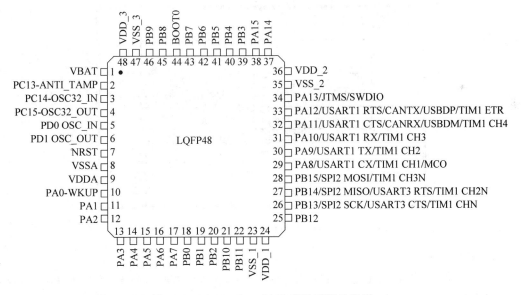

图 3.12 STM32F103C8T6 芯片引脚示意图

2. 电源

STM32F103 系列微控制器使用单电源供电,其电压范围必须为 2.0~3.6V,同时通过内部的一个电压调整器,可以给 Cortex-M3 核心提供 1.8V 的工作电压。通常正常电源为

5V,可以采用电源转换电路:电路设计可采用 5V 电源插头将 220V 降压到 5V,再采用 LMS1117-3.3V 稳压芯片将 5V 电压降压输出 3.3V 电压。STM32F103 芯片的电源引脚可连接电容以增强稳定性。

3. 调试接口

STM32 的 CoreSight 调试系统支持 JTAG 和 SWD 两种接口标准,这两种接口都要使用 GPIO(普通 I/O 口)来供给调试仿真器使用。选用其中一个接口即可将在 PC 宿主机上编译好的程序下载到单片机中进行运行调试。

JTAG(Joint Test Action Group,联合测试工作组)是一种国际标准测试协议(IEEE 1149.1 兼容),主要用于芯片内部测试。现在多数的高级器件都支持 JTAG 协议,如 DSP、FPGA 器件等。标准的 JTAG 接口有 4 根线,分别为模式选择(TMS)、时钟(TCK)、数据输入(TDI)和数据输出(TDO)。

SWD(Serial Wire Debug)是串行总线调试接口。在高速模式和大数据量的情况下,JTAG 下载程序会失败,但是 SWD 出现失败的概率会小很多,更加可靠。只要仿真器支持,通常在使用 JTAG 仿真模式的情况下,都可以直接使用 SWD 模式。SWD 模式支持更少的引脚接线,所以需要的 PCB 空间就小,在芯片体积有限的时候推荐使用 SWD 模式,可以选择一个很小的 2.54mm 间距的 5 芯端子做仿真接口。SWD 的连接需要 2 根线,其中 SWDIO 为双向 Data 口,用于主机到目标的数据传送;SWDCLK 为时钟口,用于主机驱动。

SWD 与使用串口下载代码差不多,而且速度更快。STM32 的 SWD 接口与 JTAG 是共用的,图 3.13 所示为 JTAG/SWD 标准连接方法,可以看出只要接上 JTAG,就可以使用 SWD 模式。JLINK V8/JLINK V7/ULINK2 以及 ST LINK 等都支持 SWD。

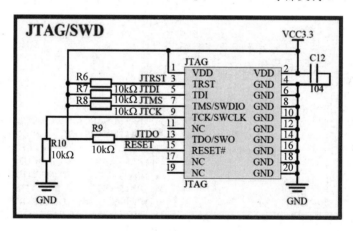

图 3.13　STM32 芯片 JTAG/SWD 标准的接法

4. 复位电路

复位电路的主要作用是把特殊功能寄存器的数据刷新为默认数据,单片机在运算过程中由于干扰等外界原因造成寄存器中数据混乱,不能使其正常继续执行程序(称死机)或产生的结果不正确时均需要复位,以使程序重新开始运行。单片机在刚上电时也需要复位电路,系统上电时复位电路提供复位信号,直至电源稳定后,撤销复位信号,以使单片机能够正常稳定的工作。

STM32F103 芯片含有复位电路,支持 3 种复位形式,分别为系统复位、上电复位和备份区域复位。当 VDD 引脚电压小于 2.0V 时,器件会保持在复位状态,但是会有 40mV 的延时(即复位状态在 2.0V+40mV 内一直保持)。设计时可采用按键和保护电阻构成复位电路,按下按键将触发系统复位。

5. 时钟

时钟电路是单片机的"心脏",它控制着单片机的工作节奏。单片机就是通过复杂的时序电路来完成不同的指令功能。

从时钟频率来说,分为高速时钟和低速时钟。高速时钟是提供给芯片主体的主时钟,而低速时钟只是提供给芯片中的 RTC(实时时钟)及独立看门狗使用。

从芯片角度来说,时钟源可分为内部时钟与外部时钟源。内部时钟是由芯片内部 RC 振荡器产生的,可以为内部 PLL(锁相环)提供时钟,因此依靠内部振荡器可以在 72MHz 的满速状态下运行。内部时钟起振较快,所以在芯片刚上电的时候,默认使用内部高速时钟。而外部时钟信号是由外部的时钟源,即晶体振荡器(简称晶振)输入的,在精度和稳定性上都有很大的优势。外部时钟源通常可以设计两个电路提供两个时钟源:一个是 32.768kHz 晶振,为 RTC 提供时钟;一个是 8kHz 晶振,为整个系统提供时钟。

6. 启动模式

在设计时,必须确定启动时使用的芯片引脚。改变启动方式,会使 STM32 存储空间的起始地址对齐到不同的内存空间上,从而选择在闪存、内部 SRAM 或系统存储区上运行代码。如果选择从用户闪存启动,即 BOOT0 设置为 0,可以通过连接降压电阻实现。

在 STM32F103 中可以通过 BOOT [1:0]引脚选择 3 种不同启动模式,见表 3.2。在系统复位后,SYSCLK 的第四个上升沿,BOOT 引脚值将被锁存。用户可以通过设置 BOOT1 和 BOOT0 引脚的状态,来选择在复位后的启动模式。

表 3.2　启动模式对应关系

启动模式选择引脚		启 动 模 式	说　　明
BOOT1	BOOT0		
X	0	用户闪存存储器	用户闪存存储器被选为启动区域
0	1	系统存储器	系统存储器被选为启动区域
1	1	内嵌 SRAM	内嵌 SRAM 被选为启动区域

7. 系统外设电路

最小系统的外设部分是指通过 GPIO 口或串口与嵌入式系统主芯片相连的应用拓展功能部分,包括信号指示灯电路、传感器模块接口电路、WIFI 模块接口电路和拓展电路。

3.2.2　最小系统开发板设计实例

STM32F103C8T6 的基础电路如图 3.14 所示,主时钟晶振采用 8MHz,为系统提供内部时钟;外接 32.768MHz 晶振专门为实时时钟提供时钟。

电源转换芯片 LM1117-3.3 是一个低压差电压调节器,输入 5V 电压,输出固定的 3.3V 电压。该芯片提供电流限制和热保护。电路包含一个齐纳调节的带隙参考电压以确保输出电压的精度在 ±1% 以内。LM1117 系列具有 LLP、TO-263、SOT-223、TO-220、TO-252 和

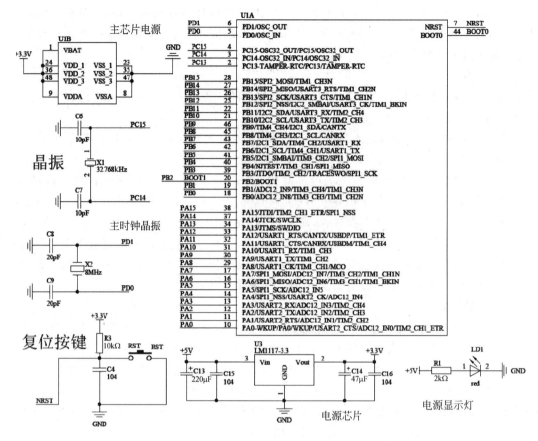

图 3.14　STM32 基础电路

D-PAK 封装。输出端需要一个至少 $10\mu F$ 的钽电容来改善瞬态响应和稳定性。

开发板采用 PC 端 USB 口 5V 供电方式,同时使用 USB 转串口电路来下载程序,如图 3.14 所示。USB 转串口电路采用芯片 CH340,能够实现 USB 转红外或打印口;在串口方式下 CH340 提供常用的 MODEM 信号,外围元器件只需要接入晶振和电容即可;芯片同时支持 3.3V 和 5V 电源电压。在下载程序时,将启动选择电路的 BOOT0 置 0,同时按下下载开关,下载完成后 BOOT0 置 1,弹起下载开关,按下复位按钮即可显示实现。

开发板包含的外设有 LED 阵列、按键阵列、继电器、蜂鸣器、七段数码管以及全 I/O 接口。

设计完成的 STM32 最小系统开发板具有如下功能:

(1) 内核采用 ARM 32 位的 Cortex-M3 的 CPU,工作频率最高可达 72MHz,在存储器的等待周期访问时可达 1.25DMIPS/MHz。

(2) 单周期乘法和硬件除法。

(3) 片内集成 Flash 存储器(64Kb)和 SRAM 存储器(20Kb)。

(4) 2.0~3.6V 低压供电,有睡眠、停机和待机模式。

(5) 常用 37 个 I/O 口,具备复用功能,均可映射到 16 个外部中断。

(6) 可采用串行单线调试(SWD)和 JTAG 接口调试。

(7) 9 个通信接口,含 SPI、USART、USB、CAN 和 I2C。

将图 3.14 所示的最小系统原理图生成 PCB 文件,并通过摆放元器件和布线完成 PCB
图绘制,用于印刷电路板的制作,制作加工完成的 STM32 开发板实物图如图 3.15 所示。
在此印刷电路板上焊接元器件即可制作出一个简单的嵌入式硬件系统。

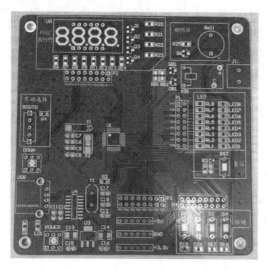

图 3.15　STM32 最小系统印刷电路板实物图

3.3　焊制 STM32 开发板

3.3.1　焊接工具介绍

焊接所需材料工具包括电烙铁、镊子、松香、焊锡丝、万用表、电工工具(螺丝刀)等。
图 3.16 为恒温电烙铁和普通电烙铁。

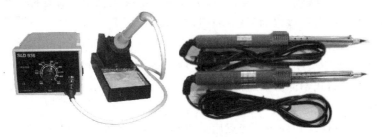

图 3.16　恒温电烙铁和普通电烙铁

3.3.2　焊接方法

焊接时要注意"安全第一",焊接时的环境要保证整洁、有序。

电烙铁初次使用时,首先应给电烙铁头挂锡,以便今后使用沾锡焊接。挂锡的方法很简单,通电之前,先用砂纸或小刀将烙铁头端面清理干净,通电以后,待烙铁头温度升到一定程度时,将焊锡放在烙铁头上熔化,使烙铁头端面挂上一层锡。挂锡后的烙铁头,随时都可以用来焊接。

用电烙铁焊接时,除了必须有焊锡条做焊料、直接用于焊接之外,还应该备有助焊剂。助焊剂顾名思义就是有助于焊接的物质,它可以清洁焊接物表面和熔锡中的杂质,提高焊接质量。常用的助焊剂有松香和焊锡膏(俗称焊油)。松香是一种腐蚀性很小的天然树脂,焊锡条(又称焊锡丝)里就带有松香,故俗称松香芯焊锡条。焊锡膏也是一种很好的助焊剂,但是其腐蚀性比较强,本身又不是绝缘体,故不宜用于元件的焊接,大多用于面积较大的金属构件的焊接,使用量也不宜过多,焊接完成以后应使用酒精棉球将焊接部位擦干净,防止残留的焊锡膏腐蚀焊点和焊接件,影响产品的质量和寿命。

另外,使用电烙铁属于强电操作,一定要注意安全用电。任何电烙铁都必须有 3 个接线端,其中两个与烙铁芯相接,用于连接 220V 交流电源,另一个与烙铁外壳相连,是接地保护端子,用以连接地线。为了安全起见,使用前最好用万用表鉴别一下烙铁芯是否断线或者混线。一般 20~30W 的电烙铁的烙铁芯电阻为 1500~2500Ω。

焊接是每个电子爱好者必须掌握的基本功,所以必须要下些功夫,好好练习。做到按要求焊接好每个元器件,应注意以下 3 点。

1. 焊接前

焊接前应将元件的引线截去多余部分后挂锡。若元件表面被氧化不易挂锡,可以使用细砂纸或小刀将引线表面清理干净,用烙铁头沾适量松香芯焊锡给引线挂锡。如果还不能挂上锡,可将元件引线放在松香块上,再用烙铁头轻轻接触引线,同时转动引线,使引线表面都可以均匀挂锡。每根引线的挂锡时间不宜太长,一般以 2~3s 为宜,以免烫坏元件内部。特别是给二极管、三极管引脚挂锡时,最好使用金属镊子夹住引线靠管壳的部分,借以传走一部分热量。另外,各种元件的引脚不要截得太短,否则既不利于散热,又不便于焊接。

2. 焊接中

把挂好锡的元件引线置于待焊接位置,如印刷板的焊盘孔中或者各种接头、插座和开关的焊片小孔中,用沾有适量焊锡的烙铁头在焊接部位停留 3s 左右,待电烙铁拿走后,焊接处形成一个光滑的焊点。为了保证焊接质量,最好在焊接元件引线的位置事先也挂上锡。焊接时要确保引线位置不变动,否则极易产生虚焊。烙铁头停留的时间不宜过长,过长会烫坏元件,过短会因焊接熔化不充分而造成虚焊。

3. 焊接后

要仔细观察焊点形状和外表。焊点应呈半球状且高度略小于半径,不应该太鼓或者太扁,外表应该光滑均匀,没有明显气孔或凹陷,否则都容易造成虚焊或者假焊。在一个焊点同时焊接几个元件的引线时,更应该注意焊点的质量。

搞电子制作的都有镊子,但这里需要的是比较尖的那一种,而且必须是不锈钢的,这是因为其他镊子可能会带有磁性,而贴片元件比较轻,如果镊子有磁性则会被吸在上面下不来。

对于引脚较多但间距较宽的贴片元件(如许多 SO 型封装的 IC,引脚数目为 6~20,引脚间距在 1.27mm 左右)也是采用类似的方法。先在一个焊盘上镀锡,然后左手用镊子夹持元件将一只引脚焊好,再用锡丝焊其余的引脚。这类元件的拆卸一般用热风枪较好,一只手持热风枪将焊锡吹熔,另一只手用镊子等夹具趁焊锡熔化之际将元件取下。对于引脚密度比较高(如 0.5mm 间距)的元件,在焊接步骤上是类似的,即先焊一只引脚,然后用锡丝焊其余的引脚。但对于这类元件由于其引脚的数目比较多且密,引脚与焊盘的对齐是关键。在一个焊盘上镀锡后(通常选在角上的焊盘,只镀很少的锡),用镊子或手将元件与焊盘对齐,注意要使所有有引脚的边都对齐(这里最重要的是耐心),然后左手(或通过镊子)稍用力将元件按在 PCB 板上,右手用烙铁将镀锡焊盘对应的引脚焊好。焊好后左手可以松开,但不要大力晃动电路板,而是轻轻将其转动,将其余角上的引脚先焊上。当 4 个角都焊上以后,元件基本不会动了,这时可以从容不迫地将剩下的引脚一个一个焊上。

3.3.3 焊接注意事项

在进行焊接操作中,很多人会因为没有经验而会常犯一些错误,甚至因此而受伤。以下列举几条注意事项以示警醒。

(1)电烙铁不宜长时间通电而不使用,因为这样容易使电烙铁芯加速氧化而烧断,损害烙铁寿命,同时将使电烙铁头因长时间加热而氧化,甚至被烧"死"不再"吃锡"。有时人们不注意就会碰到没有关的电烙铁,对人造成伤害。

(2)一定不能用手或人体其他部位的皮肤接触电烙铁头来试用电烙铁的温度。

(3)焊铁不能长时间加热某一元件,会导致该元件参数发生变化,影响电路的准确性。

(4)一把新烙铁不能拿来就用,必须先对烙铁头进行处理后才能正常使用,也就是说在使用前先给烙铁头镀上一层焊锡。具体的方法是:首先用锉把烙铁头按需要锉成一定的形状,然后接上电源,当烙铁头温度升至能熔锡时,将松香涂在烙铁头上,等松香冒烟后再涂上一层焊锡,如此进行二至三次,烙铁头的刃面及其周围就要产生一层氧化层,这样便产生"吃锡"困难的现象,此时可锉去氧化层,重新镀上焊锡。

(5)焊接集成电路与晶体管时,电烙铁头的温度就不能太高,且时间不能过长,此时可将烙铁头插在烙铁芯上的长度进行适当调整,进而控制烙铁头的温度。

(6)烙铁头有直头和弯头两种。当采用握笔法时,直电烙铁头的电烙铁使用起来比较灵活,适合在元器件较多的电路中进行焊接。弯烙铁头的电烙铁用正握法比较合适,多用于线路板垂直桌面情况下的焊接。

(7)更换烙铁芯时要注意引线不要接错,因为电烙铁有 3 个接线柱,而其中一个是接地的,另外两个是接烙铁芯两根引线的(这两个接线柱通过电源线,直接与 220V 交流电源相接)。如果将 220V 交流电源线错接到接地线的接线柱上,则电烙铁外壳就要带电,被焊件也要带电,这样就会发生触电事故。

在此过程中容易遇到的问题是 STM32F103C8T6 芯片引脚多,引脚间距窄,采用常规的焊接方法不能准确地将引脚焊接完美,因此先将电路板相应的焊点和芯片引脚镀上锡,然后将集成电路引脚对准电路板上的各对应焊点用烙铁加热,之后用烙铁头沾上大量松香,将多余的锡剔除掉,用酒精将松香在电路板上留下的黄色印迹擦除,最后在显微镜下观察焊接的引脚是否接触完好,是否有引脚间的相连。

3.4　本章小结

　　本章主要讲述了设计并制作以 STM32 为核心芯片的开发板的过程。首先,简单介绍了 Altium Designer 电路原理图设计软件的使用方法、DXP 平台的使用以及电路设计的基本过程,并从原理图设计到元器件焊接的技巧,介绍了一个 STM32 最小系统实例的设计。读者通过本章学习,可以对嵌入式系统硬件开发有全面深入的了解。

思考与扩展

　　1. 熟悉 DXP 平台各菜单命令的操作、编译及排错方法。

　　2. 什么是 STM32 最小系统?

　　3. STM32 的启动模式有几种? BOOT 引脚有几个? 各自有哪些要求?

　　4. 结合实际操作,总结电路板焊接过程中的注意事项。

　　5. 观察设计的开发板的各个接口位置、形态,理解其功能实现的接线方法。

　　6. 参考本章介绍的开发板,请自己设计一个 STM32 最小系统。

第 **4** 章

搭建软件开发环境

本章学习目标

1. 掌握 STM32 库结构和文件功能。

2. 学会搭建 MDK 开发环境。

3. 熟悉 MDK 开发环境及工程建立过程。

4. 初步了解芯片驱动和调试助手的安装、使用和功能。

4.1　MDK-Keil μVision 简介

Keil 公司是一家业界领先的微控制器(MCU)软件开发工具的独立供应商,在 2005 年被 ARM 公司收购。2011 年 3 月,ARM 公司发布的集成开发环境 RealView MDK 开发工具中集成了 Keil μVision 4,其引入灵活的窗口管理系统,使开发人员能够使用多台监视器。新的用户界面可以更好地利用屏幕空间和更有效地组织多个窗口,提供一个整洁、高效的环境来开发应用程序,并且该版本支持更多的 ARM 芯片。2013 年 10 月,发布了 Keil μVision 5 IDE。

MDK 源自德国的 Keil 公司,是 RealView MDK 的简称。在全球 MDK 被超过 10 万的嵌入式开发工程师使用。2018 年 3 月,推出了 MDK 5.25 正式版本。本书采用的是 MDK 5.10,该版本使用 μVision 5 IDE 集成开发环境,是当前针对 ARM 处理器,尤其是 Cortex-M 内核处理器的常用开发工具。

MDK 5(也称 Keil MDK 5,Keil 5)向后兼容 MDK 4 和 MDK 3 等,以前的项目同样可以在 MDK 5 上进行开发(但是头文件方面得全部自己添加),MDK 5 同时加强了针对 Cortex-M 微控制器开发的支持,并且对传统的开发模式和界面进行升级。目前 Keil 公司有 4 款嵌入式软件开发工具,即 MDK、Keil C51、Keil C166、Keil C251,都基于 μVision 集成开发环境,其中 MDK 是 RealView 系列中的一员。

Keil MDK 5 在以往的版本基础上进行了重大修改,与之前的版本相比,最大的区别在于器件(Software Packs)与编译器(MDK core)分离。也就是说,安装好编译器以后,编译器里面没有任何器件。对 STM32 进行开发,只需要再下载 STM32 的器件安装包即可。

为了能够兼容之前版本工程文件,Keil 公司提供了一个安装程序(mdkcmxxx. exe),安装好这个程序之后,可以直接打开原来版本下的工程文件,编译、下载等操作都不会出现问题。也就是说,安装好 Keil MDK 5 之后,再安装一个兼容文件,以前版本的工程都可以正常编译、下载。

Keil MDK 5 运行对环境要求比较低,所需软硬件基本配置有:Windows 32 位/64 位(Windows XP/Windows 7/Windows 8/Windows 10)系统;2GB 及以上内存;4GB 及以上硬盘;1280×800 分辨率及以上显示器。

4.2 MDK-Keil μVision 5 安装及设置

1. 软件安装

MDK-Keil μVision 5 是基于 Windows 操作系统的应用程序,其安装和卸载过程与Windows 系统下的其他应用程序基本相同。双击图 4.1 所示的安装文件,开始安装。

| mdk_510_setup.exe | 2014/11/5 14:33 | 应用程序 | 291,390 KB |

图 4.1　MDK-Keil μVision 5 软件安装文件

如图 4.2 所示,单击 Next 按钮。接下来在 COER 中选择安装位置,PACK 会自动配置。在接下来的界面中填入用户信息,然后等待出现安装结束界面。单击 Finish 按钮,会弹出提示 MDK 自动下载的一些固件库的界面,直接关掉。

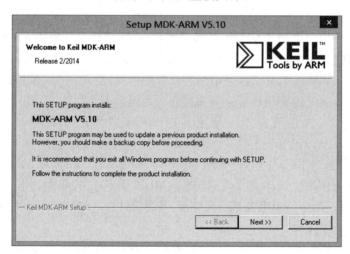

图 4.2　MDK 5 安装开始

如果使用 STM32F103C8T6 的核心板,接下来运行 Keil STM32F1xx_DFP 1.0.4 完成固件库的单独安装,如图 4.3 所示。

安装完成后,打开软件,选择 Flie→Lincense Management,输入注册序列号。如果使用CH340 端口下载驱动,直接就可以使用 MDK 进行 STM32 开发了;如果使用 SWD 调试,还需要进一步配置。

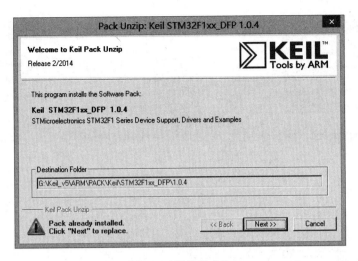

图 4.3　固件库安装

2. MDK 系统仿真

MDK 的一个强大的功能就是提供软件仿真,通过软件仿真,可以发现很多在线控制出现的问题,避免了下载到 STM32 里面来查看这些错误。在 MDK 仿真里,可以查看很多硬件相关的寄存器,通过查看这些寄存器,可以知道代码是否有效,同时避免频繁地刷机,可以延长 STM32 的 Flash 寿命(STM32 的 Flash 寿命通常大于等于 1 万次)。当然,很多问题还是要到在线调试时才能发现,不是软件仿真能够替代的。

使用 MDK 5 的软件环境进行仿真验证代码的正确性,首先进行仿真配置,单击 📷 并选择 Target 选项卡,检查芯片型号,设置晶振频率为 8.0MHz,如图 4.4 所示,确定仿真的硬件环境。

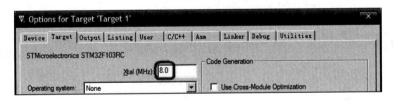

图 4.4　Target 选项卡

再在 Debug 选项卡中,勾选 Use Simulator(即使用软件仿真)和 Run to main()(即跳过汇编代码,直接跳转到 main 函数开始仿真)。设置下方的 Dialog DLL 分别为 DARMSTM.DLL 和 TARMSTM. DLL,Parameter 均为-pSTM32F103RC,用于设置支持 STM32F103C8 的软硬件仿真(即可以通过 Peripherals 选择对应外设的对话框观察仿真结果),如图 4.5 所示完成设置。

接下来,单击“开始/停止仿真”按钮,开始仿真,这时会出现 Debug 工具条。Debug 工具条常用按钮的功能如下:

(1) 复位:其功能等同于在硬件上按复位按钮,相当于实现了一次硬复位。按下该按钮之后,代码会重新从头开始执行。

(2) 执行到断点处:该按钮用来快速执行到断点处,有时并不需要观看每步是怎么执

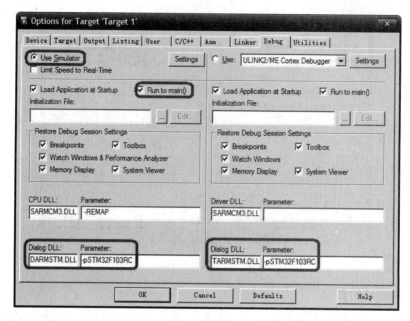

图 4.5　Debug 选项卡

行的,而是想快速地执行到程序的某个地方查看结果,这个按钮就可以实现这样的功能,前提是在查看的地方设置了断点。

(3) 挂起:此按钮在程序一直执行的时候会变为有效,通过按该按钮可以使程序停止下来,进入到单步调试状态。

(4) 执行进去:该按钮用来实现执行到某个函数里面去的功能,在没有函数的情况下,等同于“执行过去”按钮。

(5) 执行过去:在碰到有函数的地方,通过该按钮可以单步执行过这个函数,而不进入这个函数单步执行。

(6) 执行出去:该按钮是在进入了函数单步调试的时候,有时可能不必再执行该函数的剩余部分了,通过该按钮就直接一步执行完函数余下的部分,并跳出函数,回到函数被调用的位置。

(7) 执行到光标处:该按钮可以迅速地使程序运行到光标处,其实是挺像“执行到断点处”按钮的功能,但是两者是有区别的,断点可以有多个,但是光标所在处只有一个。

(8) 汇编窗口:通过该按钮可以查看汇编代码,这对分析程序很有用。

(9) 观看变量/堆栈窗口:该按钮按下,会弹出一个显示变量的窗口,在里面可以查看各种想要看的变量值,也是很常用的一个调试窗口。

(10) 串口打印窗口:该按钮按下,会弹出一个类似串口调试助手界面的窗口,用来显示从串口打印出来的内容。

(11) 内存查看窗口:该按钮按下,会弹出一个内存查看窗口,可以在里面输入要查看的内存地址,然后观察这一片内存的变化情况,也是很常用的一个调试窗口。

(12) 性能分析窗口:按下该按钮,会弹出一个观看各个函数执行时间和所占百分比的窗口,用来分析函数的性能是比较有用的。

（13）逻辑分析窗口：按下该按钮会弹出一个逻辑分析窗口，通过 SETUP 按钮新建一些 I/O 口，就可以观察这些 I/O 口的电平变化情况，以多种形式显示出来，比较直观。

下面以执行"uart_init(9600);"语句为例，讲解 MDK 系统仿真过程。选择内存查看窗口、串口打印窗口，双击"uart_init(9600);"语句行空白处，该行左边出现一个红色断点（也可以通过鼠标右键菜单添加），再次双击则取消。然后单击 ⬛，执行到该断点处。选择 Peripherals→USARTs→USART 1，可以看到有很多外设可以查看，这里选择查看的是串口 1 的情况，单击 USART1 后会在 IDE 之外出现 STM32 的串口 1 的默认设置状态界面，显示如图 4.6(a) 所示的所有与串口相关的寄存器及当前串口的波特率等信息。接着单击 ⬛，执行完该语句，完成串口初始化，得到如图 4.6(b) 所示的串口 1 信息，可知这个函数所执行的操作。通过对比查看代码是否有问题，继续单击 ⬛ 按钮，一步步执行至程序结束，再次按下 ⬛ 结束仿真。

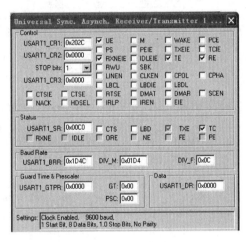

(a) 串口1的默认设置状态　　　　　　(b) 执行完串口初始化函数后的串口信息

图 4.6　串口 1 各寄存器初始化前后对比

软件系统仿真可以保证在硬件上正确的执行，这一方法在排错和编写代码的时候非常有用。之后可以下载代码到硬件运行和进一步硬件调试。

3. SWD 配置

STM32 可以用 JLINK 仿真器进行调试。JLINK 调试的好处在于速度快，且不需要单独生成驱动文件，在 MDK 单击下载，不需要烧录软件。SWD 调试是进化并缩小的 JLINK。传统的 JLINK 需要 20 个引脚，而 SWD 仿真器只需要 4 个接口来和 STM32 连接。JLINK 接口体积较大，通常与核心板一样大，因此，SWD 大有替代 JLINK 的趋势。

如果是旧版本 MDK，可能不包含 SWD 的 Flash 写入算法，需要单独复制相关文件。下面以一个例程介绍 SWD 调试配置。

首先，单击 Options for Target 按钮，如图 4.7 所示。

如图 4.8 所示，在 Debug 选项卡中首先选择右边的 Use，在下拉菜单里找到 J-LINK/J-TRACE Cortex 选项，随后单击 Settings 按钮，进入更高级的设置。

如图 4.9 所示，Port 选择 SW，Max 频率选择 10MHz，其他默认即可。此界面设置需要

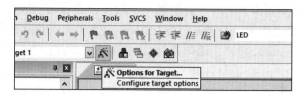

图 4.7 SWD 配置

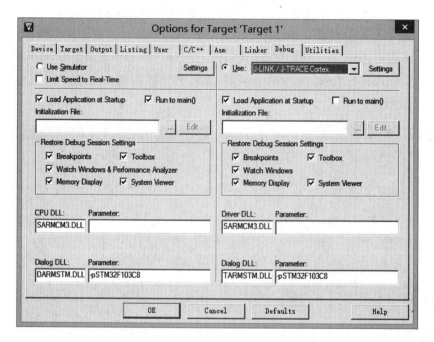

图 4.8 Option 选项卡

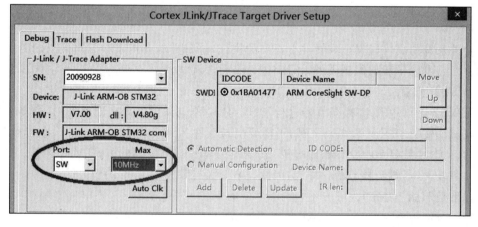

图 4.9 选项卡设置

计算机连接仿真器,否则无法选择 SW。如果仿真器连接了 STM32 单片机,SW Device 显示单片机的 ID;如果没有出现,请检查单片机是否正常工作,或单片机的 PA13、PA14 引脚是否被占用。

接下来在 Flash Download 选项卡中按图 4.10 和图 4.11 进行设置。修改 Programming Algorithm 内容，选择 Flash 写入算法，即 STM32F10x Med-density Flash，完成 Debug 配置。

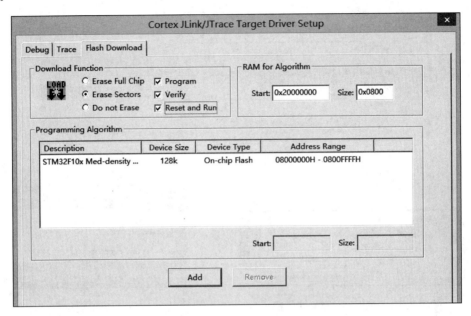

图 4.10　Flash Download 选项卡设置

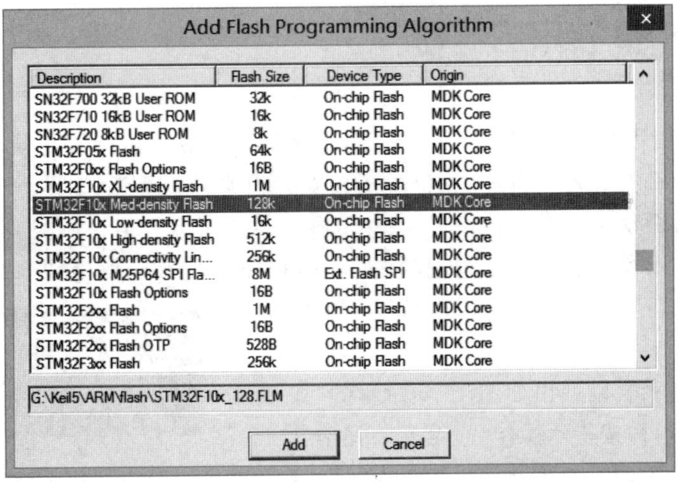

图 4.11　Flash Programming Algorithm 设置

接下来，在 Utilities 选项中勾选 Use Debug Driver 和 Update Target before Debugging 两项后退出，如图 4.12 所示。

SWD 配置完毕，确认程序无误后单击 LOAD 按钮下载，如图 4.13 所示。

Build Output 的窗口内容如图 4.14 所示，表示程序下载成功。

STM32 最小系统板可以选择启动模式，使用 CH340 下载，BOOT1 置 0，BOOT0 置 1；使用 SWD 调试，BOOT0 和 BOOT1 都要置 0。

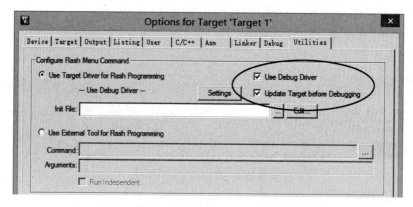

图 4.12　Utilities 菜单

图 4.13　单击 LOAD 按钮下载

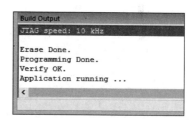

图 4.14　下载成功

4.3　安装 USB 转串口驱动

如果开发板使用 CH340 芯片,可通过 USB 转串口的方式进行程序烧录和串口打印调试。想要通过 USB 烧录程序和串口打印,需先安装相关 USB 转串口驱动。

1. 自动安装驱动

用双公头 USB 线连接开发板和计算机,然后按下开发板上的电源(POWER)开关,电源指示灯(LED1)正常亮起,表示供电成功,如图 4.15 所示。

此时,计算机会自动弹出如图 4.16 所示的"找到新的硬件向导"窗口,并按指示操作,直至安装完毕。

安装完成后,关闭并打开电源,重新建立连接。然后,在"设备管理器"中的端口(COM 和 LPT)中,会出

图 4.15　供电成功结果

现 CH340 的 USB 串口连接,表示驱动安装成功,如图 4.17 所示。其中,端口号会因不同计算机、不同 USB 口而不同。

2. 手动安装驱动

如果自动安装方法未能成功安装驱动,则可以采用手动安装驱动的方法。

打开安装目录文件夹,如图 4.18 所示,文件夹下的 SETUP.EXE 文件即为 USB 转串口驱动安装文件,双击打开。

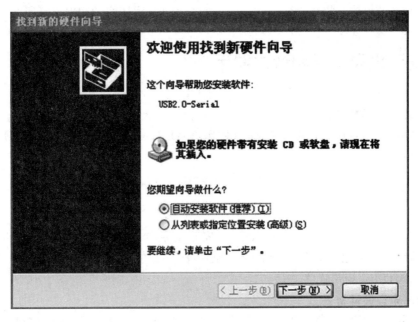

图 4.16　硬件向导窗口

图 4.17　设备管理器　　　　　　　　图 4.18　USB 转串口驱动安装文件夹

　　弹出安装界面，如图 4.19 所示。单击 INSTALL 按钮进行驱动安装，单击 UNINSTALL 按钮可以进行驱动卸载。驱动安装成功后，同样可以在"设备管理器"中的端口（COM 和 LPT）中看到 CH340 的 USB 串口连接。

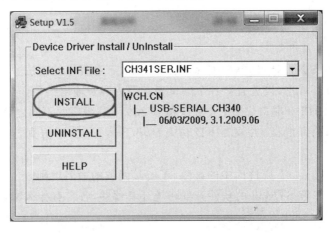

图 4.19　USB 转串口驱动手动安装

USB 转串口驱动安装完成后,就可以通过 USB 进行程序烧录和串口打印调试了。

4.4 安装烧录工具和调试助手

1. 安装程序烧录工具

开发板需要使用串口下载程序,所以使用 Flash Loader Demo 工具进行程序烧录,如图 4.20 所示。

flash_loader_demo_setup.exe   2012/11/7 20:52   应用程序   7,216 KB

图 4.20 程序烧录工具安装文件

双击打开 flash_loader_demo_setup.exe 安装文件,弹出安装界面,按指示操作,直至安装完毕。安装完成后会在计算机桌面上生成一个快捷方式。双击该快捷方式,即可运行 Flash Loader Demo 烧录软件。

2. 安装串口调试助手

串口调试助手安装文件如图 4.21 所示,直接双击运行 uart_assist.exe 文件。

uart_assist.exe   2016/1/8 11:51   应用程序   1,370 KB

图 4.21 串口调试助手安装文件

4.5 本章小结

本章主要介绍了软件开发环境的搭建方式,介绍了开发环境 MDK 的安装和使用,包括程序运行、仿真以及开发中使用的烧录工具和调试助手的安装,这些是进行 STM32 开发前的准备工作。

思考与扩展

1. 熟悉 MDK 5 开发环境,掌握编译、调试、仿真、下载程序的方法。
2. MDK 仿真环境中,设置查看各个端口寄存器内容及输出结果。
3. 对比分析 CH340 端口烧录时 SWD 和 JTAG 下载程序的不同之处。
4. 建立工程,编译调试,并在 MKD 仿真环境下运行,设计仿真,查看变量值及运行结果。
5. 查找资料,阅读 ST 固件库中的函数,了解其函数的命名规则。
6. 查找资料,了解 STM32 的软件开发环境还有哪些,各自有什么特点。

第二篇　基础篇

第5章

STM32 开发基础知识

本章学习目标

1. 了解 STM32 库函数和寄存器编程的思想。
2. 熟悉 C 语言在 STM32 编程中的应用。
3. 熟练掌握 MDK 5 的菜单和快捷键使用方法。
4. 掌握 STM32 的编程与调试步骤。

5.1　STM32 的开发方式

在 51 单片机的程序开发中,采用直接配置 51 单片机的寄存器来控制芯片的工作方式,例如中断、定时器等。配置的时候往往需要查阅寄存器表,查看用到的是哪个寄存器以及完成相应功能是置 0 还是置 1,这些工作较为琐碎、机械,浪费大量的时间。而且 51 单片机软件相对比较简单,资源很有限,可以采用这种直接配置寄存器的方式;但是 STM32 功能比较强大,在嵌入式领域处于低端和高端之间,外设资源丰富,带来的必然是寄存器的数量和复杂度的增加,如果继续采用直接配置寄存器的方式会有开发速度慢、程序可读性差的缺点,直接影响到开发效率、程序维护成本和交流成本,这时采用库开发方式,就显得十分有必要了。如图 5.1 所示,STM32 有两种开发方式。

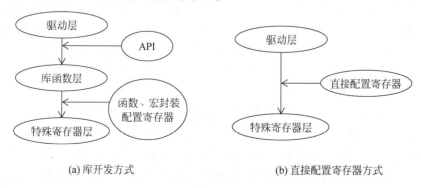

(a) 库开发方式　　　　　　　　　　　(b) 直接配置寄存器方式

图 5.1　STM32 的两种开发方式

STM32 库是由 ST 公司针对 STM32 提供的函数接口,是架设在寄存器与用户驱动层之间的代码,向下处理与寄存器直接相关的配置,向上为用户提供配置寄存器的接口。开发者可调用这些函数接口来配置 STM32 的寄存器,使开发人员得以解脱最底层的寄存器操作,有开发快速、易于阅读、维护成本低等优点。

因为基于 Cortex 的某系列芯片采用的内核是相同的,区别主要是内核外的片上外设的差异,这些差异导致软件在同内核、不同外设的芯片上移植困难。为了解决不同的芯片厂商生产的 Cortex 控制器软件的兼容性问题,ARM 与芯片厂商建立了 CMSIS 标准(Cortex MicroController Software Interface Standard)。CMSIS 是 ARM 公司与多家不同的芯片和软件供应商一起紧密合作定义的,提供了内核与外设、实时操作系统和中间设备之间的通用接口。

STM32 上市后迅速占领了中低端 MCU 市场,与它倡导的基于固件库的开发方式密不可分。采用库开发的方式可以快速上手,仅通过调用库里面的 API 函数就可以迅速搭建一个大型的程序,写出各种用户所需的应用,这大大降低了学习的门槛和开发周期。

但不管有多高级的处理器,归根结底都是要对处理器的寄存器进行操作。寄存器编程原理:根据芯片厂家给出的存储器映射可以看出各个外设的基地址,基地址加上相应的偏移量就是寄存器的地址,之后修改寄存器的内容就可以得到对寄存器的控制。寄存器编程的关键是如何构造好的数据结构对寄存器进行操作。STM32 的固件库不是万能的,库函数固然好用,最初的寄存器操作也有其特殊用途。

对比 STM32 的两种开发方式:库函数操作简单,但是效率不如寄存器操作高;寄存器操作要熟悉上百个寄存器,很复杂,但是程序效率很高。本书的实验中,将以库函数编程为主要开发方式,讲解固件库的使用,但会首先对重要寄存器进行讲解,这样可以使读者掌握寄存器操作。另外,虽然学习固件库不需要记住每个寄存器的作用,但是通过寄存器操作可以对外设的一些功能有所了解,这样对库函数的学习和使用也很有帮助。

5.2 STM32 的编程语言

在嵌入式开发中可以混合使用 C 语言和汇编语言两种语言。汇编语言作为低级语言,是仅次于机器语言的和硬件联系最紧密的语言。汇编的优点在于语句执行时序的精确性,执行效率高,对一些实时性要求很高的系统,汇编语言比较容易实现。汇编语言的实时性非常好,但可读性差,可移植性不强。在 STM32 开发中,多使用 C 语言作为编程语言,因为 C 语言有很好的结构性,比汇编语言更容易阅读与维护,而且功能化、模块化的代码有更好的移植性,方便从一个工程移植到另一个工程,C 语言也更符合人们的思考习惯,便于阅读和理解。

汇编语言在编程时往往要考虑细节问题,程序在调试时由于汇编语言的可读性较差,会耗费大量的时间。C 语言往往只需要考虑算法而无须过多考虑细节问题,同时可读性好,调试时间也大大减少。STM32 编程时把 C 语言和汇编语言结合来使用是最好的。在需要很精确的地方就嵌套一个汇编语言的子程序,其他就用 C 语言。另外,如果懂汇编语言,会使编写的 C 程序有更好的执行效率。

STM32 开发的 C 语言编程,相对于标准 C 语言有一些特殊性。例如,STM32F 系列的固件库中定义了很多结构体指针,而且这些指针都是指向固定的绝对地址,在标准 C 语言中这是非法的,但是这种做法在写 STM32 代码时却是可以的,其中的原因要结合 STM32 芯片的硬件资料去分析。STM32 开发常用的 C 语言基础知识见附录 A。

5.3　STM32 固件库简介

5.3.1　CMSIS 标准

CMSIS 标准,即 Cortex 微控制器软件接口标准,位于硬件层与操作系统或用户层之间,提供了与芯片厂商无关的硬件抽象层,可以为接口外设和实时操作系统提供简单的处理器软件接口,屏蔽了硬件差异。

基于 CMSIS,ST 公司提供了官方库。用户可以基于官方库进行软件开发,图 5.2 为基于 CMSIS 应用程序的基本结构。CMSIS 层在整个系统程序结构中处于中间层,向下负责与内核、各个外设直接打交道,向上提供实时操作系统中用户程序调用的函数接口。

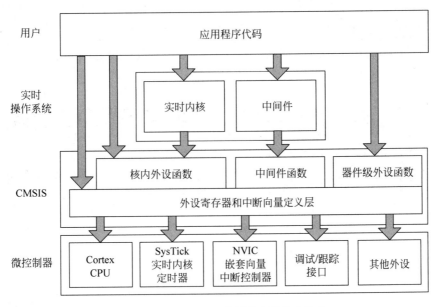

图 5.2　基于 CMSIS 应用程序的基本结构

CMSIS 分为 3 个基本功能层:

(1) 核内外设访问层:ARM 公司提供的访问,定义处理器内部寄存器地址和功能函数。

(2) 中间件访问层:定义访问中间件的通用 API。由 ARM 公司提供,芯片厂商根据需要更新。

(3) 外设访问层:定义硬件寄存器的地址以及外设的访问函数。

5.3.2 STM32 固件库结构

ST 官方提供的固件库完整包可以在官方网站下载。官方库包的目录结构如图 5.3 和图 5.4 所示。

图 5.3 官方库包根目录

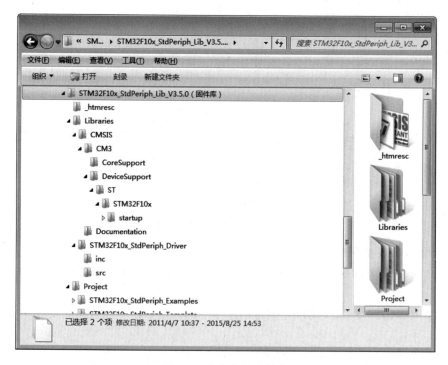

图 5.4 官方库目录列表

STM32 库文件结构如下：

（1）Libraries 文件夹下面有 CMSIS 和 STM32F10x_StdPeriph_Driver 两个目录，包含驱动库的源代码及启动文件。

（2）CMSIS 文件夹存放的是符合 CMSIS 规范的一些文件，包括 STM32F1 核内外设访问层代码、RTOS API 以及 STM32F1 片上外设访问层代码等。

（3）STM32F10x_StdPeriph_Driver 存放的是 STM32F1 标准外设固件库源码文件和对应的头文件。inc 目录存放的是 stm32f10x_ppp.h 头文件，无须改动。src 目录存放的是 stm32f10x_ppp.c 格式的固件库源码文件。每一个 .c 文件和一个相应的 .h 文件对应。

（4）Project 文件夹：STM32F10x_StdPeriph_Examples 文件夹中存放的是 ST 官方提供的固件实例源码，STM32F10x_StdPeriph_Template 文件夹中存放的是工程模板。

（5）Utilities 文件下就是官方评估板的一些对应源码。

（6）stm32f10x_stdperiph_lib_um.chm 文件是固件库的帮助文档，主要讲的是如何使用驱动库来编写自己的应用程序。

其中，常用的关键文件有：

（1）core_cm3.c 文件：CMSIS 标准的核内设备函数层的 M3 核通用源文件，ARM 公司提供的用于进入 M3 内核的接口。

（2）system_stm32f10x.c 文件：用于设置系统时钟和总线时钟。

（3）stm32f10x.h 文件：系统寄存器定义声明以及包装内存操作。

（4）启动文件：Libraries\CMSIS\Core\CM3\startup\arm 文件夹下是由汇编语言编写的系统启动文件，不同的文件对应不同的芯片型号，它的作用是：初始化堆栈指针（SP）和程序计数器指针（PC），并设置堆栈的大小；设置异常向量表的入口地址和数据存储器，并设置 C 语言标准库的分支入口 __main（最终用来调用 main 函数）；在 STM32 官方库 3.5 版中，启动文件还调用了在 system_stm32f10x.c 文件中的 SystemIni() 函数配置系统时钟，在之前版本的工程中要求用户进入 main 函数自己调用 SystemIni() 函数。

（5）stm32f10x_it.c、stm32f10x_conf.h 文件：stm32f10x_it.c 用来编写中断服务函数，stm32f10x_conf.h 是外设驱动配置文件。

（6）stm32f10x_ppp.c 和 stm32f10x_ppp.h 文件：标准外设固件库对应的源文件和头文件。

（7）misc.c 和 misc.h 文件：定义中断优先级分组以及 Systick 定时器相关的函数。

5.4　实训一　MDK 5 下 STM32 的程序开发

视频讲解

5.4.1　创建工程模板

只有规划好工程及源码的位置和目录结构，才能避免后期代码量增大后带来的麻烦，所以，STM32 开发的第一步是创建工程模板，即建立工程目录及复制必要的文件。以流水灯实验为例，讲解操作步骤。

1. 建立工程所在的目录并复制库文件夹

将工程所在的目录名设置为 GPIO_LED,建立该目录,如图 5.5 所示。

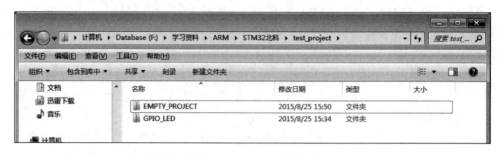

图 5.5　创建目录

将 STM32F10x 标准外设库中 Libraries 目录下的两个文件夹复制到 GPIO_LED 目录下,并将 STM32F10x_StdPeriph_Driver 目录名重命名为 FWlib。

2. 建立 GPIO_LED 工程目录结构并复制库文件

在 GPIO_LED 目录下建立以下几个目录:

(1) Project 目录:用于存放 Keil 开发环境的工程文件。

(2) Output 目录:用于存放编译过程中生成的中间文件。

(3) List 目录:用于存放 Keil 生成的 list 文件。

(4) Startup 目录:用于存放 STM32 处理器的启动引导代码。

(5) User 目录:用于存放工程中主要的用户代码,如 main.c。

(6) Devices 目录:用于存放 STM32F103C8T6 平台板级硬件支持代码。

(7) System 目录:用于存放 STM32F103C8T6 平台系统相关代码。

创建完成后,目录结构如图 5.6 所示。

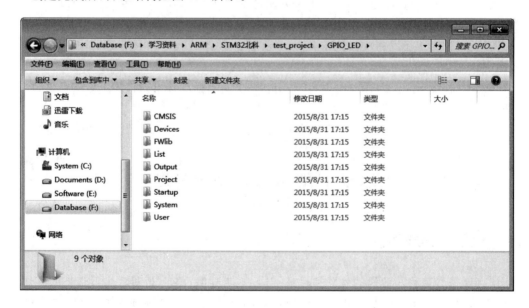

图 5.6　创建目录结构

将固件库中 Project→STM32F10x_StdPeriph_Template 目录下的 stm32f10x_conf.h
文件、stm32f10x_it.c 文件、stm32f10x_it.h 文件和 main.c 文件复制到上一步创建的 User
目录下,如图 5.7 所示。其中,main.c 文件是 ST 公司针对其评估板所设计的,这里只需要
根据其结构保留主函数即可,将 main.c 中原有代码删除,加入如下代码:

```
# include "stm32f10x.h"
int main(void)
{
while(1)
{
}
}
```

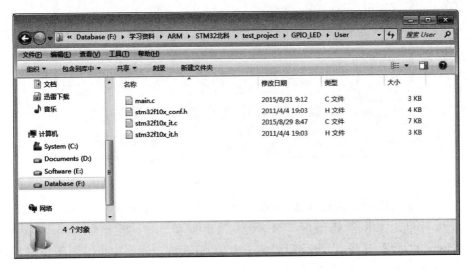

图 5.7 复制文件

3. 复制启动引导代码

由于 STM32C8T6 平台使用的是 STM32F103C8T6 处理器,属于 STM3210x 系列中的
中等密度 Flash,因此,在启动引导代码时需要使用后缀为 md 的启动引导文件。复制固件
库中 Libraries→CMSIS→CM3→Device Support→ST→STM32F10x→startup→arm 目录
下的 startup_stm32f10x_md.s 文件到工程中的 Startup 目录下。

5.4.2 创建新工程

1. 使用 Keil 建立工程并进行相应的配置

打开 Keil 后建立一个基于 STM32F103C8 处理器的工程,在建立工程的时候选择对应
的处理器。

首先,如图 5.8 所示,选择 Project→New μVision Project,在弹出的对话框中打开刚刚
建立的 Project 目录,作为工程文件的保存目录,然后为工程文件设置一个名字,这里设置为
test,单击"保存"按钮,如图 5.9 所示。

图 5.8　打开 Keil

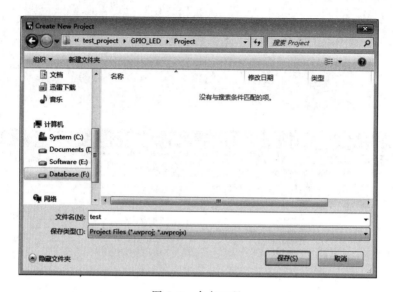

图 5.9　命名工程

在弹出的对话框中选择处理器,如图 5.10 所示,这里选择 ST 公司的 STM32F103C8 处理器,然后单击 OK 按钮继续。MDK 会弹出如图 5.11 所示的 Manage Run-Time Environment 对话框,这是 MDK 5 新增的一个功能,在这个界面中可以添加自己需要的组件,从而方便构建开发环境,这里直接单击 Cancel 即可。

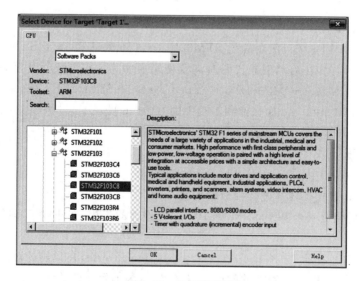

图 5.10　选择处理器

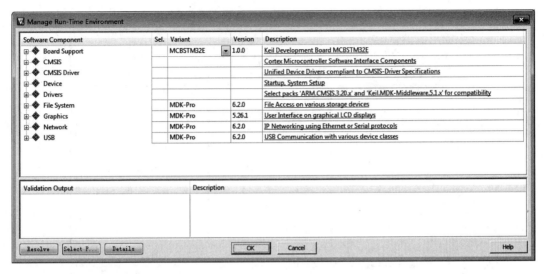

图 5.11　添加组件

2. 添加工程源码

首先,设置工程组及相关文件。如图 5.12 所示,右击 Target1,选择 Manage Project Items,对工程的组(Group)结构以及组中的源码进行配置。在弹出的窗口中将已经建立的目录和源码文件添加到工程的组中。

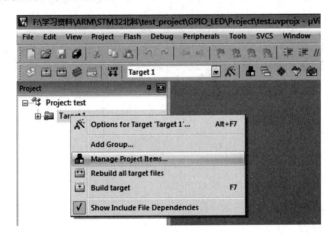

图 5.12　Manage Project Items

然后,在组的文件中添加以下的内容。

(1) Startup 组:单击 Add Files 按钮,添加工程目录下 Startup 文件夹中的 startup_stm32f10x_md. s 文件,如图 5.13 所示。

(2) CMSIS 组:单击 Add Files 按钮,添加文件工程目录下 CMSIS→CM3→CoreSupport 文件夹下的 core_cm3. c 文件和 CMSIS→CM3→Device Support→ST→STM32F10x 文件夹下的 system_stm32f10x. c 文件,如图 5.14 所示。

(3) FWlib 组:这里实际上是固件库中 STM32F10x_StdPeriph_Driver 目录下的内容,只需要将 src 目录下的文件添加到组中即可。原则上使用哪些外设就添加这些外设的操作

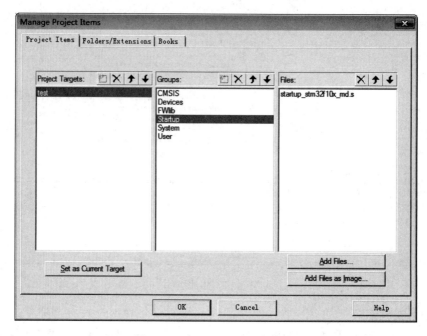

图 5.13 向 Startup 中添加内容

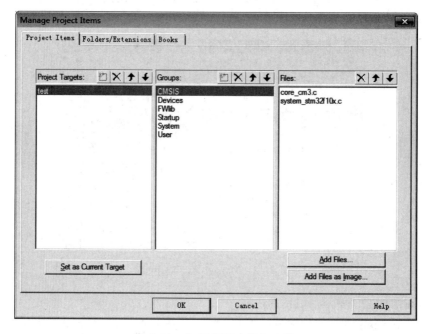

图 5.14 向 CMSIS 中添加内容

文件,不使用的外设则不添加到工程中。简单起见,将 src 目录下的所有文件都添加到 FWlib 组中。单击 Add Files 按钮,将工程目录下 FWlib→ src 文件夹中的所有文件头添加 到组中,如图 5.15 所示。

(4) Devices 组:在实验中根据 STM32F103C8T6 具体设备情况,向其中添加设备操作 文件。此实验中只需添加 led.c 即可,如图 5.16 所示。

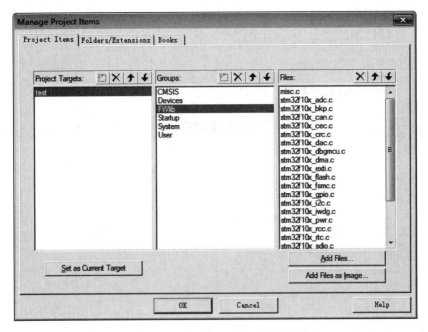

图 5.15　向 FWlib 中添加内容

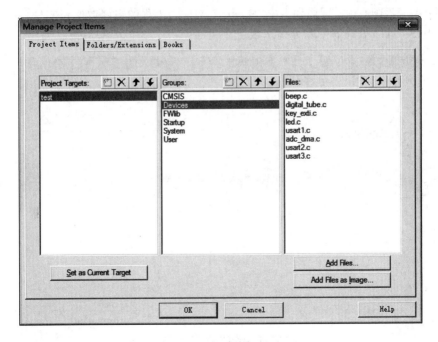

图 5.16　向 Devices 中添加内容

（5）System 组：STM32F103 系列的底层核心驱动函数中，delay.c 实现了基于 STM32 内部 SysTick 定时器的精确延时，分别实现了 SysTick 定时器的初始化，以及毫秒（ms）、微秒（μs）级别的精确延时；sys.c 实现了系统中常用的功能函数。添加完毕如图 5.17 所示。

（6）User 组：如图 5.18 所示，单击 Add Files 按钮，将工程目录中 User 文件夹下的

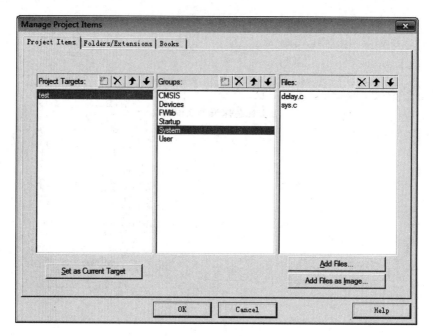

图 5.17 向 System 中添加内容

main.c 和 stm32f10x_it.c 添加到组中。main.c 文件为工程的主函数所在文件，stm32f10x_it.c 文件是 STM32 处理器中断处理函数所在文件。

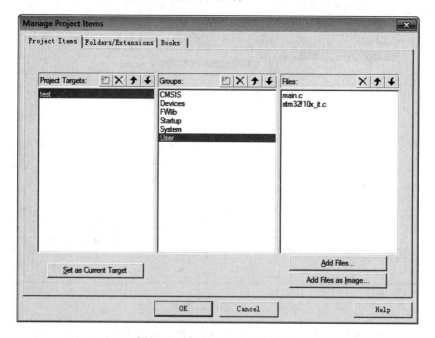

图 5.18 向 System 中添加内容

另外，再新建一个公共的头文件，命名为 common.h，保存在 Devices 目录下。此文件中包含其他所有 .c 文件的头文件，这样方便各个文件中函数、变量等的相互调用，也方便管理，只需在各个 .c 文件中包含这个公共头文件即可，如图 5.19 所示。

　　完成以上配置后,就将工程编译所需的源码都添加到相应的组中了,有了这样的分组可以便于对源码进行管理。上述步骤建好的工程组如图 5.20 所示。

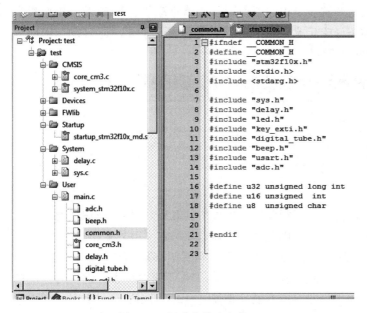

图 5.19　新建公共头文件

图 5.20　创建好的工程

5.4.3　程序编译配置

1. 配置编译选项

通过 Project→Options for Target 菜单项或者使用工具栏按钮,打开 Options for Target 对话框,在其中对如何编译生成的目标文件进行下面的配置。

(1) 在 Target 选项卡中设置设备的晶振频率、片内、片外 ROM 区地址、大小,目标硬件的片内、片外 RAM 区地址、大小。

(2) 配置 Output 选项卡,设置编译生成的中间文件的目录,以及最终编译生成的可执行文件的名称及类型。选择工程目录下的 Output 文件夹放置编译生成的中间文件,通过 Select Folder for Objects 按钮选中这个目录。勾选 Create HEX File 这个选项,创建 HEX 文件。在 Name of Executable 中填写编译生成的可执行文件名,如图 5.21 所示。

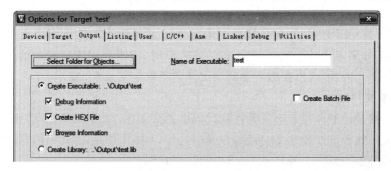

图 5.21　配置 Output

（3）配置 Listing 选项卡，与配置 Output 选项卡类似，选择工程目录下的 List 文件夹放置编译生成的列表文件，通过 Select Folder for Listings 进行设置。

（4）配置 C/C++选项卡，在这个选项卡中需要设置预编译的符号定义，以及用于搜索头文件的路径。配置完后，添加预编译宏定义，在图 5.22 所示位置添加 USE_STDPERIPH_DRIVER 和 STM32F10X_MD 两个宏定义。

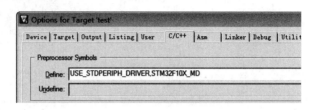

图 5.22　配置 C/C++选项卡

如果不在这里定义这两个宏的话，就必须修改固件库中的源码，才能保证编译通过。但是每次都去固件库中修改源码又非常麻烦，因此在编译器选项中定义就方便很多。

下面简单阐述定义这两个宏的原因。使用的固件库是针对 STM32F10x 系列处理器的，其中每个处理器的特性都不一样，即它们的内部 Flash、RAM 的大小和所包含的外部控制器都不一致，因此为了能够让固件库兼容所有的处理器，所以代码中通过一系列的条件编译来实现。图 5.23 是节选自 stm32f10x.h 头文件中的部分代码。

```
 stm32f10x.h
61 /* Uncomment the line below according to the target STM32 device used in your
62    application
63 */
64
65 #if !defined (STM32F10X_LD) && !defined (STM32F10X_LD_VL) && !defined (STM32F10X_MD) && !defined
66   /* #define STM32F10X_LD */     /*!< STM32F10X_LD: STM32 Low density devices */
67   /* #define STM32F10X_LD_VL */  /*!< STM32F10X_LD_VL: STM32 Low density Value Line devices */
68   /* #define STM32F10X_MD */     /*!< STM32F10X_MD: STM32 Medium density devices */
69   /* #define STM32F10X_MD_VL */  /*!< STM32F10X_MD_VL: STM32 Medium density Value Line devices */
70   /* #define STM32F10X_HD */     /*!< STM32F10X_HD: STM32 High density devices */
71   /* #define STM32F10X_HD_VL */  /*!< STM32F10X_HD_VL: STM32 High density value line devices */
72   /* #define STM32F10X_XL */     /*!< STM32F10X_XL: STM32 XL-density devices */
73   /* #define STM32F10X_CL */     /*!< STM32F10X_CL: STM32 Connectivity line devices */
74 #endif
```

图 5.23　宏定义代码示例

通过阅读代码中的注释可以发现，在使用不同的 STM32 产品时，需要根据使用的具体产品定义相关的宏，否则需要打开代码中的注释。这里使用的 STM32F103C8T6 属于 STM32 中等密度设备，因此需要在编译时定义 STM32F10X_MD 宏，否则就需要去掉相应的代码注释。

而 USE_STDPERIPH_DRIVER 这个宏决定了是否使用固件库中提供的外设操作函数来操作外设，如果未定义这个宏，那么在访问外设时，将不使用固件库中的函数而是直接操作外设寄存器。因此，这里在编译器的预编译选项中定义这个宏。

2. 添加头文件路径

这步的目的是让编译器能够正确找到代码中的头文件，单击 Include Paths 选项右边的按钮添加头文件路径。如图 5.24 所示，在弹出的窗口中添加头文件路径，这里需要将工程目录下的目录都添加到头文件目录中。这些目录包括：

（1）CMSIS\CM3\CoreSupport 目录；

（2）CMSIS\CM3\DeviceSupport\ST\STM32F10x 目录；

（3）Devices 目录；

（4）FWlib\inc 目录；

（5）System 目录；

（6）User 目录。

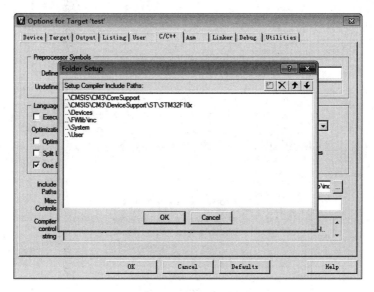

图 5.24　添加头文件路径

如果要采用串口烧录程序，则至此所有的配置已经完成。如果要使用 SWD 进行下载，则还需要配置 DEBUG 和 Utilities 选项。

在实际的开发中，并不会每次都创建新工程，经常是在原有的工程上进行修改。将各个模块，如 LED、PWM、DAC 等，单独写成一个 .c 文件，将它和这个模块需要的 .h 头文件放在同一个文件夹中（STM32 的库函数开发模式），如图 5.25 所示。

图 5.25　实际开发工程示例

在对一个工程进行修改时，将调用的模块的文件夹都放入 HARDWARE 文件夹中，如图 5.26 所示。

在 USER 文件夹中打开工程文件，在 Project 窗口中右击 HARDWARE，选择 Add Existing Files to Group...，将刚才复制的文件添加到这个组群中，再在主函数前加入 #include 头文件，就可以正常调用这些文件中的函数了，如图 5.27 所示。

图 5.26　修改工程文件

图 5.27　添加新文件

有时添加进去的新文件不能被正常编译,这时只要在主函数前加入 # include "stm32f10x_exti.h",问题基本就可以得到解决。如果使用库函数开发,掌握了常用的库函数,用这个办法开发新项目会非常省力。

5.4.4　烧录程序

可以使用 Flash Loader Demo 工具进行程序烧录。步骤如下:

(1) 保持开发板与计算机的连接和供电,在"资源管理器"中查看开发板连接的串口号,如图 5.28 所示,这里的串口号为 COM5,不同的硬件有所不同。

(2) 将开发板上启动选择开关拨到上面(BOOT0)处,然后按下下载(DOWN)开关,再按一下复位(RST)按键。

图 5.28　串口号

(3) 打开 Flash Loader Demo 工具,确认端口号(Port Name),其他保持默认,如图 5.29 所示。然后单击 Next 按钮进入下一步。

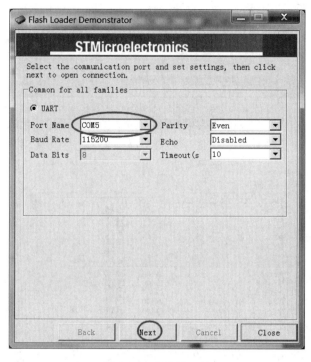

图 5.29　确认端口号

（4）如图 5.30 所示，显示目标已可读，Flash 为 64KB，正好与所用的 MCU Flash 大小吻合。然后单击 Next 按钮进入下一步。

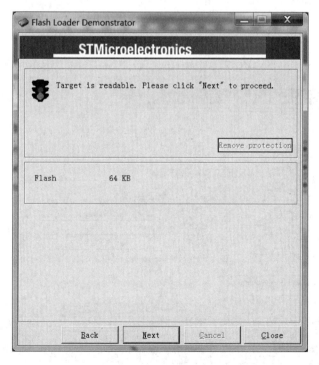

图 5.30　目标可读

（5）如图 5.31 所示，保持 Target 为 STM32_Med-density_64K 不变，即与本实验开发板所用 MCU 一致。然后其他项保持默认，单击 Next 按钮进入下一步。

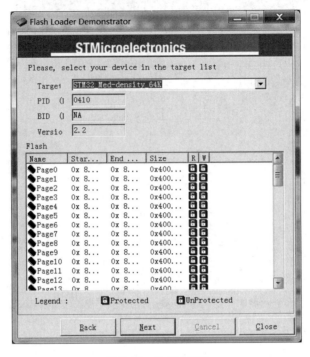

图 5.31 选择 MCU

（6）如图 5.32 所示，在 Download from file 处需要打开下载文件。单击圆圈中的浏览按钮，在弹出的浏览窗口中定位到该工程的 Output 文件夹，并选择打开该文件夹下的.hex 文件。然后单击 Next 按钮进入下一步。

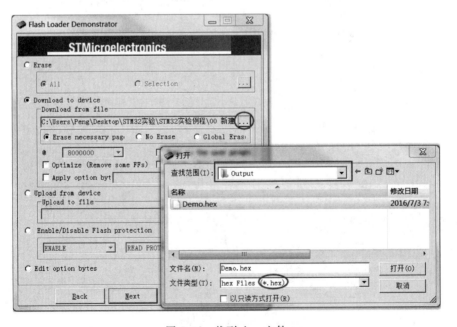

图 5.32 找到.hex 文件

（7）如图 5.33 所示，程序开始烧录，界面上显示了烧录信息和进度。直到进度条变成绿色，并且显示下载成功，则程序烧录完成。

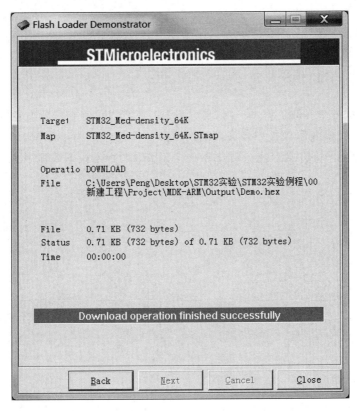

图 5.33　烧录成功

至此，程序烧录就完成了。若想要运行程序观察实验现象，则还需要做以下几步操作：将启动选择开关拨到下面，弹起下载开关，然后按一下复位按键，此时烧录到开发板中的程序就会开始运行了。

现在烧录到开发板中的新建工程中没有编写实质"内容"，所以此时开发板上没有现象。

5.5　本章小结

本章是 STM32 开发的基础，主要讲述了 MDK 5 下如何进行 STM32 工程的创建、编译以及程序的烧录，简单介绍了 STM32 库函数和寄存器编程的思想，并通过实训项目加深读者的印象。在 STM32 的编程中，C 语言发挥着独特的优势，所以熟练掌握 C 语言有利于 STM32 单片机的编程。

思考与扩展

1. 搭建一个完整程序的 STM32 工程模板。

2. 打开一个实训工程文件夹,进行新建和删除文件夹以及文件夹中文件的导入和删除操作。

3. 编译调试一个实训工程,通过仿真方式,查看变量值、寄存器状态及输出结果。

4. 简述 STM32 工程模板中各文件的作用。

5. 对比分析 CH340 端口烧录时,SWD 和 JTAG 两种方式下载程序的不同。

第6章

STM32 的 I/O 应用

本章学习目标

1. 结合 MDK 5 平台，掌握 STM32 的编程与调试步骤。
2. 理解 STM32 库函数和寄存器编程的思想。
3. 掌握 GPIO 口输出的基本操作。
4. 掌握利用内部 SysTick 定时器实现精确延时。
5. 理解数码管显示字形及位选扫描的原理。

6.1　STM32 I/O 简介

在 STM32 中 I/O 引脚，又称 GPIO (General-Purpose I/O)，可以被软件设置成各种不同的功能及模式，主要分为 GPIOA、GPIOB、GPIOC⋯⋯不同的组，每组端口分为 0~15，共16 个不同的引脚。不同型号的芯片，具有不同的端口组和不同的引脚数量。

与 GPIO 相关的寄存器主要有以下几种：

(1) 配置寄存器：配置 GPIO 的模式及状态，如输入/输出模式、复用功能及输出的最大速度等以及端口配置低寄存器(GPIOx_CRL)、端口配置高寄存器(GPIO_CRH)；

(2) 数据寄存器：保存了 GPIO 的输入电平或将要输出的电平，如端口输入数据寄存器(GPIOx_IDR)、端口输出数据寄存器(GPIOx_ODR)；

(3) 位控制寄存器：设置某引脚的数据为 1 或 0，如端口位设置/清除寄存器(GPIOx_BSRR)、端口位清除寄存器(GPIOx_BRR)；

(4) 锁定寄存器：设置某锁定引脚后，就不能修改其配置，如端口配置锁定寄存器(GPIOx_LCKR)(其中，x=A~E)。

6.1.1　GPIO 的 8 种工作模式

如图 6.1 所示，最右端为 I/O 引脚，左端的器件位于芯片内部。I/O 引脚并联了两个用于保护的二极管。该图的上半部分为输入模式结构,下半部分为输出模式结构。

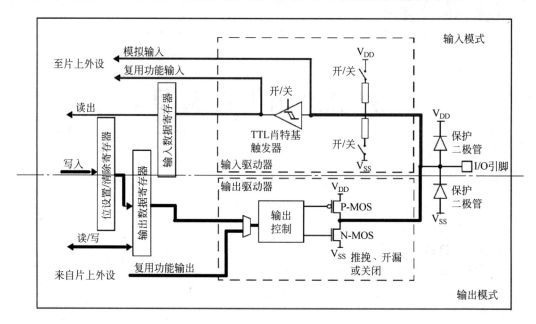

图 6.1　STM32 I/O 引脚

输入/输出模式结构都可以由软件分别配置成 8 种模式,包括上拉输入、下拉输入、浮空输入、模拟输入、通用开漏输出、通用推挽式输出、复用推挽式输出和复用开漏输出,见表 6.1。

表 6.1　GPIO 配置模式

状　态	配置模式	状　态	配置模式
通用输出	推挽(Push-Pull)	输入	模拟输入
	开漏(Open-Drain)		浮空输入
复用功能输出	推挽(Push-Pull)		下拉输入
	开漏(Open-Drain)		上拉输入

1. 上拉、下拉和浮空输入配置

如图 6.2 所示,图中箭头表示信号流动方向。从 I/O 引脚向左沿着箭头方向,首先遇到两个开关和电阻,与 V_{DD} 相连的称为上拉电阻,与 V_{SS} 相连的称为下拉电阻,再连接到施密特触发器把电压信号转化为 0、1 的数字信号,存储在输入数据寄存器(IDR)。通过设置配置寄存器(CRL、CRH)控制这两个开关,于是就可以得到 GPIO 的上拉输入(GPIO_Mode_IPU)、下拉输入模式(GPIO_Mode_IPD)和浮空输入模式(GPIO_Mode_IN_FLOATING)。

在上拉/下拉/浮空输入模式中,输出缓冲器被禁止,施密特触发器输入被激活,根据输入配置(上拉,下拉或浮动)的不同,弱上拉和下拉电阻被连接,读输入数据寄存器的值可得到 I/O 状态。各模式下引脚信号如下:

（1）上拉输入模式：默认状态下（GPIO 引脚无输入），读 GPIO 引脚数据为高电平（即 1）。

（2）下拉输入模式：与上拉输入模式相反，默认状态下其引脚数据为低电平（即 0）。

（3）浮空输入模式：在芯片内部既没有接上拉，也没有接下拉电阻，信号经由触发器输入。

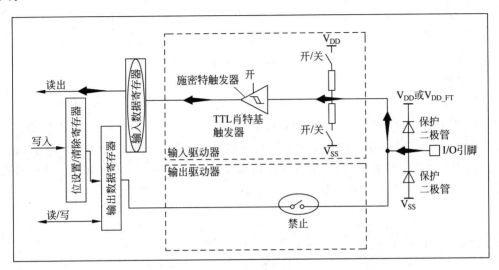

图 6.2　上拉、下拉和浮空输入配置电路图

2.　通用输出配置

如图 6.3 所示，图中箭头表示信号流动方向。输出缓冲器是由 P-MOS 和 N-MOS 管组成的单元电路，推挽/开漏输出模式是根据其工作方式来命名的。当 I/O 端口被配置为输出时，输出缓冲器被激活，施密特触发器输入被激活，弱上拉和下拉电阻被禁止。

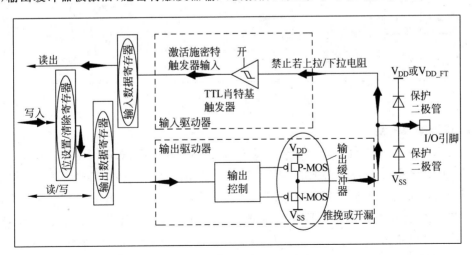

图 6.3　通用输出配置电路图

（1）开漏模式：输出数据寄存器上的 0 激活 N-MOS，使输出接地（即 I/O 引脚为低电平）；而输出数据寄存器上的 1 将端口置于高阻状态（P-MOS 从不被激活），正常使用时必

须在外部接一个上拉电阻,它具"线与"特性,即很多个开漏模式引脚连接到一起时,若其中任意一个引脚为低电平,则整条线路都为低电平,否则线路处于高电平(由外部上拉电阻所接电源提供)。因此,开漏模式一般应用在电平不匹配的场合,如需要输出 5V 的高电平,就需要在外部接一个上拉电阻,电源为 5V,把 GPIO 设置为开漏模式,当输出高阻态时,由上拉电阻和电源向外输出 5V 的电平。

(2)推挽模式:输出数据寄存器上的 0 激活 N-MOS,I/O 口输出低电平;而输出数据寄存器上的 1 将激活 P-MOS,I/O 口输出高电平。两个管子轮流导通,一个负责灌电流,一个负责拉电流,使其负载能力和开关速度都比普通方式有很大提高。

3. 复用输出配置

如图 6.4 所示,图中箭头表示信号流动方向。当 I/O 端口被配置为复用功能时,输出缓冲器被打开,内置外设的信号驱动输出缓冲器,施密特触发器输入被激活,弱上拉和下拉电阻被禁止。至于是复用开漏输出还是复用推挽输出,是根据 GPIO 复用功能来选择的,如 GPIO 的引脚用作串口输出,则使用复用推挽输出模式;如用在 I2C、SMBUS 等这些需要"线与"功能的复用场合,就使用复用开漏模式。

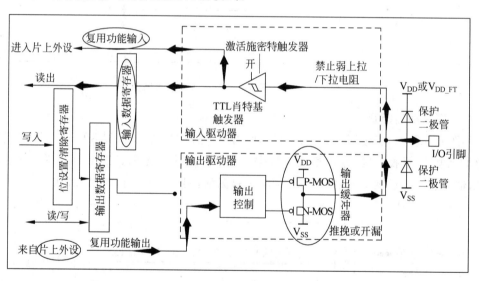

图 6.4　复用输出配置电路图

4. 模拟输入配置

如图 6.5 所示,图中箭头表示信号流动方向。模拟输入模式关闭了施密特触发器,不接上、下拉电阻,经由另一条线路把电压信号传送到片上外设模块,如传送给 ADC 模块,由 ADC 采集电压信号。所以使用 ADC 外设时,必须设置为模拟输入模式。在此模式中,输出缓冲器被禁止,禁止施密特触发器输入,实现了每个模拟 I/O 引脚上的零消耗,施密特触发器输出值被强制置为 0,弱上拉和下拉电阻被禁止,读取输入数据寄存器时数值为 0。配置时注意:GPIO 在输入模式下不需要设置端口的最大输出速度;在使用任何一种开漏模式时,都需要接上拉电阻。

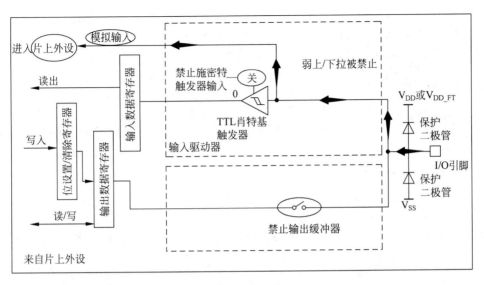

图 6.5　模拟输入配置电路图

6.1.2　GPIO 相关寄存器配置

调用库函数来配置寄存器，可以脱离底层寄存器操作，使得开发效率提高，同时易于阅读和维护。GPIO 相关的函数和定义分布在固件库文件 stm32f10x_gpio.c 和头文件 stm32f10x_gpio.h 中。

在固件库开发中，操作配置寄存器初始化 GPIO 是通过 GPIO 初始化函数 void GPIO_Init(GPIO_TypeDef * GPIOx, GPIO_InitTypeDef * GPIO_InitStruct)完成的。该函数有两个参数：第一个参数用来指定需要初始化的 GPIO 组，取值为 GPIOA、GPIOB、GPIOC、GPIOD；第二个参数为初始化参数结构体指针，结构体类型为 GPIO_InitTypeDef。

首先，来了解一下 GPIO_InitTypeDef 结构体的定义：

```
typedef struct
{
    uint16_t GPIO_Pin;                  //GPIO 引脚
    GPIOMode_TypeDef GPIO_Mode;         //GPIO 模式
    GPIOSpeed_TypeDef GPIO_Speed;       //GPIO 速度
}GPIO_InitTypeDef;
```

GPIO_InitTypeDef 的第一个成员 GPIO_Pin 用来设置是要初始化哪个或者哪些 I/O 口；第二个成员 GPIO_Mode 用来设置对应 I/O 端口的模式，这个值实际就是配置 GPIOx 的 CRL 和 CRH 寄存器的值，在 MDK 中通过一个枚举类型定义，只需要选择对应的值即可。

```
typedef enum
{
    GPIO_Mode_AIN = 0x0,                //模拟输入模式
    GPIO_Mode_IN_FLOATING = 0x04,       //浮空输入模式
```

```
    GPIO_Mode_IPD = 0x28,        //下拉输入模式
    GPIO_Mode_IPU = 0x48,        //上拉输入模式
    GPIO_Mode_Out_OD = 0x14,     //开漏输出模式
    GPIO_Mode_Out_PP = 0x10,     //推挽输出模式
    GPIO_Mode_AF_OD = 0x1C,      //复用功能开漏输出
    GPIO_Mode_AF_PP = 0x18       //复用功能推挽输出
}GPIOMode_TypeDef;
```

第三个成员 GPIO_Speed 用来设置 I/O 口速度,有三个可选值,同样是配置 CRL 和 CRH 寄存器的值,在 MDK 中同样是通过枚举类型定义:

```
typedef enum
{
    GPIO_Speed_10MHz = 1,
    GPIO_Speed_2MHz,
    GPIO_Speed_50MHz
}GPIOSpeed_TypeDef;
```

接下来,介绍几个 I/O 配置常用的寄存器。

1. 端口输出数据寄存器(ODR)

该寄存器为 32 位寄存器,偏移地址为 0x0c,复位值为 0x0000 0000,位 31~16 保留,其余各位可读写,如图 6.6 所示,各位描述见表 6.2。

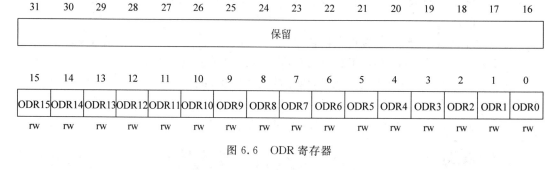

图 6.6 ODR 寄存器

表 6.2 ODR 寄存器各位描述

寄存器位	描述
位 31:16	保留,始终读为 0
位 15:0	ODRy[15:0]:端口输出数据(y = 0~15)

寄存器用于控制 GPIOx 的输出,即设置某个 I/O 输出低电平(ODRy=0)还是高电平(ODRy=1),仅在输出模式下有效,在输入模式下不起作用。其中,ODRy[15:0]为端口输出数据(y = 0~15)。这些位可读可写并只能以字(16 位)的形式操作。其中,对 GPIOx_BSRR(x = A~E)操作,可以分别对各个 ODR 位进行独立的设置/清除。

在固件库中设置 ODR 寄存器来控制 I/O 口的输出状态是通过以下两个函数来实现的:

```
void GPIO_WriteBit(GPIO_TypeDef * GPIOx, uint16_t GPIO_Pin, BitAction BitVal);
void GPIO_Write(GPIO_TypeDef * GPIOx, uint16_t PortVal);
```

另外,读 ODR 寄存器还可以读出 I/O 口的输出状态,库函数为:

```
uint16_t  GPIO_ReadOutputData(GPIO_TypeDef * GPIOx);
uint8_t   GPIO_ReadOutputDataBit(GPIO_TypeDef * GPIOx, uint16_t GPIO_Pin);
```

两个函数功能类似,区别是,前面的函数用来一次读取一组 I/O 口所有 I/O 口输出状态,后面的函数用来一次读取一组 I/O 口中一个或者几个 I/O 口的输出状态。

2. 端口输入数据寄存器(IDR)

该寄存器为 32 位寄存器,偏移地址为 0x08,复位值为 0x0000 0000,位 31~16 保留,其余位可读,如图 6.7 所示,各位描述见表 6.3。

寄存器用于读取 GPIOx 的输入,读取的某个 I/O 电平,如果对应的位为 0(IDRy=0),则说明该脚输入为低电平;如果是 1(IDRy=1),则表示输入的是高电平。

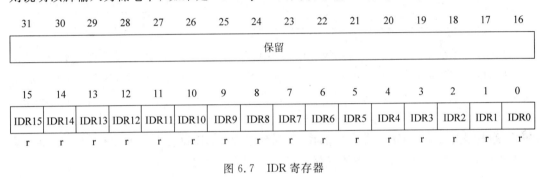

图 6.7　IDR 寄存器

表 6.3　IDR 寄存器各位描述

寄存器位	描　述
位 31:16	保留,始终读为 0
位 15:0	IDRy[15:0]:端口输入数据(y = 0~15)

用于寄存器设置的相关库函数为:

```
uint8_t   GPIO_ReadInputDataBit(GPIO_TypeDef * GPIOx, uint16_t GPIO_Pin);
uint16_t  GPIO_ReadInputData(GPIO_TypeDef * GPIOx);
```

前面的函数用来读取一组 I/O 口的一个或者几个 I/O 口输入电平,后面的函数用来一次读取一组 I/O 口中所有 I/O 口的输入电平。比如要读取 GPIOF.3 的输入电平,方法为:

```
GPIO_ReadInputDataBit(GPIOF, GPIO_Pin_3);
```

3. 端口位设置/清除寄存器(GPIOx_BSRR)

该寄存器为 32 位寄存器,偏移地址为 0x10,复位值为 0x0000 0000,各位可写,如图 6.8 所示,各位描述见表 6.4。寄存器用来置位或复位 I/O 口,它和 ODR 寄存器具有类似的作用,都可以用来设置 GPIO 端口的输出位是 1 还是 0。如果同时设置了 BSy 和 BRy 的对应位,BSy 位起作用。

31	30	29	28	27	26	25	24	23	22	21	20	19	18	17	16
BR15	BR14	BR13	BR12	BR11	BR10	BR9	BR8	BR7	BR6	BR5	BR4	BR3	BR2	BR1	BR0
w	w	w	w	w	w	w	w	w	w	w	w	w	w	w	w

15	14	13	12	11	10	9	8	7	6	5	4	3	2	1	0
BS15	BS14	BS13	BS12	BS11	BS10	BS9	BS8	BS7	BS6	BS5	BS4	BS3	BS2	BS1	BS0
w	w	w	w	w	w	w	w	w	w	w	w	w	w	w	w

图 6.8　GPIOx_BSRR 寄存器

表 6.4　GPIOx_BSRR 寄存器各位描述

寄存器位	描　　述
位 31:16	BRy:清除端口 x 的位 y（y = 0~15），这些位只能写入并只能以字（16 位）的形式操作
位 15:0	BSy:设置端口 x 的位 y（y = 0~15），这些位只能写入并只能以字（16 位）的形式操作

其中，对于低 16 位（0~15），在相应位 ODRy 写 1，对应的 I/O 口会输出高电平，写 0，则对 I/O 口没有任何影响。高 16 位（16~31）作用刚好相反，对相应的位 ODRy 写 1 会输出低电平，写 0 没有任何影响。即对于 BSRR 寄存器，写 0 对 I/O 口电平是没有任何影响的。要设置某个 I/O 口电平，只需要设置相关位为 1 即可。而 ODR 寄存器要设置某个 I/O 口电平，首先需要读出来 ODR 寄存器的值，然后对整个 ODR 寄存器重新赋值来达到设置某个或某些 I/O 口的目的，而 BSRR 寄存器，就不需先读，而是直接设置。

BSRR 寄存器使用方法如下：

```
GPIOA -> BSRR = 1 << 1;          //设置 GPIOA.1 为高电平
GPIOA -> BSRR = 1 << (16 + 1);   //设置 GPIOA.1 为低电平
```

操作 BSRR 寄存器来设置 I/O 电平的库函数为：

```
//设置一组 I/O 口中的一个或者多个 I/O 口为高电平
void GPIO_SetBits(GPIO_TypeDef * GPIOx, uint16_t GPIO_Pin);
```

4. 端口位清除寄存器（GPIOx_BRR）

该寄存器为 32 位寄存器，偏移地址为 0x14，复位值为 0x0000 0000，位 31~16 保留，其余位可写，如图 6.9 所示，各位描述见表 6.5。

31	30	29	28	27	26	25	24	23	22	21	20	19	18	17	16
							保留								

15	14	13	12	11	10	9	8	7	6	5	4	3	2	1	0
BR15	BR14	BR13	BR12	BR11	BR10	BR9	BR8	BR7	BR6	BR5	BR4	BR3	BR2	BR1	BR0
w	w	w	w	w	w	w	w	w	w	w	w	w	w	w	w

图 6.9　GPIOx_BRR 寄存器

寄存器用来置位或复位 I/O 口,即设置 GPIO 端口输出低电平。对于低 16 位(0~15),
在相应位 ODRy 写 1,对应的 I/O 口会输出低电平,写 0 则对 I/O 口没有任何影响。

表 6.5   GPIOx_BRR 寄存器各位描述

寄存器位	描　　述
位 31:16	保留
位 15:0	BRy:清除端口 x 的位 y（y = 0~15）

BRR 寄存器使用方法如下:

```
GPIOA->BRR = 0x0001;        //设置 GPIOA.0 为低电平
```

操作 BRR 寄存器来设置 I/O 电平的库函数为:

```
//设置一组 I/O 口中的一个或者多个 I/O 口为低电平
void GPIO_ResetBits(GPIO_TypeDef * GPIOx, uint16_t GPIO_Pin);
```

比如要设置 GPIOB.3 输出高,方法为:

```
GPIO_SetBits(GPIOB,GPIO_Pin_3);//GPIOB.3 输出高
```

设置 GPIOB.3 输出低电平,方法为:

```
GPIO_ResetBits(GPIOB,GPIO_Pin_3);//GPIOB.3 输出低
```

6.1.3　开启 I/O 端口时钟

STM32 外设时钟默认处在关闭状态,因此初始化 GPIO 后,还需要使能外设时钟,
GPIO 挂载在 APB2 总线上,需调用库函数 RCC_APB2PeriphClockCmd( )。比如打开
GPIOA 时钟,方法如下:

```
//使能端口 A 的时钟
RCC_APB2PeriphClockCmd( RCC_APB2Periph_GPIOA, ENABLE);
```

每次使能时钟的时候,会查看时钟树确定外设挂载的对应总线。在 stm32f10x_rcc.h
文件里面有如下的宏定义:

```
# define RCC_APB2Periph_GPIOB        ((uint32_t)0x00000008)
# define RCC_APB2Periph_GPIOC        ((uint32_t)0x00000010)
……………………

# define RCC_APB2Periph_TIM1         ((uint32_t)0x00000800)
# define RCC_APB2Periph_SPI1         ((uint32_t)0x00001000)
# define RCC_APB2Periph_TIM8         ((uint32_t)0x00002000)
……………………
```

```
# define RCC_APB2Periph_TIM10        ((uint32_t)0x00100000)
# define RCC_APB2Periph_TIM11        ((uint32_t)0x00200000)


//APB1_peripheral
# define RCC_APB1Periph_TIM2         ((uint32_t)0x00000001)
# define RCC_APB1Periph_TIM3         ((uint32_t)0x00000002)
# define RCC_APB1Periph_TIM4         ((uint32_t)0x00000004)
.............................................
# define RCC_APB1Periph_DAC          ((uint32_t)0x20000000)
# define RCC_APB1Periph_CEC          ((uint32_t)0x40000000)
```

从定义的标识符名称可以看出,GPIOA~GPIOC 挂载在 APB2 下面,TIM2~TIM4 挂载在 APB1 下面,TIM1 和 TIM8 挂载在 APB2 下面。所以,在使能 GPIO 时要调用 RCC_APB2PeriphClockCmd()函数,在使能 TIM2 时调用 void RCC_APB1PeriphClockCmd()函数。

6.2　SysTick 定时器

在 ARM Cortex-M3 内核中有一个 SysTick(滴答)定时器,它是一个 24 位的倒计数定时器,当计数到 0 时,它就会从 LOAD 寄存器中自动重装定时初值,只要不把 CTRL 寄存器中的 ENABLE 清零,它就永不停。

1. SysTick 定时器的时钟来源

如图 6.10 所示,滴答定时器不是系统时钟的 1/8,SysTick 定时器的时钟既可以是 HCLK/8,也可以是 HCLK,这是通过 CTRL 寄存器进行设定的。操作系统的时钟要精确计算时钟时间,所以了解这一点对于计算很重要。

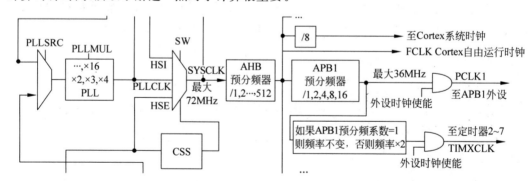

图 6.10　SysTick 定时器的时钟来源

2. SysTick 定时器的寄存器

SysTick 的寄存器有 4 个,分别为控制和状态寄存器、重装值寄存器、当前值寄存器、定时校验寄存器。寄存器赋值结构体如下:

```
typedef struct {
__IO uint32_t CTRL;
__IO uint32_t LOAD;
__IO uint32_t VAL;
__I uint32_t CALIB;
} SysTick_Type; …
```

通常使用的前 3 个寄存器,下面加以介绍。

(1) 控制和状态(CTRL)寄存器。CTRL 寄存器用来控制 SysTick 核查询定时器状态,结构描述见表 6.6。复位值 0x0000 0000。

表 6.6　CTR 寄存器结构描述

位段	名称	类型	描　　述
16	CONTFLAG	可读	当倒数到 0 时该位为 1,当读取该位时(读取该寄存器)该位自动清零
2	CLKSOURCE	可读写	1：内核时钟(FCLK);0：外部时钟源(STCLK)
1	TICKINT	可读写	1：SysTick 倒数到 0 时产生 SysTick 异常请求;0：SysTick 倒数到 0 时,无动作
0	ENABLE	可读写	Systick 定时器的使能位,写 1 后定时器开始工作

(2) 重装值(LOAD)寄存器。LOAD 寄存器用于存储寄存器重新载入时设定的值,结构描述见表 6.7。复位值不可预测。

表 6.7　LOAD 寄存器结构描述

位段	名称	类型	描　　述
23:0	RELOAD	可读写	当倒数到 0 时将被重装载的值

(3) 当前值(VAL)寄存器。VAL 寄存器用于存储当前定时器的值,结构描述见表 6.8。复位值不可预测。

表 6.8　VAL 寄存器结构描述

位段	名称	类型	描　　述
23:0	CURRENT	可读写	读取时返回当前倒计数的值;向该寄存器写入任意值都可以将其清除变为 0。该寄存器还会导致 CRTL 寄存器的 CONTFLAG 位清零

3. SysTick 定时器设定步骤

设定 Systick 定时器,需要 4 个步骤:

(1) 选择时钟源。

(2) 设定重载数(reload)。

(3) 开启中断。

(4) 启动滴答定时器。

视频讲解

6.3 实训二 I/O 口位输出(流水灯)实验

6.3.1 实训设计

1. 硬件设计

本实训所用到的硬件材料包括:STM32 最小系统板一块;流水灯模块(发光二极管 8 个,330Ω 电阻 8 个,排针 9P,万能板一块);杜邦线 9 根;SWD 仿真器一个(或 CH340 串口线一根)。实训中使用的 8 个 LED,采用共阳设计,当引脚输出低电平时,LED 被点亮;当引脚输出高电平时,LED 熄灭。LED 已在开发板上连接好,不需要其他外接模块。

2. 软件设计

本实训只需要 MDK 5 环境进行软件开发。程序流程图见图 6.11。软件设计工作如下:

(1) 初始化内部 SysTick 定时器,为系统分配时钟等。

(2) 初始化外设,将 PA.0~PA.7 引脚通过 void LED_Init (void)函数进行初始化,引脚设置为通用的 I/O 口,推挽输出。

(3) 循环改变引脚的电平特性。

在本实训中,将使用库函数和寄存器两种方法来设置 I/O 口的高低电平。

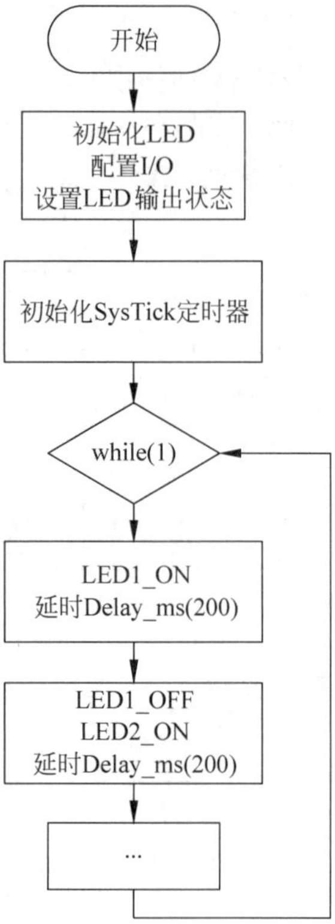

6.3.2 实训过程

1. LED 初始化设置

编写 LED_Cfg 函数,初始化 LED,设置 PA0~PA7 为输出口。

开始

初始化LED
配置I/O
设置LED输出状态

初始化SysTick定时器

while(1)

LED1_ON
延时Delay_ms(200)

LED1_OFF
LED2_ON
延时Delay_ms(200)

...

图 6.11 流水灯实验
程序流程图

```
void LED_Cfg(void)
{
    GPIO_InitTypeDef led_gpio;
    //使能端口 A 的时钟
    RCC_APB2PeriphClockCmd(RCC_APB2Periph_GPIOA, ENABLE);
    /* LED I/O 配置 */
    led_gpio.GPIO_Pin = GPIO_Pin_0 | GPIO_Pin_1 | GPIO_Pin_2 | GPIO_Pin_3
                      | GPIO_Pin_4 | GPIO_Pin_5 | GPIO_Pin_6 | GPIO_Pin_7;
    led_gpio.GPIO_Mode = GPIO_Mode_Out_PP;        //通用推挽输出
    led_gpio.GPIO_Speed = GPIO_Speed_2MHz;        //2MHz
    GPIO_Init(GPIOA, &led_gpio);
    /* 配置完成后关闭所有 LED */
    LED1_OFF;
```

```
        LED2_OFF;
        LED3_OFF;
        LED4_OFF;
        LED5_OFF;
        LED6_OFF;
        LED7_OFF;
        LED8_OFF;
}
```

2. 设置 LED 的输出状态

通过宏定义,设置各 LED 的输出状态,使其更容易使用,代码更具可读性。

```
/* 控制 LED1~LED4(直接操作寄存器) */
//PA0 输出相反状态 - LED1 状态反转
#define LED1_TOGGLE        GPIOA->ODR ^= GPIO_Pin_0
//PA0 输出高电平 LED1 关
#define LED1_OFF           GPIOA->BSRR = GPIO_Pin_0
//PA0 输出低电平 LED1 开
#define LED1_ON            GPIOA->BRR = GPIO_Pin_0
#define LED2_TOGGLE        GPIOA->ODR ^= GPIO_Pin_1     //LED2 状态反转
#define LED2_OFF           GPIOA->BSRR = GPIO_Pin_1     //LED2 关
#define LED2_ON            GPIOA->BRR = GPIO_Pin_1      //LED2 开
#define LED3_TOGGLE        GPIOA->ODR ^= GPIO_Pin_2
#define LED3_OFF           GPIOA->BSRR = GPIO_Pin_2
#define LED3_ON            GPIOA->BRR = GPIO_Pin_2
#define LED4_TOGGLE        GPIOA->ODR ^= GPIO_Pin_3
#define LED4_OFF           GPIOA->BSRR = GPIO_Pin_3
#define LED4_ON            GPIOA->BRR = GPIO_Pin_3
/* 控制 LED5 - LED8(调用库函数) */
//PA4 输出高电平 - LED5 关
#define LED5_OFF           GPIO_SetBits(GPIOA, GPIO_Pin_4)
//PA4 输出低电平 - LED5 开
#define LED5_ON            GPIO_ResetBits(GPIOA, GPIO_Pin_4)
#define LED6_OFF           GPIO_SetBits(GPIOA, GPIO_Pin_5)
#define LED6_ON            GPIO_ResetBits(GPIOA, GPIO_Pin_5)
#define LED7_OFF           GPIO_SetBits(GPIOA, GPIO_Pin_6)
#define LED7_ON            GPIO_ResetBits(GPIOA, GPIO_Pin_6)
#define LED8_OFF           GPIO_SetBits(GPIOA, GPIO_Pin_7)
#define LED8_ON            GPIO_ResetBits(GPIOA, GPIO_Pin_7)
```

3. 编写主函数循环

在主函数中设置 while 循环,使 LED 循环亮、灭。

```
while (1)
    {
        LED1_ON;
        Delay_ms(200);
        LED1_OFF;
```

```
        LED2_ON;
        Delay_ms(200);
        LED2_OFF;
        LED3_ON;
        Delay_ms(200);
        LED3_OFF;
        LED4_ON;
        Delay_ms(200);
        LED4_OFF;
        LED5_ON;
        Delay_ms(200);
        LED5_OFF;
        LED6_ON;
        Delay_ms(200);
        LED6_OFF;
        LED7_ON;
        Delay_ms(200);
        LED7_OFF;
        LED8_ON;
        Delay_ms(200);
        LED8_OFF;
    }
}
```

在此过程中需要实现基于 STM32 内部 SysTick 定时器的精确延时,分别实现了 SysTick 定时器的初始化,以及毫秒(ms)、微秒(μs)级别的精确延时。

```
# include "delay. h"
static u8 fac_us = 0;                          //μs 延时倍乘数
static u16 fac_ms = 0;                         //ms 延时倍乘数
void delay_init()                              //初始化延时函数,SYSTICK 的时钟固定为 HCLK 时钟的 1/8
{
//选择外部时钟 HCLK/8
SysTick_CLKSourceConfig(SysTick_CLKSource_HCLK_Div8);
fac_us = SystemCoreClock/8000000;    //为系统时钟的 1/8
fac_ms = (u16)fac_us * 1000;             //非 ucos 下,代表每个 ms 需要的 systick 时钟数
}
void delay_us(u32 nus)//nμs 为要延时的 μs 数
{
u32 temp;
SysTick -> LOAD = nus * fac_us;               //时间加载
SysTick -> VAL = 0x00;                        //清空计数器
SysTick -> CTRL| = SysTick_CTRL_ENABLE_Msk ;  //开始倒数
do
{
    temp = SysTick -> CTRL;
}
while(temp&0x01&&!(temp&(1 << 16)));          //等待时间到达
SysTick -> CTRL& = ~SysTick_CTRL_ENABLE_Msk; //关闭计数器
```

```
SysTick->VAL = 0X00;                          //清空计数器
}
//SysTick->LOAD 为 24 位寄存器,所以最大延时为:
//nms<=0xffffff*8*1000/SYSCLK
void delay_ms(u16 nms)
//SYSCLK 单位为 Hz,nms 单位为 ms,对 72MHz 条件下,nms<=1864
{
u32 temp;
SysTick->LOAD = (u32)nms * fac_ms;            //时间加载(SysTick->LOAD 为 24bit)
SysTick->VAL = 0x00;                          //清空计数器
SysTick->CTRL| = SysTick_CTRL_ENABLE_Msk ;    //开始倒数
do
{
    temp = SysTick->CTRL;
}
while(temp&0x01&&!(temp&(1<<16)));            //等待时间到达
SysTick->CTRL& = ~SysTick_CTRL_ENABLE_Msk;    //关闭计数器
SysTick->VAL = 0X00;                          //清空计数器
}
```

4. 程序下载运行

程序成功运行后,8 个 LED 会循环点亮、熄灭,如图 6.12 所示。

图 6.12 流水灯实验现象

6.3.3 实训相关问题

本实训中,如果使用 CH340 下载的程序,下载时要将 BOOT0 置高电平,下载后要将 BOOT0 再置低电平,程序才能正常运行。

6.4 实训三 I/O 口位输入(按键)实验

视频讲解

6.4.1 实训设计

1. 硬件设计

本实训所用到的硬件材料包括:STM32 最小系统板一块;流水灯模块;普通按键模块;蜂鸣器模块;SWD 仿真器一个(或 CH340 串口线一根)。

开发板上的按键 1～4 连接到 PB8～PB11，LED 连接到 PA0～PA7，PB0 控制蜂鸣器。

2. 软件设计

本实训只需要 MDK5 环境进行软件开发。

本实训要实现按键的 GPIO 口输入，软件设计要做的工作如下：

（1）初始化内部 SysTick 定时器、LED，为系统分配时钟等。

（2）将 PB.8～PB.11 引脚通过 Scan_Key_Configuration() 函数进行初始化，将上述引脚设置为通用的 I/O 口，上拉输入。

（3）通过直接操作库函数方式或位带操作方式来读取 PB.8～PB.11 引脚状态检测按键是否按下。当按下按键时，保存相应键值。主函数中根据键值来控制相应 LED 的亮灭。

以实现按键 1 和按键 3 功能为例：按键 1 控制 LED1 的亮灭，按下一次改变一次 LED2 的状态；按键 3 控制 LED2 的亮灭，按下则亮，释放则灭。程序流程图见图 6.13。

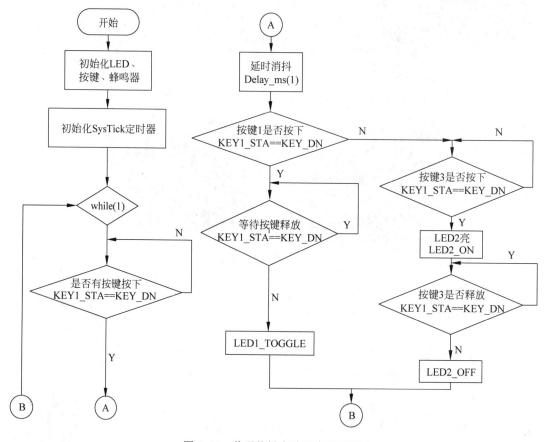

图 6.13　普通按键实验程序流程图

6.4.2　实训过程

1. GPIO 初始化

初始化 LED、按键和蜂鸣器，设置控制 LED 和蜂鸣器的引脚为推挽输出，检测按键的引脚为上拉输入。在这里设置 PA0～PA7 为 LED 的输出口，设置 PB0 控制蜂鸣器，PB8～PB11 为按键的输入口。

```
void LED_Cfg(void)
{
    GPIO_InitTypeDef led_gpio;
    RCC_APB2PeriphClockCmd(RCC_APB2Periph_GPIOA, ENABLE);
//使能端口 A 的时钟
    /* LED I/O 配置 */
    led_gpio.GPIO_Pin = GPIO_Pin_0 | GPIO_Pin_1 | GPIO_Pin_2 | GPIO_Pin_3
                        | GPIO_Pin_4 | GPIO_Pin_5 | GPIO_Pin_6 | GPIO_Pin_7;
    led_gpio.GPIO_Mode = GPIO_Mode_Out_PP;        //通用推挽输出
    led_gpio.GPIO_Speed = GPIO_Speed_2MHz;        //2MHz
    GPIO_Init(GPIOA, &led_gpio);
    /* 配置完成后关闭所有 LED */
    LED1_OFF;
    LED2_OFF;
    LED3_OFF;
    LED4_OFF;
    LED5_OFF;
    LED6_OFF;
    LED7_OFF;
    LED8_OFF;
}
void Bell_Cfg(void)
{
    GPIO_InitTypeDef bell_gpio;
    RCC_APB2PeriphClockCmd(RCC_APB2Periph_GPIOB, ENABLE);
    /* 蜂鸣器 I/O 配置 */
    bell_gpio.GPIO_Pin = GPIO_Pin_0;
    bell_gpio.GPIO_Mode = GPIO_Mode_Out_PP;        //通用推挽输出
    bell_gpio.GPIO_Speed = GPIO_Speed_2MHz;        //2MHz
    GPIO_Init(GPIOB, &bell_gpio);
    /* 配置完成后关闭蜂鸣器 */
    BELL_OFF;
}
void Key_Cfg(void)
{
    GPIO_InitTypeDef key_gpio;
    RCC_APB2PeriphClockCmd(RCC_APB2Periph_GPIOB, ENABLE);
    /* 按键 I/O 配置 */
    key_gpio.GPIO_Pin = GPIO_Pin_8 | GPIO_Pin_9 | GPIO_Pin_10 | GPIO_Pin_11;
    key_gpio.GPIO_Mode = GPIO_Mode_IPU;            //上拉输入
    GPIO_Init(GPIOB, &key_gpio);
}
```

在对应的头文件 key.h、bell.h、led.h 中，将几个比较重要的库函数进行 #define 重定义，方便编程使用。使用 GPIO_ReadInputDataBit 库函数读按键。

```
#define KEY1_STA GPIO_ReadInputDataBit(GPIOB, GPIO_Pin_8)
//读按键 Key1 状态
#define KEY2_STA GPIO_ReadInputDataBit(GPIOB, GPIO_Pin_9)
//读按键 Key2 状态
#define KEY3_STA GPIO_ReadInputDataBit(GPIOB, GPIO_Pin_10)
//读按键 Key3 状态
#define KEY4_STA GPIO_ReadInputDataBit(GPIOB, GPIO_Pin_11)
//读按键 Key4 状态
```

使用 GPIO_SetBits 和 GPIO_ResetBits 库函数对控制蜂鸣器的引脚置 1 和 0。

```
#define BELL_ON GPIO_SetBits(GPIOB, GPIO_Pin_0)              //蜂鸣器响
#define BELL_OFF GPIO_ResetBits(GPIOB, GPIO_Pin_0)           //蜂鸣器停
#define BELL_TOGGLE GPIOB->ODR ^= GPIO_Pin_0                 //状态反转
```

至于 LED,可以参考流水灯实验(6.2 节),使用 GPIO_SetBits 和 GPIO_ResetBits 库函数来控制,在这里就不再解释。

2. 循环按键检测

开始进入主程序,使用 while 循环检测按键是否有按下,然后执行相应的操作。在此过程中还需要进行消抖,即检测到按键按下后,要等一会儿再次检测,避免因按键抖动导致的电位变化引起相应操作。

```
while (1)
    {
        /* 按键 Key1 和 Key3 */
        if ((KEY1_STA == KEY_DN) || (KEY3_STA == KEY_DN))
//检测是否有按键按下
        {
            Delay_ms(1);                                    //延时消抖

            if (KEY1_STA == KEY_DN)                         //确认按键 Key1 是否按下
            {
                while (KEY1_STA == KEY_DN);                 //等待按键释放
                LED1_TOGGLE;
            }
            else if (KEY3_STA == KEY_DN)                    //确认按键 Key3 是否按下
            {
                while (KEY3_STA == KEY_DN);                 //等待按键释放
                BELL_TOGGLE;
            }
        }
        /* 按键 Key2 和 Key4 */
        if ((KEY2_STA == KEY_DN) || (KEY4_STA == KEY_DN))   //检测是否有按键按下
        {
            Delay_ms(1);                                    //延时消抖
            if (KEY2_STA == KEY_DN)                         //确认按键 Key2 是否按下
            {
```

```
            LED2_ON;
            while (KEY2_STA == KEY_DN);
            LED2_OFF;
        }
        else if (KEY4_STA == KEY_DN)        //确认按键 Key4 是否按下
        {
            BELL_ON;
            while (KEY4_STA == KEY_DN);
            BELL_OFF;
        }
    }
}
```

消抖的过程中,需要使用延时函数。不过这次没有用到内部定时器,而是使用了简单的循环进行延时计算。

```
void Delay_ms(uint16_t u16_Time_ms)
{
    uint16_t i, j;          //循环计数变量
    for (i = 0; i < u16_Time_ms; i++)
    {
        for (j = 0; j < 8192; j++);
    }
}
```

3. 程序下载运行

分别进行下面按键操作,查看运行结果。

(1) 按下 KEY1,会反转 LED1 的状态,见图 6.14。

(2) 按下 KEY2,LED2 长亮;松开 KEY2,LED2 熄灭,见图 6.15。

图 6.14　按键实验现象 1　　　　　　　　图 6.15　按键实验现象 2

(3) 按下 KEY3,会反转 LED3 的状态,见图 6.16。

(4) 按下 KEY4,LED4 长亮;松开 KEY4,LED4 熄灭,见图 6.17。

图 6.16　按键实验现象 3

图 6.17　按键实验现象 4

6.4.3　实训相关问题

本实训中使用了 3 个模块,需要注意的是复制.c 文件和.h 头文件,将.c 文件添加进工程,在搜索路径中加入.h 头文件所在的具体目录。注意,3 个一定都要加上。

如果新加的.c 文件中的函数,在 main.c 中编译出现错误,可以在 main 的前边引用一个头文件♯include "stm32f10x.h",就可以解决问题。

在这个实训中还是没有用到汇编语言,所以在直接打开例程进行编译的时候,会因为 core_cm3 出错,这个时候直接将其从工程中移除,不会有任何影响。

6.5　实训四　I/O 口组输出(扫描数码管)实验

视频讲解

6.5.1　实训设计

1. 硬件设计

本实训所用到的硬件材料包括:STM32 最小系统板一块;数码管模块;SWD 仿真器一个(或 CH340 串口线一根)。

数码管作为一种比较传统的显示设备,在 STM32 的实验中并不常见,不过扫描数码管中包含的并行输出、位选扫描原理,比较适合初学者学习。本实训使用数码管作为输出对象,可以进一步加深读者对 STM32 输出控制操作的认识。下面对硬件材料数码管做一个简单介绍。

数码管是由多个发光二极管封装在一起组成"8"字形的器件,数码管内部字段 LED 和引脚分布如图 6.18 所示,这些段分别由字母 a、b、c、d、e、f、g 和 dp 来表示,按段数可分为七段数码管和八段数码管,八段数码管比七段数码管多一个发光二极管单元,即小数点(dp),这个小数点可以更精确地表示要显

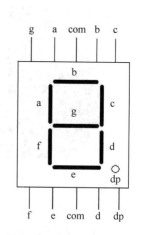

图 6.18　数码管内部字段
LED 和引脚分布

示的内容；按位数可分为 1 位、2 位、3 位、4 位、5 位、6 位、7 位等数码管；按发光二极管单元连接方式可分为共阳极数码管和共阴极数码管。

共阳极数码管的电路图见图 6.19，是指将所有发光二极管的阳极接到一起形成公共阳极(COM)的数码管。共阳极数码管在应用时应将公共极 COM 接高电平，当某一字段发光二极管的阴极为低电平时，相应字段就点亮，反之则不亮。

共阴极数码管的电路图见图 6.20，是指将所有发光二极管的阴极接到一起形成公共阴极(COM)的数码管。共阴极数码管在应用时应将公共极 COM 接低电平，当某一字段发光二极管的阳极为高电平时，相应字段就点亮，反之则不亮。

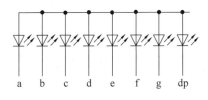
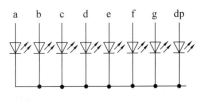

图 6.19　共阳极数码管电路　　　　图 6.20　共阴极数码管电路

数码管要正常显示，就要用驱动电路来驱动数码管的各个段，从而显示出需要的数字，因此根据数码管驱动方式的不同，可以分为静态式和动态式两类。

1) 静态显示驱动

静态驱动是指每个数码管的每一个段码都由一个单片机的 I/O 端口进行驱动，或者使用如 BCD 码二-十进制译码器译码进行驱动。

优点是编程简单，显示亮度高；缺点是占用 I/O 端口多，如驱动 5 个数码管，静态显示则需要 5×8＝40 根 I/O 端口来驱动。实际应用时必须增加译码驱动器进行驱动，增加了硬件电路的复杂性。

2) 动态显示驱动

动态驱动就是一位一位地轮流点亮各位显示器(扫描)，对于显示器的每一位而言，每隔一段时间点亮一次。虽然在同一时刻只有一位显示器在工作(点亮)，但利用人眼的视觉暂留效应和发光二极管熄灭时的余辉效应，看到的却是多个字符"同时"显示。显示器亮度既与点亮时的导通电流有关，也与点亮时间和间隔时间的比例有关。调整电流和时间参数，可实现亮度较高、较稳定的显示。若显示器的位数不大于 8 位，则控制显示器公共极电位只需一个 8 位 I/O 口(称为扫描口或字位口)，控制各位 LED 显示器所显示的字形也需要一个 8 位口(称为数据口或字形口)。

动态驱动的优点是节省硬件资源，成本较低；缺点是在控制系统运行过程中，要保证显示器正常显示，CPU 必须每隔一段时间执行一次显示子程序，这占用了 CPU 的大量时间，降低了 CPU 工作效率，同时显示亮度较静态驱动方式低。本实训采用静态、共阳极数码管。

2. 软件设计

本实训只需要 MDK5 环境进行软件开发。

本实训软件设计要做的工作如下：

(1) 关闭 SWD 调试功能。

(2) 初始化 I/O 口，初始化系统时钟，内部 SysTick 定时器，并进行时钟使能。

（3）设置数码管位选字形和段码字形 GPIO。

（4）设置主函数，调用数码管显示函数，位选输出相应字形，显示相应的数字。

以数码管最低位显示 0~9 的程序为例，流程图见图 6.21。

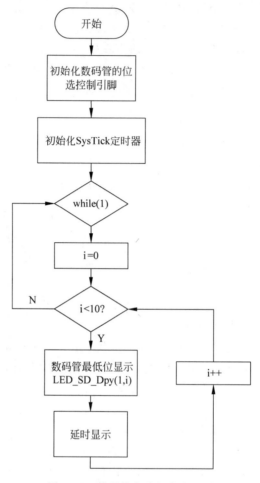

图 6.21 数码管实验程序流程图

6.5.2 实训过程

1. 使能时钟相关配置

本实验要用到 PA13、PA14，而这两个引脚是 SWD 调试所必需的，如果不关掉 SWD 调试，这两个引脚就无法在运行时驱动数码管。可以直接调用函数 GPIO_PinRemapConfig (GPIO_Remap_SWJ_Disable，ENABLE)来关闭 SWD 调试。

时钟使能要用到 I/O 接口，并进行相应的配置。在这里要用到 PA8~PA15 来控制字形，PB12~PB15 来控制位选信号，所以它们都要作为输出口来使用，都要进行相应配置。配置代码如下：

```
RCC_APB2PeriphClockCmd(RCC_APB2Periph_GPIOA | RCC_APB2Periph_GPIOB | RCC_APB2Periph_AFIO, ENABLE);
/* 段码接口 I/O 配置 */
led_sd_gpio.GPIO_Pin = GPIO_Pin_8 | GPIO_Pin_9 | GPIO_Pin_10 | GPIO_Pin_11
| GPIO_Pin_12 | GPIO_Pin_13 | GPIO_Pin_14 | GPIO_Pin_15;
led_sd_gpio.GPIO_Mode = GPIO_Mode_Out_PP;       //通用推挽输出
led_sd_gpio.GPIO_Speed = GPIO_Speed_2MHz;       //2MHz
GPIO_Init(GPIOA, &led_sd_gpio);
/* 位选接口 I/O 配置 */
led_sd_gpio.GPIO_Pin = GPIO_Pin_12 | GPIO_Pin_13 | GPIO_Pin_14 | GPIO_Pin_15;
GPIO_Init(GPIOB, &led_sd_gpio);
```

2. 设置字形码和位选码

本实训使用的是共阳极数码管，根据数码管的电路图，如果要输出 1，就只要 b、c 两个二极管亮，对应的 8 位二进制数从低位到高位的第 2、3 位是低电平（1111 1001），对应的十六进制数就是 0xF9，程序中写的是 0xF900，这是因为从低位到高位分别对应 PA0～PA15，低 8 位输出何值没有影响。同样的原理进行位选字形的设置，代码如下：

```
static uint16_t su16_DpyNum[] = {0xC000, 0xF900, 0xA400, 0xB000, 0x9900,
                                 0x9200, 0x8200, 0xF800, 0x8000, 0x9000};
/* 位选编码
 * 0xF000 - 4 位全选,0x1000 - 选第 1 位(右),0x2000 - 选第 2 位,
   0x4000 - 选第 3 位,0x8000 - 选第 4 位
 */
static uint16_t su16_DpyBit[] = {0xF000, 0x1000, 0x2000, 0x4000, 0x8000};
```

设置输出函数，用 GPIO_Write() 函数同时输出字形和位选。

```
void LED_SD_Dpy(uint8_t u8_Bit, uint8_t u8_Num)
{
    GPIO_Write(GPIOB, su16_DpyBit[u8_Bit]);
    GPIO_Write(GPIOA, su16_DpyNum[u8_Num]);
}
```

3. 实现数码管扫描显示

在主函数中设置循环，根据需要实现扫描和显示的功能。

```
while(1)
{
    for (i = 0; i < 10; i++)
    {
        LED_SD_Dpy(1, i);
        Delay_ms(100);
    }
    for (i = 0; i < 20; i++)
    {
        LED_SD_Dpy(j-- , i % 10);
        Delay_ms(100);
            if(j == 0)
```

```
            j = 4;
        }
    for (i = 0; i < 250; i++)
    {
        for (j = 0; j < 4; j++)
        {
        LED_SD_Dpy(j + 1, j);
        Delay_ms(1);
        }
    }
}
```

4. 程序下载运行

PA8~PA12、PB12~PB15 和 PA15 连接数码管相应引脚,PA13 和 PA14 是 SWD 调试口的 SWDIO 和 SWCLK,下载好程序后,也需要将它们接到开发板上,最后要将开发板接上单片机的 3.3V 电压。接线完成后,会看到数码管的两种状态:

(1) 4 位数码管上的第一位(右起)显示递增数字:0.~9.,如图 6.22 所示。

图 6.22　数码管实验现象 1

(2) 4 位数码管上循环显示 4 位同步递增的数字:0000~9999,从高位到低位,流水显示 0~9,如图 6.23 所示。

图 6.23　数码管实验现象 2

4 位同时显示的原理,并不是 4 位同时被选中,而是以极高的频率循环被选中,对同一位,每次被选中都输入同一个字形。

6.5.3　实训相关问题

用 SWD 调试这个实验的时候,第一次成功下载后,会发现之后无法下载。这是因为在程序里需要使用 PA13、PA14,所以在程序中关闭了 SWD 调试功能。如果要更改单片机中的程序,只能更改 BOOT0,用 CH340 串口线将程序下载进去,这也是最小系统板比较麻烦的地方。如果不接流水灯,完全可以将 PA8~PA15 改为 PA0~PA7,更改字形编码就可以实现现有的功能,并且不需要关闭 SWD 调试功能。

扫描数码管实验,并不是同时显示的,4 位数码管以较高的频率循环闪烁,肉眼来看,就会以为是一直长亮的。

6.6　本章小结

I/O 应用是 STM32 开发最常见的部分,本章主要讲述了 STM32 GPIO 的工作模式以及如何配置相关寄存器,并介绍了 STM32 的时钟系统和数码管的基本原理,在今后的开发中都是必备的技能。在本章的后半部分,通过 3 个经典的实训来深入探索如何使用 GPIO,加深读者的印象,提升动手开发能力。

思考与扩展

1. 简述 I/O 口位输出函数的配置方法。
2. 请修改实训二(6.3 节),分别进行 I/O 口的不同配置,观察实验现象。
提示:STM32 的 I/O 口的 8 种配置方式如下:

```
GPIO_Mode_AIN = 0x0,              //模拟输入
GPIO_Mode_IN_FLOATING = 0x04,    //浮空输入
GPIO_Mode_IPD = 0x28,            //下拉输入
GPIO_Mode_IPU = 0x48,            //上拉输入
GPIO_Mode_Out_OD = 0x14,         //开漏输出
GPIO_Mode_Out_PP = 0x10,         //通用推挽输出
GPIO_Mode_AF_OD = 0x1C,          //复用开漏输出
GPIO_Mode_AF_PP = 0x18           //复用推挽
```

3. 修改实训二(6.3 节),尝试使用 GPIO_SetBits 和 GPIO_WriteBit 两个库函数来点亮二极管,了解一下控制 I/O 口的其他重要库函数。
4. 修改实训二(6.3 节),实现 LED 流水灯设置为全亮后依次点灭,延时设置为 1s。
5. 修改实训三(6.4 节),利用一个按键实现如下功能:按下按键,LED 全部点亮,再次

按下,LED 全部熄灭。

　　6. 简述数码管的段选和位选接口配置过程。

　　7. 修改实训四(6.5 节),实现数码管从 0~99 的显示。

　　8. 修改实训四(6.5 节),在 4 个数码管位上显示不同的数字。

　　提示:通过 4 层循环实现数字递增并显示,并减少每一位数字的延时。

第 **7** 章

STM32 的串口应用

本章学习目标

1. 学会使用 STM32 单片机的串口功能。

2. 掌握使用串口调试软件对单片机的调试方法。

3. 学会使用 CH340 串口线连接计算机与单片机。

7.1 串口通信简介

通信接口通常有两种：一种是并行通信，数据各个位同时传输，速度快，但占用引脚资源多；另一种是串行通信，数据按位顺序传输，占用引脚资源少，速度相对慢。

1. 串口通信分类

串口通信按照数据传送方向，分为：

(1) 单工：数据传输只支持数据在一个方向上传输，见图 7.1(a)。

(2) 半双工：允许数据在两个方向上传输，但是在某一时刻，只允许数据在一个方向上传输，它实际上是一种切换方向的单工通信，见图 7.1(b)。

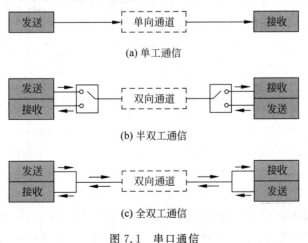

(a) 单工通信

(b) 半双工通信

(c) 全双工通信

图 7.1 串口通信

（3）全双工：允许数据同时在两个方向上传输，因此，全双工通信是两个单工通信方式的结合，它要求发送设备和接收设备都有独立的接收和发送能力，见图7.1(c)。

2. STM32 串行通信的通信方式

STM32 串行通信方式有两种：一种是同步通信，带时钟同步信号传输，如 SPI、I2C 通信接口；另一种是异步通信，不带时钟同步信号。具体通信标准和引脚说明见表7.1。

表 7.1 常见串行通信接口

通信标准	引脚说明	通信方式	通信方向
UART （通用异步收发器）	TXD：发送端 RXD：接收端 GND：公共地	异步通信	全双工
单总线(1-wire)	DQ：发送/接收端	异步通信	半双工
SPI	SCK：同步时钟 MISO：主机输入，从机输出 MOSI：主机输出，从机输入	同步通信	全双工 半双工
I2C	SCL：同步时钟 SDA：数据输入/输出端	同步通信	

7.2 STM32 的串口通信

串口通信是单片机最基本的功能，很多传感器模块与单片机的连接都会用到串口功能。串口通信，顾名思义就是将一整条的内容，切成一"串"个体来发送或接收。发送的核心思想是：将字符串中的一个字符写到一个寄存器中(此寄存器只能存一个字符)，写入后会自动通过串口发送，发送结束再写入下一个字符。接收时会直接装入单片机缓冲区的一个字符型数组中，由程序依次读这个数组。

STM32 的串口非常强大，其通用同步异步收发器(USART)支持最基本的通用串口同步、异步通信，此外，还具有 LIN 总线功能(局域互联网)、IRDA 功能(红外通信)、SmartCard 功能。

STM32 的串口主要由 3 个部分组成：波特率的控制部分(图 7.2 中标号①)、收发控制部分(图 7.2 中标号②)和数据存储转移部分(图 7.2 中标号③)。

1. 波特率控制

波特率，即每秒传输的二进制位数，用 b/s (bps)表示，通过对时钟的控制可以改变波特率。在配置波特率时，向波特比率寄存器 USART_BRR 写入参数，修改串口时钟的分频值 USARTDIV。USART_BRR 寄存器包括两部分，分别是 DIV_Mantissa(USARTDIV 的整数部分)和 DIVFraction(USARTDIV 的小数)，最终计算公式为：

$$USARTDIV = DIV\_Mantissa + (DIVFraction/16)$$

USARTDIV 是对串口外设的时钟源进行分频，对于 USART1，由于它挂载在 APB2 总线上，所以它的时钟源为 f_{PLCK2}；而 USART2、USART3 挂载在 APB1 上，时钟源则为

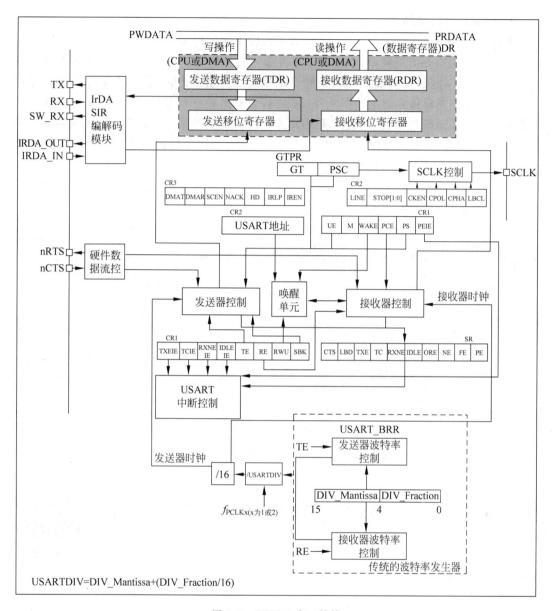

图 7.2　STM32 串口结构

f_{PLCK}，串口的时钟源经过 USARTDIV 分频后分别输出作为发送器时钟和接收器时钟，控制发送和接收的时序。

2. 收发控制

　　围绕着发送器和接收器控制部分，有很多寄存器：CR1、CR2、CR3、SR，即 USART 的 3 个控制寄存器（Control Register）和 1 个状态寄存器（Status Register）。通过向寄存器写入各种控制参数来控制发送和接收，如奇偶校验位、停止位等，还包括对 USART 中断的控制；串口的状态在任何时候都可以从状态寄存器中查询得到。具体的控制和状态检查，都是使用库函数来实现的。

3. 数据存储转移部分

将图 7.2 中标号③的部分,即串口数据发送接收的过程做一个简单的图示,见图 7.3。收发控制器根据寄存器配置,对数据存储转移部分的移位寄存器进行控制。当需要发送数据时,如图 7.3(a)所示,内核或 DMA 外设把数据从内存(变量)写入到发送数据寄存器 TDR 后,发送控制器将自动把数据从 TDR 加载到发送移位寄存器,然后通过串口线 TX,把数据一位一位地发送出去,在数据从 TDR 转移到移位寄存器时,会产生发送寄存器 TDR 已空事件 TXE,当数据从移位寄存器全部发送出去时,会产生数据发送完成事件 TC,这些事件可以在状态寄存器中查询到。而接收数据则是一个逆过程,如图 7.3(b)所示,数据从串口线 RX 一位一位地输入到接收移位寄存器,然后自动地转移到接收数据寄存器 RDR,最后用内核指令或 DMA 读取到内存(变量)中。

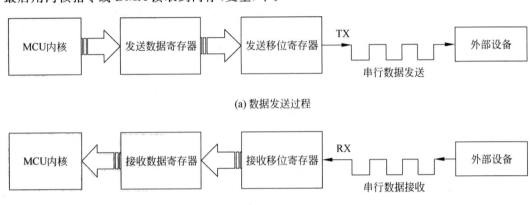

图 7.3　数据发送与数据接收过程

7.3　实训五　串口输入与输出实验

视频讲解

7.3.1　实训设计

1. 硬件设计

本实训所用到的硬件材料包括:STM32 最小系统板一块;CH340 串口线一根,SWD 仿真器一个。硬件连接时,STM32 中的 PA9 和 PA10 分别作为 USART1 的输出口 TXD 和输入口 RXD。

2. 软件设计

本实训需要 MDK 5 开发环境和串口调试助手。

实训中要使用复用功能的 I/O,因此,首先要使能 GPIO 时钟,使能复用功能时钟,同时要把 GPIO 模式设置为复用功能对应的模式。接下来是串口参数的初始化设置,包括波特率、停止位等参数,并使能串口。同时,开启串口的中断,需要初始化 NVIC 设置中断优先级别,并编写中断服务函数。然后进入循环检测输入状态,当触发中断时,将缓冲区的内容写入 DR 并发送,完成一次操作,再次进入循环。程序流程图见图 7.4。

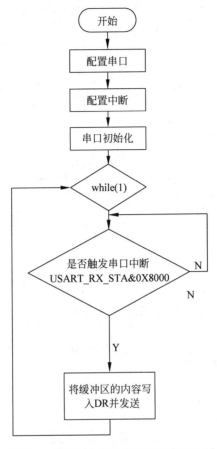

图 7.4 串口输入与输出实验程序流程图

7.3.2 实训过程

1. 配置串口相关的库函数

进入 usart. h 和 usart. c 中,设置几个与串口基本配置直接相关的固件库函数。

在初始化函数中,使用 RCC_APB2PeriphClockCmd 进行串口时钟使能,同时为了避免一开始出现异常情况,使能后进行串口复位。

```
RCC_APB2PeriphClockCmd(RCC_APB2Periph_USART1|RCC_APB2Periph_GPIOA, ENABLE);
                                              //使能 USART1,GPIOA 时钟
USART_DeInit(USART1);      //复位串口 1
```

进入串口初始化函数,设置其他串口参数,尤其是波特率,在调试时,串口调试助手的波特率要与程序的设置相同,不然会出现乱码。

在 STM32 中,PA9 和 PA10 分别作为 USART1 的输出口 TXD 和输入口 RXD,首先要对这两个引脚进行简单设置。

```
GPIO_InitStructure.GPIO_Pin = GPIO_Pin_9;                        //PA.9
GPIO_InitStructure.GPIO_Speed = GPIO_Speed_50MHz;
GPIO_InitStructure.GPIO_Mode = GPIO_Mode_AF_PP;                  //复用推挽输出
GPIO_Init(GPIOA, &GPIO_InitStructure);                          //初始化 PA9
GPIO_InitStructure.GPIO_Pin = GPIO_Pin_10;
GPIO_InitStructure.GPIO_Mode = GPIO_Mode_IN_FLOATING;           //浮空输入
GPIO_Init(GPIOA, &GPIO_InitStructure);                          //初始化 PA10
```

实验中,串口的输入也是通过串口中断来实现的,所以要进行优先级的配置。

```
NVIC_InitStructure.NVIC_IRQChannel = USART1_IRQn;
NVIC_InitStructure.NVIC_IRQChannelPreemptionPriority = 3;  //抢占优先级 3
NVIC_InitStructure.NVIC_IRQChannelSubPriority = 3;         //子优先级 3
NVIC_InitStructure.NVIC_IRQChannelCmd = ENABLE;            //IRQ 通道使能
NVIC_Init(&NVIC_InitStructure);                           //根据指定的参数初始化 VIC 寄存器
```

串口运行的环境已经搭建好,下面就是给配置串口的参数的结构体赋值,最后用库函数将结构体中的值配置到串口上去。

```
USART_InitStructure.USART_BaudRate = bound;                      //一般设置为 9600
//字长为 8 位数据格式
USART_InitStructure.USART_WordLength = USART_WordLength_8b;
USART_InitStructure.USART_StopBits = USART_StopBits_1;          //一个停止位
USART_InitStructure.USART_Parity = USART_Parity_No;            //无奇偶校验位
USART_InitStructure.USART_HardwareFlowControl = USART_HardwareFlowControl_None;
                                                              //无硬件数据流控制
//收发模式
USART_InitStructure.USART_Mode = USART_Mode_Rx | USART_Mode_Tx;
```

2. 编写中断服务函数

STM32 的发送与接收是通过数据寄存器 USART_DR 来实现的,这是一个双寄存器,包含了 TDR 和 RDR。当向该寄存器写数据的时候,串口就会自动发送,当接收到收据的时候,也是存在该寄存器内。这里要用 void USART_SendData 和 USART_ReceiveData 对 USART_DR 进行发送和接收数据。

串口的状态可以通过状态寄存器 USART_SR 读取,要判断寄存器是否非空,可以用 USART_GetITStatus(USART1, USART_IT_RXNE)！＝ RESET 语句来判断。

整个中断服务函数就是在传输过程中多次判断,确保数据传输的完整性,全部被存储到 USART_RX_BUF 缓冲区中。

```
void USART1_IRQHandler(void)                             //串口 1 中断服务程序
{
u8 Res;
//接收中断(接收到的数据必须是 0x0d 0x0a 结尾)
if(USART_GetITStatus(USART1, USART_IT_RXNE) != RESET)
    {
    Res = USART_ReceiveData(USART1); //(USART1 - > DR);   //读取接收到的数据
```

```
        if((USART_RX_STA&0x8000) == 0)                //接收未完成
            {
            if(USART_RX_STA&0x4000)                   //接收到了 0x0d
                {
                if(Res!= 0x0a)USART_RX_STA = 0;       //接收错误,重新开始
                else USART_RX_STA| = 0x8000;          //接收完成了
                }
            else //还没收到 0X0D
                {
                if(Res == 0x0d)USART_RX_STA| = 0x4000;
                else
                    {
                    USART_RX_BUF[USART_RX_STA&0X3FFF] = Res ;
                    USART_RX_STA++;
                    //接收数据错误,重新开始接收
                    if(USART_RX_STA >(USART_REC_LEN − 1))USART_RX_STA = 0;
                    }
                }
            }
        }
}
```

3. 循环检测输入状态

在 main 函数中,使用 while 循环使程序一直运行,借助接收状态标记 USART_RX_STA 的值,判断是否有输入以及它的长度值。如果有输入,则依次将缓冲区的内容写入 DR 并发送出去;否则每经过一定时间,输出等待信息,LED 闪烁,提示程序正在运行。

```
while(1)
{
    if(USART_RX_STA&0x8000)
    {
        len = USART_RX_STA&0x3fff;                //得到此次接收到的数据长度
        printf("\r\n 您发送的消息为:\r\n");
        for(t = 0;t < len;t++)
        {
            USART1 − > DR = USART_RX_BUF[t];
            while((USART1 − > SR&0X40) == 0);     //等待发送结束
        }
        printf("\r\n\r\n");                       //插入换行
        USART_RX_STA = 0;
    }else
    {
        times++;
        if(times % 5000 == 0)
        {
            printf("\r\n 串口实验\r\n");
        }
        if(times % 200 == 0)printf("请输入数据,以回车键结束\r\n");
```

```
            if(times % 30 == 0)LED0 = !LED0;    //闪烁 LED,提示系统正在运行
            delay_ms(10);
        }
    }
```

4. 程序下载运行

把程序下载到单片机,将 CH340 的 USB 端接计算机,高电平接单片机的 5V,低电平接单片机的 GND,TXD 接单片机的 PA10,RXD 接单片机的 PA9。打开串口调试助手,设置好与程序中相同的波特率,随便输入一个字符串进行调试。

串口调试助手的屏幕会显示"发送给单片机,单片机又自动传回的"字符串,如图 7.5 所示。

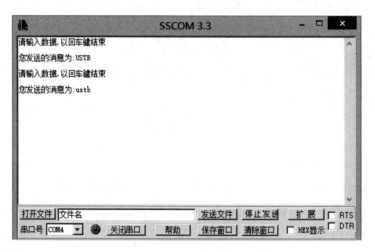

图 7.5　串口输入与输出实验现象

7.3.3　实训相关问题

做这个实验时,一定要注意波特率的设置,程序中的波特率与串口调试助手的波特率要吻合,否则容易出现乱码。CH340 线与单片机连接时,高电平要接 5V,而不是常用的 3.3V,否则调试无法进行。USART.c 中的内容一般是固定的,所以理解原理即可,不必按照步骤去自行设置并编辑中断服务函数,容易引起数据错误。

7.4　本章小结

本章主要讲述了 STM32 串口的功能及配置方式,介绍了串口通信方式,并通过实训五实现串口通信数据传输的过程,进一步加深读者对串口通信的理解,为实现复杂应用中各种传感器的串口应用设计奠定基础。

思考与扩展

1. 简述串口的配置函数。

2. 修改实训五(7.3 节),将串口波特率设置为 14 400 并自定义收发内容。

3. 修改实训五(7.3 节),自定义 PC 和 STM32 的通信协议。

说明:通信数据格式为:0x68　0x01　0x**　0x16,每位数据均为十六进制数,其含义见表 7.2。

表 7.2　自定义通信协议

数据	含　义
第一位:0x68	起始位:数据起始标志(帧头)
第二位:0x01	除它本身、起始位和停止位外的数据长度
第 三 位:0x**	该位为数码管控制位。0x0f:关闭数码管,0x00:数码管显示 00,0x01:数码管显示 01,…,0x09:数码管显示 09
第四位:0x16	停止位:数据结束标志(帧尾)

要求实现如下功能:使用串口助手向 STM32 发送十六进制数据控制数码管的显示,并将接收的数据按表 7.2 格式要求打包,再返回到串口助手上。例如,发送 0f,数码管关闭,不显示任何内容,串口助手显示 68　01　0f　16;发送 00,数码管显示 00,串口助手显示 68　01　00　16;发送 01,数码管显示 01,串口助手显示 68　01　01　16;以此类推。

提示:预先定义一个包含 4 个元素的数组,如 RecvData[4] = {0x68,0x01,0x0f,0x16};每次将从串口调试助手接收的数据作为数码管的段码,并保存在数组的第二个元素(数组下标从 0 开始)中,然后再将该数组的全部数据依次从串口发送到串口助手上。

第 **8** 章

STM32 的中断应用

本章学习目标

1. 学会 STM32 的 I/O 口作为外部中断输入。

2. 理解 I/O 口的中断功能及其原理。

3. 学会使用中断功能,对输出进行控制。

8.1 STM32 的中断向量表

ARM Cortex 内核具有强大的异常响应系统,把能够打断当前代码执行流程的事件分为异常(exception)和中断(interrupt),系统把其用一个表管理起来,编号为 0～15 的称为内核异常,而编号 16 以上的则称为外部中断(外部,相对内核而言),称为中断向量表。

STM32 的中断向量表见表 8.1。表中将编号为 −3～6 的中断向量定义为系统异常,编号为负的内核异常不能被设置优先级,如复位(Reset)、不可屏蔽中断(NMI)、硬件错误(HardFault)。从编号 7 开始的为外部中断,这些中断的优先级都是可以自行设置的。表 8.1 可以从启动文件 startup_stm32f10x_md. s 中查找到,不同型号的 STM32 芯片,中断向量表稍微有点区别,在启动文件中,已经有相应芯片可用的全部中断向量。在编写中断服务函数时,需要从启动文件定义的中断向量表中查找中断服务函数名。

表 8.1　中断向量表

位置	优先级	优先级类型	名　称	说　明	地址
—	—	—	—	保留	0x0000_0000
—	−3	固定	Reset	复位	0x0000_0004
—	−2	固定	NMI	不可屏蔽中断 RCC 时钟安全系统(CSS)连接到 NMI 向量	0x0000_0008
—	−1	固定	硬件失效(HardFault)	所有类型的失效	0x0000_000C

续表

位置	优先级	优先级类型	名 称	说 明	地址
—	0	可设置	存储管理（MemManage）	存储器管理	0x0000_0010
—	1	可设置	总线错误（BusFault）	预取指失败，存储器访问失败	0x0000_0014
—	2	可设置	错误应用（UsageFault）	未定义的指令或非法状态	0x0000_0018
—			—	保留	0x0000_001C～0x0000_002B
—	3	可设置	SVCall	通过 SWI 指令的系统服务调用	0x0000_002C
—	4	可设置	调试监控（DebugMonitor）	调试监控器	0x0000_0030
—	—	—	—	保留	0x0000_0034
—	5	可设置	PendSV	可挂起的系统服务	0x0000_0038
—	6	可设置	SysTick	系统嘀嗒定时器	0x0000_003C
0	7	可设置	WWDG	窗口定时器中断	0x0000_0040
1	8	可设置	PVD	连到 EXTI 的电源电压检测（PVD）中断	0x0000_0044
2	9	可设置	TAMPER	侵入检测中断	0x0000_0048
3	10	可设置	RTC	实时时钟（RTC）全局中断	0x0000_004C
4	11	可设置	Flash	闪存全局中断	0x0000_0050
5	12	可设置	RCC	复位和时钟控制（RCC）中断	0x0000_0054
6	13	可设置	EXTI0	EXTI 线 0 中断	0x0000_0058
...	...	...	...	...	...
10	17	可设置	EXTI4	EXTI 线 4 中断	0x0000_0068
11	18	可设置	DMA1 通道 1	DMA1 通道 1 全局中断	0x0000_006C
...	...	...	...	...	...
17	24	可设置	DMA1 通道 7	DMA1 通道 7 全局中断	0x0000_0084
...	...	...	...	...	...
59	66	可设置	DMA2 通道 4～5	DMA2 通道 4 和 DMA2 通道 5 全局中断	0x0000_012C

8.2 嵌套向量中断控制器

为了管理配置中断，Cortex-M3 在内核水平上搭载了一个嵌套向量中断控制器（NVIC，Nested Vectored Interrupt Controller）。NVIC 与内核是紧耦合的，NVIC 在内核中的位置如图 8.1 所示。不可屏蔽中断(NMI)和外部中断都由 NVIC 来处理,而 SYSTICK 不是由 NVIC 来控制的。

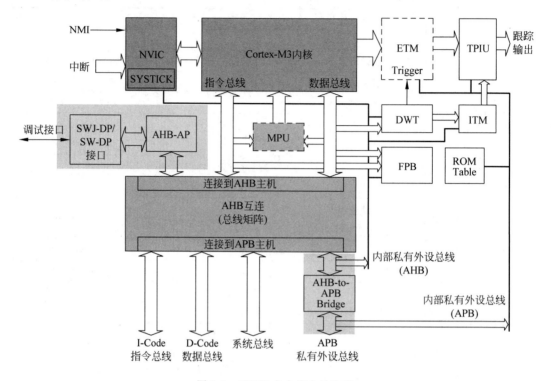

图 8.1　NVIC 在内核中的位置

1. 抢占优先级和响应优先级

STM32 的中断源具有两种优先级:一种为抢占优先级;另一种为响应优先级(亚优先级),其属性编号越小,表明它的优先级别越高。

抢占是指打断其他中断的属性,即低抢占优先级的中断 A 可以被高抢占优先级的中断 B 打断,执行完中断服务函数 B 后,再返回继续执行中断服务函数 A,由此会出现中断嵌套。响应属性则应用在抢占属性相同的情况下,即当两个中断源的抢占优先级相同时,分以下几种情况处理:

(1) 如果两个中断同时到达,则中断控制器会先处理响应优先级高的中断。

(2) 当一个中断到来后,如果正在处理另一个中断,则这个后到的中断就要等到前一个中断处理完之后才能被处理(高响应优先级的中断不可以打断低响应优先级的中断)。

(3) 如果它们的抢占式优先级和响应优先级都相等,则根据它们在中断表中的排位顺序决定先处理哪一个。

举个例子,现在有 3 个中断向量,见表 8.2,若内核正在执行 C 的中断服务函数,则它能被抢占优先级更高的中断 A 打断,由于 B 和 C 的抢占优先级相同,所以 C 不能被 B 打断。但如果 B 和 C 中断是同时到达的,内核就会首先执行响应优先级别更高的 B 中断。

表 8.2　中断向量设置要求

中断源	抢占优先级	响应优先级
A	0	0
B	1	0
C	1	1

2. NVIC 的优先级组

STM32 使用了 4 个中断优先级的寄存器位,只可以配置 16 种优先级,即抢占优先级和响应优先级的数量由一个 4 位的数字来决定,把这个 4 位数字的位数分配成抢占优先级部分和响应优先级部分。有以下 5 种分配方式:

第 0 种:所有 4 位用于指定响应优先级,即 NVIC 配置的 $2^4 = 16$ 种中断向量都是只有响应属性,没有抢占属性。

第 1 种:最高 1 位用来配置抢占优先级,低 3 位用来配置响应优先级,表示有 2 种级别的抢占优先级(0 级,1 级),有 $2^3 = 8$ 种响应优先级,即在 16 种中断向量之中,有 8 种中断的抢占优先级都为 0 级,而它们的响应优先级分别为 0~7,其余 8 种中断的抢占优先级则都为 1 级,响应优先级别分别为 0~7。

第 2 种:2 位用来配置抢占优先级,2 位用来配置响应优先,即 $2^2 = 4$ 种抢占优先级,$2^2 = 4$ 种响应优先级。

第 3 种:高 3 位用来配置抢占优先级,最低 1 位用来配置响应优先级,即有 8 种抢占优先级,2 种响应优先级。

第 4 种:所有 4 位用来指定抢占优先级,即 16 种中断具有不相同的抢占优先级。

可以通过调用 STM32 固件库中的函数 NVIC_PriorityGroupConfig() 选择使用哪种优先级分组方式,这个函数的参数有下列 5 种:

```
NVIC_PriorityGroup_0 => 选择第 0 种
NVIC_PriorityGroup_1 => 选择第 1 种
NVIC_PriorityGroup_2 => 选择第 2 种
NVIC_PriorityGroup_3 => 选择第 3 种
NVIC_PriorityGroup_4 => 选择第 4 种
```

STM32 的所有 GPIO 都能够配置成外部中断,USART、ADC 等外设也有中断,但 NVIC 只能配置 16 种中断向量,如果使用了超过 16 个的中断,必然有 2 个以上的中断向量使用相同的中断种类。注意,有相同中断种类的中断向量不能互相嵌套。另外,使用时还需注意以下 3 点:

(1)如果指定的抢占式优先级别或响应优先级别超出了选定的优先级分组所限定的范围,将可能得到意想不到的结果。

(2)抢占优先级别相同的中断源之间没有嵌套关系。

(3)如果某个中断源被指定为某个抢占优先级别,又没有其他中断源处于同一个抢占优先级别,则可以为这个中断源指定任意有效的响应优先级别。

3. NVIC 初始化配置

NVIC 的初始化配置共分为两个步骤：

首先，调用中断优先级分组函数 NVIC_PriorityGroupConfig()，系统运行开始的时候设置中断分组，确定组号，也就是确定抢占优先级和响应优先级的分配位数。

函数 NVIC_PriorityGroupConfig()在系统中只能被调用一次，一旦分组确定就最好不要更改。这个函数的实现如下：

```
void NVIC_PriorityGroupConfig(uint32_t NVIC_PriorityGroup)
{
    /* 检查参数 */
    assert_param(IS_NVIC_PRIORITY_GROUP(NVIC_PriorityGroup));
    /* 根据 NVIC_PriorityGroup 值设置 PRIGROUP[10:8] 位 */
    SCB->AIRCR = AIRCR_VECTKEY_MASK | NVIC_PriorityGroup;
}
```

函数的开始，首先使用宏 assert_param 来检查输入参数是否在允许的范围之内，然后通过设置 SCB->AIRCR 寄存器来设置中断优先级分组。而其入口参数通过双击选中函数体里面的 IS_NVIC_PRIORITY_GROUP，然后右击选择 Go to defition of 可以查看到。

如果设置整个系统的中断优先级分组值为 2，那么方法是：

```
NVIC_PriorityGroupConfig(NVIC_PriorityGroup_2);
```

设置中断分组之后，对每个中断调用中断初始化函数 NVIC_Init()，设置所用到的中断的优先级别，即设置中断源的抢占优先级和响应优先级等。NVIC_Init()函数声明为：

```
void NVIC_Init(NVIC_InitTypeDef * NVIC_InitStruct)
```

其中，NVIC_InitTypeDef 是一个结构体，定义如下：

```
typedef struct
{
    uint8_t NVIC_IRQChannel;                      //需要配置的中断向量
    uint8_t NVIC_IRQChannelPreemptionPriority;    //相应中断向量的抢占优先级
    uint8_t NVIC_IRQChannelSubPriority;           //相应中断向量的响应优先级
    FunctionalState NVIC_IRQChannelCmd;           //使能或关闭中断响应
} NVIC_InitTypeDef;
```

成员 NVIC_IRQChannel 用于定义初始化的是哪个中断，在 stm32f10x.h 中定义的枚举类型 IRQn 的成员变量中可以找到每个中断对应的名字，如串口 1 对应 USART1_IRQn。

8.3 EXTI 外部中断

STM32 的所有 GPIO 都可以配置为 EXTI 中断，用来捕捉外部信号，可以配置为下降沿中断、上升沿中断和双边沿触发中断这 3 种模式。

GPIO 与 EXTI 的连接方式如图 8.2 所示,PA0～PG0 连接到 EXTI0,PA1～PG1 连接到 EXTI1,PA15～PG15 连接到 EXTI15,即 PAx～PGx 端口的中断事件都连接到了 EXTIx,同一时刻 EXTx 只能响应一个端口的事件触发,不能够同一时间响应所有 GPIO 端口的事件,但可以分时复用。可以配置为上升沿触发、下降沿触发或双边沿触发。

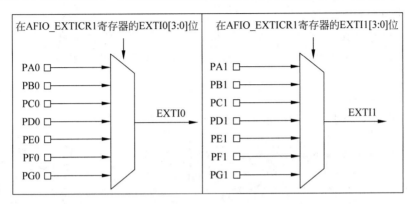

图 8.2 GPIO 与 EXTI 外部中断连接方式

8.3.1 EXTI 初始化配置

1. 设置 I/O 口与中断线的映射关系

要使用 EXTI 外部中断,就需要将外部中断/事件线映射到 GPIO 口,调用库函数 void GPIO_EXTILineConfig(uint8_t GPIO_PortSource, uint8_t GPIO_PinSource)建立 I/O 口与中断线的映射关系,该函数的入口参数有两个: 选择外部中断线的端口(GPIO_PortSource)和选择外部中断线的引脚(GPIO_PinSource)。

2. 初始化线上中断

设置好中断线映射之后,接下来设置该中断线上中断的初始化参数,设置中断线标号、工作模式、触发条件等。中断线上中断的初始化是通过 EXTI_Init()函数实现的。EXTI_Init()函数的声明是:

```
void  EXTI_Init(EXTI_InitTypeDef * EXTI_InitStruct);
```

EXTI_InitStruct 是指向 EXTI_InitTypeDef 结构体的指针,EXTI_InitTypeDef 的定义如下:

```
typedef struct
{
    uint32_t EXTI_Line;                     //需要配置的外部中断线
    EXTIMode_TypeDef EXTI_Mode;             //外部中断线的模式
    EXTITrigger_TypeDef EXTI_Trigger;       //外部中断线的触发方式
    FunctionalState EXTI_LineCmd;           //使能或关闭外部中断
} EXTI_InitTypeDef;
```

从定义可以看出,有 4 个参数需要设置:

(1) 第一个参数是中断线的标号,取值为 EXTI_Line0～EXTI_Line15,即这个函数配置的是某个中断线上的中断参数。

(2) 第二个参数是中断模式,可选值为中断模式(EXTI_Mode_Interrupt)和事件模式(EXTI_Mode_Event)。

(3) 第三个参数是触发方式,有 3 种方式:上升沿和下降沿都触发(EXTI_Trigger_Rising_Falling);下降沿触发(EXTI_Trigger_Falling);上升沿触发(EXTI_Trigger_Rising)。

(4) 最后一个参数用于使能中断线。

例如,要设置中断线 4 上的中断为下降沿触发,并使能,方法如下:

```
EXTI_InitTypeDef EXTI_InitStructure;
EXTI_InitStructure.EXTI_Line = EXTI_Line4;              //选择外部中断线 4
EXTI_InitStructure.EXTI_Mode = EXTI_Mode_Interrupt;     //中断模式
EXTI_InitStructure.EXTI_Trigger = EXTI_Trigger_Falling; //下降沿触发
EXTI_InitStructure.EXTI_LineCmd = ENABLE;               //使能外部中断线 4
EXTI_Init(&EXTI_InitStructure);                         //初始化外设 EXTI 寄存器
```

8.3.2 编写中断服务函数

中断服务程序是在 stm32f10x_it.c 中实现的,该文件专门用来存放中断服务函数,文件中默认只有几个关于系统异常的中断服务函数,而且都是空函数,在需要的时候用户自己编写。但中断服务函数名不可以自己定义,而且必须要与启动文件 startup_stm32f10x_md.s 中的中断向量表定义一致。以下为启动文件中定义的部分向量表:

```
DCD    EXTI0_IRQHandler        ; EXTI Line 0
DCD    EXTI1_IRQHandler        ; EXTI Line 1
DCD    EXTI2_IRQHandler        ; EXTI Line 2
DCD    EXTI3_IRQHandler        ; EXTI Line 3
DCD    EXTI4_IRQHandler        ; EXTI Line 4
...
DCD    CAN1_RX1_IRQHandler     ; CAN1 RX1
DCD    CAN1_SCE_IRQHandler     ; CAN1 SCE
DCD    EXTI9_5_IRQHandler      ; EXTI Line 9..5
...
DCD    USART2_IRQHandler       ; USART2
DCD    USART3_IRQHandler       ; USART3
DCD    EXTI15_10_IRQHandler    ; EXTI Line 15..10
```

I/O 口外部中断函数有 7 个,中断线 0～4,各对应一个中断函数,中断线 5～9 共用中断函数 EXTI9_5_IRQHandler,中断线 10～15 共用中断函数 EXTI15_10_IRQHandler。如果使用到外部中断线 8、9,可以在 stm32f10x_it.c 文件中加入名为 EXTI9_5_IRQHandler() 的函数。

在编写中断服务函数的时候会经常使用到两个函数实现下面的功能：

（1）判断某个中断线上的中断是否发生（标志位是否置位），一般使用在中断服务函数的开头，判断中断是否发生：

```
ITStatus  EXTI_GetITStatus(uint32_t  EXTI_Line);
```

（2）清除某个中断线上的中断标志位，这个函数一般应用在中断服务函数结束之前，清除中断标志位：

```
void  EXTI_ClearITPendingBit(uint32_t  EXTI_Line)
```

常用的中断服务函数格式为：

```
void EXTI9_5_IRQHandler(void)
    {
        if(EXTI_GetITStatus(EXTI_Line8)!= RESET)      //判断线 8 上的中断是否发生
    { …中断逻辑…
            EXTI_ClearITPendingBit(EXTI_Line8);       //清除 LINE 上的中断标志位
        }
    }
```

另外，固件库还提供了两个函数用来判断外部中断状态和清除外部状态标志位，即 EXTI_GetFlagStatus()和 EXTI_ClearFlag()，其作用和前面两个函数的作用类似，只是在 EXTI_GetITStatus()中会先判断这种中断是否使能，使能了才去判断中断标志位，而 EXTI_GetFlagStatus()直接用来判断状态标志位。

8.3.3　外部中断配置过程

外部中断(EXTI)需要通过嵌套向量中断控制器 NVIC 进行处理，因此需要对 NVIC 和 EXTI 分别进行配置，除此之外还需要进行如下的配置：

（1）使能 I/O 口时钟，初始化 I/O 口为输入模式。要使用 I/O 口作为中断输入，所以要使能相应的 I/O 口时钟，以及初始化相应的 I/O 口为输入模式。

（2）使能 AFIO 时钟，设置 I/O 口与中断线的映射关系。通过 AFIO_EXTICRx 配置 GPIO 线上的外部中断/事件时，必须先使能 AFIO 时钟。配置 GPIO 与中断线的映射关系，可以使用库函数中的 GPIO_EXTILineConfig()函数来实现，如：

```
GPIO_EXTILineConfig(GPIO_PortSourceGPIOB, GPIO_PinSource8);
```

（3）初始化线上中断，设置中断线标号、中断模式、触发条件等参数。中断线上中断的初始化是通过函数 EXTI_Init()实现的。

（4）配置 NVIC，设置中断优先级分组、中断源的优先级并使能中断。

（5）编写中断服务函数。

视频讲解

8.4 实训六 中断按键实验

8.4.1 实训设计

1. 硬件设计

本实训所用到的硬件材料包括：STM32 最小系统板一块；流水灯模块；普通按键模块；SWD 仿真器一个。

硬件电路设计同实训三(6.4 节)。

2. 软件设计

本实训只需要 MDK 5 环境进行软件开发。

本实训软件设计主要工作是：初始化 I/O 口为输入,开启 I/O 口复用时钟,设置 I/O 口与中断线的映射关系,初始化线上中断,设置触发条件等,配置中断分组(NVIC),并使能中断,编写中断服务函数。当中断触发时,执行中断服务函数,改变 LED 的状态,使中断通过 LED 展现出来。程序流程图见图 8.3。

8.4.2 实训过程

1. GPIO 初始化

首先初始化 LED、按键的 I/O 口,这里直接在复制的.c 文件中就有,需要记得添加文件以及搜索路径。值得注意的是,因为.c 文件的来源不同,其中的初始化内容虽然大同小异,但是要看清初始化函数的函数名。

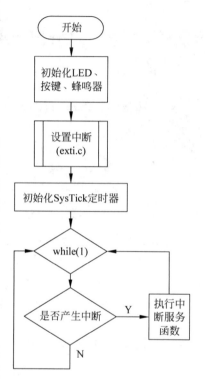

图 8.3　中断按键程序流程图

```
void LED_Cfg(void)
{
    GPIO_InitTypeDef led_gpio;
    //使能端口 A 的时钟
    RCC_APB2PeriphClockCmd(RCC_APB2Periph_GPIOA, ENABLE);
    led_gpio.GPIO_Pin = GPIO_Pin_0 | GPIO_Pin_1 | GPIO_Pin_2 | GPIO_Pin_3
                      | GPIO_Pin_4 | GPIO_Pin_5 | GPIO_Pin_6 | GPIO_Pin_7;
    led_gpio.GPIO_Mode = GPIO_Mode_Out_PP;        //通用推挽输出
    led_gpio.GPIO_Speed = GPIO_Speed_2MHz;        //2MHz
    GPIO_Init(GPIOA, &led_gpio);
}
```

控制按键的是输入口,配置同实训三(6.4 节)。

```
void Key_Cfg(void)
{
    GPIO_InitTypeDef key_gpio;
    RCC_APB2PeriphClockCmd(RCC_APB2Periph_GPIOB, ENABLE);
    key_gpio.GPIO_Pin = GPIO_Pin_9 | GPIO_Pin_10;
    key_gpio.GPIO_Mode = GPIO_Mode_IPU;            //上拉输入
    GPIO_Init(GPIOB, &key_gpio);
}
```

按键使用的是输入配置,直接将其接到 PB9、PB10 上,之所以接到这两个引脚,而不是 4 个按键引脚全部接中断,是因为中断函数只有 6 个:中断线 0～4 的每个中断线对应一个中断函数,中断线 5～9 共用中断函数 EXTI9_5_IRQHandler,中断线 10～15 共用中断函数 EXTI15_10_IRQHandler。在设置中断线与 PB 连接的情况下,PB8 与 PB9 共用一个中断函数,PB10 与 PB11 共用一个中断函数。

对 LED、按键操作的库函数进行 ♯define 重定义,方便编程。在前边的实验中已有描述,就不再赘述。

2. 设置中断

进入 exti.c,设置中断。值得注意的是,在中断初始化函数中,需要初始化按键,引用其初始化函数即可。

在 STM32 中,PA1、PB1、PC1 共用一条中断线,同样,PA2、PB2、PC2 也共用一条中断线,为此,这里需要用库函数将中断线分别绑在 PB 的 4 个引脚上。

```
GPIO_EXTILineConfig(GPIO_PortSourceGPIOB,GPIO_PinSource4);
GPIO_EXTILineConfig(GPIO_PortSourceGPIOB,GPIO_PinSource9);
GPIO_EXTILineConfig(GPIO_PortSourceGPIOB,GPIO_PinSource10);
```

接下来用结构体 EXTI_InitStructure 对其参数进行定义,以 PB4 为例:

```
EXTI_InitStructure.EXTI_Line = EXTI_Line4;
EXTI_InitStructure.EXTI_Mode = EXTI_Mode_Interrupt;
EXTI_InitStructure.EXTI_Trigger = EXTI_Trigger_Falling;//下降沿触发
EXTI_InitStructure.EXTI_LineCmd = ENABLE;
EXTI_Init(&EXTI_InitStructure); //根据 EXTI_InitStruct 中指定的参数初始化外设 EXTI 寄存器
```

3 个中断的初始化参数后,继续设置 NVIC 中断优先级,同样以 PB4 的中断为例:

```
NVIC_InitStructure.NVIC_IRQChannel = EXTI4_IRQn;              //使能按键所在的外部中断通道
NVIC_InitStructure.NVIC_IRQChannelPreemptionPriority = 0x02;//抢占优先级 2
NVIC_InitStructure.NVIC_IRQChannelSubPriority = 0x02;        //子优先级 1
NVIC_InitStructure.NVIC_IRQChannelCmd = ENABLE;             //使能外部中断通道
NVIC_Init(&NVIC_InitStructure);  //根据 NVIC_InitStruct 中指定的参数初始化外设 NVIC 寄存器
```

3. 编写中断服务函数

编写中断服务函数,以 4 号中断线为例,因为触发时系统已经检测到电平变化,所以进入函数后直接进行延时消抖,如果按键仍在按下,则进行服务。

```
void EXTI4_IRQHandler(void)
{
    delay_ms(10);                              //消抖
    if(KEY1_STA == 1)
    {
        LED2_TOGGLE;
    }
    EXTI_ClearITPendingBit(EXTI_Line4);        //清除 EXTI0 线路挂起位
}
```

服务结束后,要清除中断标志位。

4. 循环等待中断

main 函数比较简单,只需要用 while 不断循环即可,以便让中断函数随时请求运行。

5. 下载运行结果

首先,程序运行时 LED2 长亮,如图 8.4 所示。

接下来,分别进行下面操作观察现象。

按下 KEY2,反转 LED3 状态,如图 8.5 所示。

按下 KEY3,反转 LED4 状态,如图 8.6 所示。

图 8.4　中断按键实验现象 1

图 8.5　中断按键实验现象 2

图 8.6　中断按键实验现象 3

8.4.3　实训相关问题

如果复制 exti.c 并且添加好搜索路径后,许多 exti.c 中的内容会发生编译错误,这时可以单击 main.c 旁边的加号展开,向下找,检查一下 stm32f10x_conf.h 中有没有 #include "stm32f10x_exti.h"。这是因为一些复制过来的例程原本并不需要使用中断,所以相关的头文件就在这里被注释掉了,再新加进去之后就会发生错误。

使用中断时,一定要记得在中断服务函数最后加上清除中断标志位的库函数,避免下次运行中断出现 bug。

8.5　本章小结

　　本章主要讲述了 STM32 的中断功能,详细介绍了嵌套向量中断控制器 NVIC 及其初始化配置方式,EXTI 外部中断以及中断服务函数的编写,最后通过中断按键实训,使用单片机中断功能点亮和熄灭 LED,了解配置的全过程,使读者更好地掌握中断的应用。

思考与扩展

　　1. 为什么在使用外部中断时需要开启 AFIO 时钟?

　　2. AFIO 时钟管理的寄存器有哪些?

　　3. 如何开启 AFIO 时钟?

　　4. 简述抢占优先级和子优先级的设置方法。

　　5. 简述中断线及中断线的配置方法。

　　6. 修改实训六(8.4 节),实现按键按下响应中断使得 LED 反转。

第**9**章

STM32 的定时器应用

本章学习目标

1. 了解 STM32 定时器的种类。

2. 学会使用 STM32 的通用定时器。

3. 结合中断理解定时器的具体应用。

9.1 STM32 通用定时器简介

STM32 的通用定时器由一个可编程预分频器(PSC)驱动的 16 位自动装载计数器(CNT)构成。

1. STM32 定时器功能特点

(1) 位于低速的 APB1 总线上(APB1)。

(2) 16 位向上、向下、向上/向下(中心对齐)计数模式,自动装载计数器(TIMx_CNT)。

(3) 16 位可编程(可以实时修改)预分频器(TIMx_PSC),计数器时钟频率的分频系数为 1~65 535 中的任意数值。

(4) 4 个独立通道(TIMx_CH1~TIMx_CH4),这些通道可以用来作为输入捕获、输出比较、PWM 生成(边缘或中间对齐模式)和单脉冲模式输出。

(5) 可使用外部信号(TIMx_ETR)控制定时器和定时器互连(可以用一个定时器控制另外一个定时器)的同步电路。

(6) 发生下面事件时,6 个独立的 IRQ/DMA 请求生成器产生中断/DMA:

- 更新:计数器向上/向下溢出,计数器初始化(通过软件或者内部/外部触发);
- 触发事件(计数器启动、停止、初始化或者由内部/外部触发计数);
- 输入捕获;
- 输出比较;
- 支持针对定位的增量(正交)编码器和霍尔传感器电路;
- 触发输入作为外部时钟或者按周期的电流管理。

(7) STM32 的通用定时器可以被用于测量输入信号的脉冲长度(输入捕获)或者产生

输出波形(输出比较和 PWM)等。

(8) 使用定时器预分频器和 RCC 时钟控制器预分频器,脉冲长度和波形周期可以在几微秒到几毫秒间调整。STM32 的每个通用定时器都是完全独立的,没有互相共享任何资源。

2. STM32 定时器主要功能

STM32 中共有 11 个定时器,其中 2 个高级控制定时器,4 个普通定时器,2 个基本定时器,2 个看门狗定时器和 1 个系统嘀嗒定时器。系统嘀嗒定时器是 6.2 节中所描述的 SysTick,看门狗定时器以后再详细研究。常用的 8 个定时器功能见表 9.1。

表 9.1　常用的 8 个定时器功能

定时器	计数器分辨率	计数器类型	预分频系数	产生请求 DMA	捕获/比较通道	互补输出
TIM1、TIM8	16 位	向上,向下,向上/向下	1～65 536 中的任意数	可以	4	有
TIM2、TIM3、TIM4、TIM5	16 位	向上,向下,向上/向下	1～65 536 中的任意数	可以	4	没有
TIM6、TIM7	16 位	向上	1～65 536 中的任意数	可以	0	没有

其中,TIM1 和 TIM8 是能够产生 3 对 PWM 互补输出的高级定时器,常用于三相电机的驱动,时钟由 APB2 的输出产生。TIM2～TIM5 是普通定时器,TIM6 和 TIM7 是基本定时器,其时钟由 APB1 输出产生。常用的是 TIM2～TIM5 普通定时器的定时功能。

3. STM32 普通定时器时钟来源

计时器时钟可以由下列时钟源提供:

(1) 内部时钟(CK_INT)。

(2) 外部时钟模式 1:外部输入脚(Tix)。

(3) 外部时钟模式 2:外部触发输入(ETR)。

(4) 内部触发输入(ITRx):使用一个定时器作为另一个定时器的预分频器,例如,可以配置一个定时器 Timer1 作为另一个定时器 Timer2 的预分频器。

如果使用 STM32 最基本的定时功能,可以采用内部时钟,TIM2～TIM5 的时钟不是直接来自于 APB1,而是来自于输入为 APB1 的一个倍频器。这个倍频器的作用是:当 APB1 的预分频系数为 1 时,这个倍频器不起作用,定时器的时钟频率等于 APB1 的频率;当 APB1 的预分频系数为其他数值时(即预分频系数为 2、4、8 或 16),这个倍频器起作用,定时器的时钟频率等于 APB1 的频率的 2 倍。通过倍频器给定时器时钟的好处是:APB1 不但要给 TIM2～TIM5 提供时钟,还要为其他外设提供时钟;设置这个倍频器可以保证在其他外设使用较低时钟频率时,TIM2～TIM5 仍然可以得到较高的时钟频率。

4. STM32 的计数器模式

TIM2～TIM5 可以向上计数、向下计数、向上/向下双向计数。向上计数模式中,计数器从 0 计数到自动加载值(TIMx_ARR 计数器内容),然后重新从 0 开始计数并且产生一个计数器溢出事件。在向下模式中,计数器从自动装入的值(TIMx_ARR)开始向下计数到 0,

然后从自动装入的值重新开始,并产生一个计数器向下溢出事件。而中央对齐模式(向上/向下双向计数)是计数器从0开始计数到(自动装入的值-1),产生一个计数器下溢事件,然后向下计数到1并且产生一个计数器下溢事件;然后再从0开始重新计数。

9.2 通用定时器相关寄存器

1. 控制寄存器1(TIMx_CR1)

该寄存器偏移地址为0x00,复位值为0x0000,是一个16位寄存器,位15~10保留,位9~0可读写,如图9.1所示,其各位描述见表9.2。

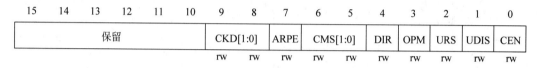

图9.1 TIMx_CR1寄存器

表9.2 TIMx_CR1寄存器各位描述

寄存器位	描　　述
位15:10	保留,始终读为0
位9:8	CKD[1:0]:时钟分频因子。这2位定义在定时器时钟(CK_INT)频率与数字滤波器(ETR,TIx)使用的采样频率之间的分频比例。 00:tDTS=tCK_INT;01:tDTS=2×tCK_INT;10:tDTS=4×tCK_INT;11:保留
位7	ARPE:自动重装载预装载允许位。 0:TIMx_ARR寄存器没有缓冲;1:TIMx_ARR寄存器被装入缓冲器
位6:5	CMS[1:0]:选择中央对齐模式。 00:边沿对齐模式。计数器依据方向位(DIR)向上或向下计数。 01:中央对齐模式1。计数器交替地向上和向下计数。配置为输出通道的输出比较中断标志位,只在计数器向下计数时被设置。 10:中央对齐模式2。计数器交替地向上和向下计数。配置为输出通道的输出比较中断标志位,只在计数器向上计数时被设置。 11:中央对齐模式3。计数器交替地向上和向下计数。配置为输出通道的输出比较中断标志位,在计数器向上和向下计数时均被设置。 注:在计数器开启时(CEN=1),不允许从边沿对齐模式转换到中央对齐模式
位4	DIR:方向。0:计数器向上计数,1:计数器向下计数。 注:当计数器配置为中央对齐模式或编码器模式时,该位为只读
位3	OPM:单脉冲模式。0:在发生更新事件时,计数器不停止;1:在发生下一次更新事件(清除CEN位)时,计数器停止
位2	URS:更新请求源,软件通过该位选择UEV事件的源。 0:如果允许产生更新中断或DMA请求,则下述任一事件产生一个更新中断或DMA请求。计数器溢出/下溢;设置UG位;从模式控制器产生的更新 1:如果允许产生更新中断或DMA请求,则只有计数器溢出/下溢产生一个更新中断或DMA请求

续表

寄存器位	描　　述
位 1	UDIS：禁止更新。软件通过该位允许/禁止 UEV 事件的产生。 0：允许 UEV。更新(UEV)事件由下述任一事件产生：计数器溢出/下溢；设置 UG 位；从模式控制器产生的更新被缓存的寄存器被装入它们的预装载值。 1：禁止 UEV。不产生更新事件，影子寄存器(ARR,PSC,CCRx)保持它们的值。如果设置了 UG 位或从模式控制器发出了一个硬件复位，则计数器和预分频器被重新初始化
位 0	CEN：允许计数器。0：禁止计数器；1：开启计数器

在本章实训中，只用到了 TIMx_CR1 的最低位，也就是计数器使能位，该位必须置 1，才能让定时器开始计数。在软件设置了 CEN 位后，外部时钟、门控模式和编码器模式才能工作。触发模式可以自动地通过硬件设置 CEN 位。在单脉冲模式下，当发生更新事件时，CEN 被自动清除。

2. DMA/中断使能寄器(TIMx_DIER)

该寄存器偏移地址为 0x0C,复位值为 0x0000,是一个 16 位的寄存器，位 15、13、7、5 保留，其余位可读写，如图 9.2 所示，其各位描述见表 9.3。

图 9.2　TIMx_ DIER 寄存器

表 9.3　TIMx_ DIER 寄存器各位描述

寄存器位	描　　述
位 15	保留，始终读为 0
位 14	TDE：允许触发 DMA 请求。0：禁止触发 DMA 请求；1：允许触发 DMA 请求
位 13	保留，始终读为 0
位 12	CC4DE：允许捕获/比较 4 的 DMA 请求。0：禁止捕获/比较 4 的 DMA 请求；1：允许捕获/比较 4 的 DMA 请求
位 11	CC3DE：允许捕获/比较 3 的 DMA 请求。0：禁止捕获/比较 3 的 DMA 请求；1：允许捕获/比较 3 的 DMA 请求
位 10	CC2DE：允许捕获/比较 2 的 DMA 请求。0：禁止捕获/比较 2 的 DMA 请求；1：允许捕获/比较 2 的 DMA 请求
位 9	CC1DE：允许捕获/比较 1 的 DMA 请求。0：禁止捕获/比较 1 的 DMA 请求；1：允许捕获/比较 1 的 DMA 请求
位 8	UDE：允许更新的 DMA 请求。0：禁止更新的 DMA 请求；1：允许更新的 DMA 请求
位 7	保留，始终读为 0
位 6	TIE：允许触发中断。0：禁止触发中断；1：允许触发中断
位 5	保留，始终读为 0
位 4	CC4IE：允许捕获/比较 4 中断。0：禁止捕获/比较 4 中断；1：允许捕获/比较 4 中断
位 3	CC3IE：允许捕获/比较 3 中断。0：禁止捕获/比较 3 中断；1：允许捕获/比较 3 中断
位 2	CC2IE：允许捕获/比较 2 中断。0：禁止捕获/比较 2 中断；1：允许捕获/比较 2 中断
位 1	CC1IE：允许捕获/比较 1 中断。0：禁止捕获/比较 1 中断；1：允许捕获/比较 1 中断
位 0	UIE：允许更新中断。0：禁止更新中断；1：允许更新中断

在本章实训中,也只用到了第 0 位,该位是更新中断允许位,实训用到的是定时器的更新中断,所以该位要设置为 1,允许由更新事件所产生的中断。

3. 预分频寄存器(TIMx_PSC)

设置该寄存器对时钟进行分频,然后提供给计数器,作为计数器的时钟。该寄存器偏移地址为 0x28,复位值为 0x0000,是一个 16 位的寄存器,位 15～0 可读写,如图 9.3 所示,其各位描述见表 9.4。

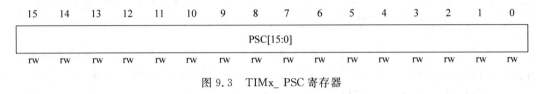

图 9.3　TIMx_ PSC 寄存器

表 9.4　TIMx_ PSC 寄存器各位描述

寄存器位	描　述
位 15:0	PSC[15:0]:预分频器的值计数器的时钟频率 CK_CNT 等于 fCK_PSC/(PSC[15:0]+1)。PSC 包含了当更新事件产生时装入当前预分频器寄存器的值

定时器的时钟来源有 4 个:CK_INT、Tix、ETR 和 ITRx,具体选择哪个可以通过 TIMx_SMCR 寄存器的相关位来设置。CK_INT 时钟是从 APB1 倍频来的,STM32 中除非 APB1 的时钟分频数设置为 1,否则通用定时器 TIMx 的时钟是 APB1 时钟的 2 倍,当 APB1 的时钟不分频时,通用定时器 TIMx 的时钟就等于 APB1 的时钟。要注意的就是,高级定时器的时钟不是来自 APB1,而是来自 APB2。

4. 计数器(TIMx_CNT)

该寄存器偏移地址为 0x24,复位值为 0x0000,是一个 16 位的寄存器,位 15～0 可读写,如图 9.4 所示,其各位描述见表 9.5。

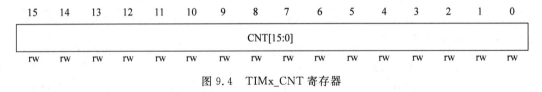

图 9.4　TIMx_CNT 寄存器

表 9.5　TIMx_CNT 寄存器各位描述

寄存器位	描　述
位 15:0	CNT[15:0]:计数器的值

该寄存器存储了当前定时器的数值。通用定时器有 3 种模式:

(1) 向上计数模式:计数器从 0 计数到自动加载值(TIMx_ARR),然后重新从 0 开始计数并且产生一个计数器溢出事件。

(2) 向下计数模式:计数器从自动装入的值(TIMx_ARR)开始向下计数到 0,然后从自动装入的值重新开始,并产生一个计数器向下溢出事件。

(3) 中央对齐模式(向上/向下计数):计数器从 0 开始计数到(自动装入的值－1),产生一个计数器溢出事件,然后向下计数到 1 并且产生一个计数器下溢事件;然后再从 0 开始重新计数。

5. 自动重装载寄存器(TIMx_ARR)

该寄存器偏移地址为 0x2C,复位值为 0x0000,是一个 16 位的寄存器,位 15~0 可读写,如图 9.5 所示,各位描述见表 9.6。

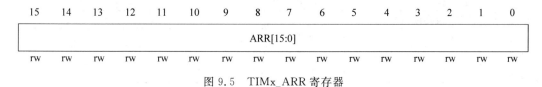

图 9.5　TIMx_ARR 寄存器

表 9.6　TIMx_ARR 寄存器各位描述

寄存器位	描　述
位 15:0	ARR[15:0]:自动重装载的值。 ARR 是将要装载入实际的自动重装载寄存器的数值。当自动重装载的值为空时,计数器不工作

该寄存器在物理上实际对应着 2 个寄存器:一个是程序员可以直接操作的;另外一个是程序员看不到的,这个看不到的寄存器称为影子寄存器。真正起作用的是影子寄存器。根据 TIMx_CR1 寄存器中的 APRE 位来进行设置:APRE=0 时,预装载寄存器的内容可以随时传送到影子寄存器,此时两者是连通的;APRE=1 时,在每一次更新事件(UEV)时,才把预装在寄存器的内容传送到影子寄存器。

6. 状态寄存器(TIMx_SR)

该寄存器偏移地址为 0x10,复位值为 0x0000,是一个 16 位的寄存器,位 15~13 保留,其余位 15~0 可读写,如图 9.6 所示,其各位描述见表 9.7。该寄存器用来标记当前与定时器相关的各种事件/中断是否发生。

图 9.6　TIMx_ SR 寄存器

表 9.7　TIMx_ SR 寄存器各位描述

寄存器位	描　述
位 15:13	保留,始终读为 0
位 12	CC4OF:捕获/比较 4 过捕获标记,参见 CC1OF 描述
位 11	CC3OF:捕获/比较 3 过捕获标记,参见 CC1OF 描述
位 10	CC2OF:捕获/比较 2 过捕获标记,参见 CC1OF 描述
位 9	CC1OF:捕获/比较 1 过捕获标记。仅当相应的通道被配置为输入捕获时,该标记可由硬件置 1。写 0 可清除该位。 0:无过捕获产生;1:CC1IF 置 1 时,计数器的值已经被捕获到 TIMx_CCR1 寄存器
位 8:7	保留,始终读为 0

续表

寄存器位	描　　述
位 6	TIF：触发器中断标记。当发生触发事件（当从模式控制器处于除门控模式外的其他模式时，在 TRGI 输入端检测到有效边沿，或门控模式下的任一边沿）时由硬件对该位置 1。它由软件清零。 0：无触发器事件产生；1：触发器中断等待响应
位 5	保留，始终读为 0
位 4	CC4IF：捕获/比较 4 中断标记，参考 CC1IF 描述
位 3	CC3IF：捕获/比较 3 中断标记，参考 CC1IF 描述
位 2	CC2IF：捕获/比较 2 中断标记，参考 CC1IF 描述
位 1	CC1IF：捕获/比较 1 中断标记。如果通道 CC1 配置为输出模式：当计数器值与比较值匹配时该位由硬件置 1，但中心对称模式下除外（参考 TIMx_CR1 寄存器的 CMS 位）。它由软件清零。 0：无匹配发生；1：TIMx_CNT 的值与 TIMx_CCR1 的值匹配。 如果通道 CC1 配置为输入模式：当捕获事件发生时该位由硬件置 1，它由软件清零或通过读 TIMx_CCR1 清零。 0：无输入捕获产生；1：输入捕获产生并且计数器值已装入 TIMx_CCR1（在 IC1 上检测到与所选极性相同的边沿）
位 0	UIF：更新中断标记。当产生更新事件时该位由硬件置 1。它由软件清零。 0：无更新事件产生； 1：更新事件等待响应。当寄存器被更新时该位由硬件置 1：若 TIMx_CR1 寄存器的 UDIS=0，当 REP_CNT=0 时产生更新事件（重复向下计数器上溢或下溢时）；若 TIMx_CR1 寄存器的 UDIS=0、URS=0，当 TIMx_EGR 寄存器的 UG=1 时产生更新事件（软件对 CNT 重新初始化）；若 TIMx_CR1 寄存器的 UDIS=0、URS=0，当 CNT 被触发事件重初始化时产生更新事件

9.3　实训七　定时器中断实验

视频讲解

9.3.1　实训设计

1. 硬件设计

本实训所用到的硬件材料包括：STM32 最小系统板一块；LED 一个，杜邦线两根；SWD 仿真器一个（或 CH340 串口线一根）。

本实训将通过 TIM3 的中断来控制 LED 的亮灭。TIM3 属于 STM32 的内部资源，只需要软件设置即可正常工作。

2. 软件设计

本实训软件设计只需用到 MDK 5 开发环境。

程序用来实现内部定时器中断，只要设置好频率以及自动计数的最大值，单片机就会按频率自动计数，每次计数到最大值都会触发一次中断，然后再重新开始。比如设置频率为 100Hz，最大值为 200，那么单片机每秒能计 100 个数，2s 触发一次中断。当中断发生时，执行中断服务函数，并清除中断标志位，以便接收下次中断。

软件设计主要工作有：TIM3 时钟使能；初始化定时器参数，设置自动重装值、分频系数、计数方式等；设置定时器允许更新中断；定时器中断优先级设置；允许定时器工作，也就是使能定时器；编写中断服务函数。主程序流程图见图 9.7。执行中断部分流程图见图 9.8。

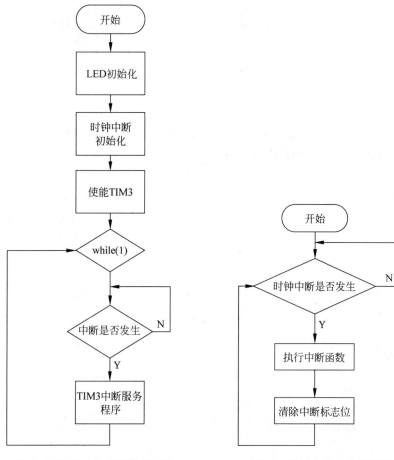

图 9.7　定时器中断主程序流程图　　　　图 9.8　执行中断部分流程图

9.3.2　实训过程

1. GPIO 初始化

在 led.c 中设置 LED 初始化函数，以供下面实验使用。本实验中，只要 LED1 和 LED2 就可以，LED1 用来表示程序正在运行，LED2 则用来表示定时器中断的操作。

```
void LED_Init(void)
{
GPIO_InitTypeDef GPIO_InitStructure;
RCC_APB2PeriphClockCmd(RCC_APB2Periph_GPIOA|RCC_APB2Periph_GPIOB, ENABLE);
                                        //使能 PA,PB 端口时钟
GPIO_InitStructure.GPIO_Pin = GPIO_Pin_0;          //LED1 -->PA.0 端口配置
```

```
GPIO_InitStructure.GPIO_Mode = GPIO_Mode_Out_PP;          //推挽输出
GPIO_InitStructure.GPIO_Speed = GPIO_Speed_50MHz;         //I/O 口设置为 50MHz
GPIO_Init(GPIOA, &GPIO_InitStructure);                    //根据设定参数初始化 GPIOA.8
GPIO_SetBits(GPIOA,GPIO_Pin_0);                           //PA.8 输出高

GPIO_InitStructure.GPIO_Pin = GPIO_Pin_1;                 //LED2-->PA.1 端口配置,推挽输出
GPIO_Init(GPIOA, &GPIO_InitStructure);                    //推挽输出,I/O 口设置为 50MHz
GPIO_SetBits(GPIOA,GPIO_Pin_1);                           //PD.2 输出高
}
```

2. TIM3 时钟使能

进入 time.c 中,设置 TIM3 通用定时器的初始化函数。

首先要用函数 RCC_APB1PeriphClockCmd 来使能 TIM3,再用 TIM_TimeBaseInit 函数来设置 5 个主要参数。在这个函数中,参数的设置也是通过结构体 TIM_TimeBaseInitTypeDef 来进行的。

和其他初始化函数不同的是,时钟初始化函数中会有两个参数:arr 和 psc。psc 用来设置分频系数 n,该系数对时钟进行分频,也就是系统时钟频率的 n 分之一,然后提供给计数器,作为计数器的时钟。arr 设置自动重载计数周期值,从 0 计数到 arr 的值,就触发一次中断,然后再重新开始计数。

```
RCC_APB1PeriphClockCmd(RCC_APB1Periph_TIM3, ENABLE);     //时钟使能
//设置在下一个更新事件装入活动的自动重装载寄存器频率的值 80kHz
TIM_TimeBaseStructure.TIM_Period = arr;
//设置用来作为 TIMx 时钟频率除数的预分频值
TIM_TimeBaseStructure.TIM_Prescaler = psc;
TIM_TimeBaseStructure.TIM_ClockDivision = 0;             //设置时钟分割:TDTS = Tck_tim
//TIM 向上计数模式
TIM_TimeBaseStructure.TIM_CounterMode = TIM_CounterMode_Up;
//根据 TIM_TimeBaseInitStruct 中指定的参数初始化 TIMx 的时间基数单位
TIM_TimeBaseInit(TIM3, &TIM_TimeBaseStructure);
```

3. TIM3 中断优先级设置

使用定时器中断,就必须和使用其他中断一样,打开中断并设置优先级。与中断按键实验(8.5 节)代码非常类似,只不过这里改成了时钟中断。

```
TIM_ITConfig(              //使能或者失能指定的 TIM 中断
        TIM3,              //TIM2
        TIM_IT_Update ,
        ENABLE             //使能
        );
NVIC_InitStructure.NVIC_IRQChannel = TIM3_IRQn;                    //TIM3 中断
NVIC_InitStructure.NVIC_IRQChannelPreemptionPriority = 0;         //先占优先级 0 级
NVIC_InitStructure.NVIC_IRQChannelSubPriority = 3;               //从优先级 3 级
NVIC_InitStructure.NVIC_IRQChannelCmd = ENABLE;                  //IRQ 通道被使能
//根据 NVIC_InitStruct 中指定的参数初始化外设 NVIC 寄存器
NVIC_Init(&NVIC_InitStructure);
```

设置好 TIM3 后,还要用 TIM_Cmd(TIM3,ENABLE)函数来打开 TIM3,这点一定不能忘记,很多人设置结束后忘记打开,导致时钟中断完全不能用,检查很久才发现这个问题。到这里才算是完成 TIM3 的初始化函数。

4. 编写中断服务函数

下面来编写 TIM3 中断服务程序。该服务程序的思想很简单:使用 TIM_GetITStatus 函数检查时钟中断是否发生,如果发生了,则操作 LED1,然后清除中断标志位。

```
void TIM3_IRQHandler(void)          //TIM3 中断
{
//检查指定的 TIM 中断发生与否:TIM 中断源
if (TIM_GetITStatus(TIM3, TIM_IT_Update) != RESET)
{
//清除 TIMx 的中断待处理位:TIM 中断源
TIM_ClearITPendingBit(TIM3, TIM_IT_Update );
LED1 = ! LED1;
}
}
```

5. 循环等待中断

main 函数中,需要设置一下中断分组,并且调用 LED 和定时器的初始化函数。接下来的事情就是 while(1)循环,让程序永远运行下去,可以用 LED1 的闪烁来表示。

6. 程序下载运行

程序下载后,如图 9.9 和图 9.10 所示,可以看到 LED1 以较快的速度不停闪烁,表示程序一直在循环运行中。LED2 则以较慢的速度变化状态(从亮变灭,或从灭变亮),每次变化表示时钟中断被触发了一次。

图 9.9 定时器中断实验现象 1　　　　　　图 9.10 定时器中断实验现象 2

9.3.3 实训相关问题

如果编写定时器初始化函数来使用不同的定时器,需要注意通用定时器和高级定时器的区别,实际上通用定时器只需要 4 个参数来初始化,而高级定时器则需要 5 个。初始化多个不同计数器的时候,配置完成后,要记得在最后将每个定时器打开。

定时器中断函数只有一个 TIM3_IRQHandler(void)，而外部中断可以有 6 个，同一时间能触发的也只有这一个。

9.4　本章小结

本章主要讲述了 STM32 的通用定时器以及配置定时器的相关寄存器，定时器可与 PWM、ADC 等结合实现多种应用。灵活掌握定时器的不同应用方式，对 STM32 系统开发十分重要。

思考与扩展

1. 简述 STM32 定时器的功能特点。
2. STM32 有几个定时器？各自主要功能有哪些？
3. 简述通用计时器的配置方法以及计时器中断的实现过程。
4. 修改实训七(9.3 节)，使得中断时间设置为 10s。
5. 修改实训七(9.3 节)，通过定时器中断来实现流水灯的功能。
提示：可以在中断函数中调用其他函数来实现。
6. 修改实训七(9.3 节)，实现数码管间隔 500ms 的自动数显功能，数显范围 0～9。

第10章

STM32 的 PWM 输出

本章学习目标

1. 理解 PWM(脉冲宽度调制)的基本原理。
2. 学会设置 PWM 输出,理解参数含义。
3. 使用 PWM 输出三角波。

10.1 STM32 的 PWM 简介

脉冲宽度调制(PWM,Pulse Width Modulation),简称脉宽调制,是利用微处理器的数字输出来对模拟电路进行控制的一种非常有效的技术。PWM 在宏观上往往输出"三角波""正弦波"这种高低不平的波形,但微观上,它其实是控制占空比,输出一系列幅值相等、单位周期内脉冲宽度不相等的脉冲,用这些脉冲的长短来代替所需要的波形高度。

STM32 的定时器除了 TIM6 和 TIM7,其他的定时器都可以用来产生 PWM 输出,其中高级定时器 TIM1 和 TIM8 可以同时产生多达 7 路的 PWM 输出,而通用定时器也能同时产生多达 4 路的 PWM 输出,这样,STM32 最多可以同时产生 30 路 PWM 输出。本章仅以 TIM1 的 CH1 产生一路 PWM 输出为例进行介绍。

STM32 的通用定时器可以利用 GPIO 引脚进行脉冲输出,在配置为比较输出、PWM 输出功能时,捕获/比较寄存器 TIMx_CCR 被用作比较功能。例如,PWM 输出的是一个方波信号,信号的频率由 TIMx 的时钟频率和 TIMx_ARR 预分频器决定,输出信号的占空比公式为:

$$占空比 = (TIMx\_CRRx/TIMx\_ARR) \times 100\%$$

因此,可以通过向 CRR 中填入适当的数来输出自己所需的频率和占空比的方波信号。

STM32 的 PWM 输出工作过程如下:

(1) 若配置脉冲计数器 TIMx_CNT 为向上计数,而重载寄存器 TIMx_ARR 被配置为 N,即 TIMx_CNT 的当前计数值数值 X 在 TIMxCLK 时钟源的驱动下不断累加,当 TIMx_CNT 的数值 X 大于 N 时,会重置 TIMx_CNT 数值为 0 重新计数。

(2) 在 TIMxCNT 计数的同时,TIMxCNT 的计数值 X 会与比较寄存器 TIMx_CCR 预先存储了的数值 A 进行比较：当脉冲计数器 TIMx_CNT 的数值 X 小于比较寄存器 TIMx_CCR 的值 A 时，输出高电平（或低电平）；相反地，当脉冲计数器的数值 X 大于或等于比较寄存器的值 A 时，输出低电平（或高电平）。

（3）如此循环，得到的输出脉冲周期就为重载寄存器 TIMx_ARR 存储的数值（N+1）乘以触发脉冲的时钟周期，其脉冲宽度则为比较寄存器 TIMx_CCR 的值 A 乘以触发脉冲的时钟周期，即输出 PWM 的占空比为 A/(N+1)。

10.2 PWM 输出相关寄存器

要使 STM32 的高级定时器 TIM1 产生 PWM 输出，除了 ARR、PSC、CR1 等外，还会用到 4 个寄存器来控制 PWM 的输出。这 4 个寄存器分别是捕获/比较模式寄存器（TIMx_CCMR1/2）、捕获/比较使能寄存器（TIMx_CCER）、捕获/比较寄存器（TIMx_CCR1～TIMx_CCR4）以及刹车和死区寄存器（TIMx_BDTR）。

1. 捕获/比较模式寄存器（TIMx_CCMR1/2）

该寄存器有 2 个：TIMx_CCMR1 和 TIMx_CCMR2。TIMx_CCMR1 控制 CH1 和 CH2，而 TIMx_CCMR2 控制 CH3 和 CH4。以 TIMx_CCMR1 寄存器为例，该寄存器为 16 位寄存器，偏移地址为 0x18，复位值为 0x0000，各位可读写，如图 10.1 所示。

15	14	13	12	11	10	9	8	7	6	5	4	3	2	1	0
OC2CE	OC2M[2:0]			OC2PE	OC2FE	CC2S[1:0]		OC1CE	OC1M[2:0]			OC1PE	OC1FE	CC1S[1:0]	
	IC2F[3:0]			IC2PSC[1:0]					IC1F[3:0]			IC1PSC[1:0]			
rw	rw	rw	rw	rw	rw	rw	rw	rw	rw	rw	rw	rw	rw	rw	rw

图 10.1 TIMx_CCMR1 寄存器

该寄存器可用于输入（捕获模式）或输出（比较模式），有些位在不同模式下的功能不一样，所以在图 10.1 中把寄存器分了 2 层：上面一层 OCxx 描述了通道在输出模式下的功能，对应输出时的设置；而下面的 ICxx 描述了通道在输出模式下的功能，则对应输入时的设置。这里需要说明的是模式设置位 OCxM，此部分由 3 位组成，总共可以配置成 7 种模式，若使用的是 PWM 模式，这 3 位必须设置为 110 或 111，这两种 PWM 模式的区别就是输出电平的极性相反。另外，CCxS 用于设置通道的方向（输入/输出），默认设置为 0，就是设置通道作为输出使用。

TIMx_CCMR1 寄存器的各位分别在输出比较模式和输入捕获模式下的描述见表 10.1 和表 10.2。

表 10.1 TIMx_CCMR1 寄存器各位描述（输出比较模式）

寄存器位	描　　述
位 15	OC2CE：输出比较 2 清零使能
位 14:12	OC2M[2:0]：输出比较 2 模式
位 11	OC2PE：输出比较 2 预装载使能
位 10	OC2FE：输出比较 2 快速使能

续表

寄存器位	描　　述
位 9:8	CC2S[1:0]：捕获/比较 2 选择。该位定义通道的方向(输入/输出)及输入脚的选择： 00：CC2 通道被配置为输出。 01：CC2 通道被配置为输入,IC2 映射在 TI2 上。 10：CC2 通道被配置为输入,IC2 映射在 TI1 上。 11：CC2 通道被配置为输入,IC2 映射在 TRC 上。此模式仅工作在内部触发器输入被选中时 (由 TIMx_SMCR 寄存器的 TS 位选择)。 注：CC2S 仅在通道关闭时(TIMx_CCER 寄存器的 CC2E＝0)才是可写的
位 7	OC1CE：输出比较 1 清零使能。0：OC1REF 不受 ETRF 输入的影响；1：一旦检测到 ETRF 输入高电平,清除 OC1REF＝0
位 6:4	OC1M[2:0]：输出比较 1 模式。该位定义了输出参考信号 OC1REF 的动作,而 OC1REF 决 定了 OC1、OC1N 的值。OC1REF 是高电平有效,而 OC1、OC1N 的有效电平取决于 CC1P、 CC1NP 位。 000：冻结。输出比较寄存器 TIMx_CCR1 与计数器 TIMx_CNT 间的比较对 OC1REF 不起作用。 001：匹配时设置通道 1 为有效电平。当计数器 TIMx_CNT 的值与捕获/比较寄存器 1 (TIMx_CCR1)相同时,强制 OC1REF 为高。 010：匹配时设置通道 1 为无效电平。当计数器 TIMx_CNT 的值与捕获/比较寄存器 1 (TIMx_CCR1)相同时,强制 OC1REF 为低。 011：翻转。当 TIMx_CCR1＝TIMx_CNT 时,翻转 OC1REF 的电平。 100：强制为无效电平。强制 OC1REF 为低。 101：强制为有效电平。强制 OC1REF 为高。 110：PWM 模式 1。在向上计数时,一旦 TIMx_CNT＜TIMx_CCR1,通道 1 为有效电平,否 则为无效电平；在向下计数时,一旦 TIMx_CNT＞TIMx_CCR1,通道 1 为无效电平(OC1REF＝ 0),否则为有效电平(OC1REF＝1)。 111：PWM 模式 2。在向上计数时,一旦 TIMx_CNT＜TIMx_CCR1,通道 1 为无效电平,否 则为有效电平；在向下计数时,一旦 TIMx_CNT＞TIMx_CCR1,通道 1 为有效电平,否则为 无效电平。 注：一旦 LOCK 级别设为 3(TIMx_BDTR 寄存器中的 LOCK 位)并且 CC1S＝00(该通道配 置成输出),则该位不能被修改；在 PWM 模式 1 或 PWM 模式 2 中,只有当比较结果改变了 或在输出比较模式中从冻结模式切换到 PWM 模式时,OC1REF 电平才改变
位 3	OC1PE：输出比较 1 预装载使能。 0：禁止 TIMx_CCR1 寄存器的预装载功能,可随时写入 TIMx_CCR1 寄存器,且新值马上起作用。 1：开启 TIMx_CCR1 寄存器的预装载功能,读写操作仅对预装载寄存器操作,TIMx_CCR1 的预装载值在更新事件到来时被载入当前寄存器中。 注：一旦 LOCK 级别设为 3(TIMx_BDTR 寄存器中的 LOCK 位)并且 CC1S＝00(该通道配 置成输出),则该位不能被修改。仅在单脉冲模式下,可以在未确认预装载寄存器情况下使用 PWM 模式,否则其动作不确定
位 2	OC1FE：输出比较 1 快速使能。该位用于加快 CC 输出对触发器输入事件的响应。 0：根据计数器与 CCR1 的值,CC1 正常操作,即使触发器是打开的。当触发器的输入有一个 有效沿时,激活 CC1 输出的延时为 5 个时钟周期。 1：输入到触发器的有效沿的作用就像发生了一次比较匹配。因此,OC 被设置为比较电平而 与比较结果无关。采样触发器的有效沿和 CC1 输出间的延时被缩短为 3 个时钟周期。 OCxFE 只在通道被配置成 PWM1 或 PWM2 模式时起作用

续表

寄存器位	描述
位 1:0	CC1S[1:0]：捕获/比较 1 选择。这 2 位定义通道的方向(输入/输出)及输入脚的选择： 00：CC1 通道被配置为输出。 01：CC1 通道被配置为输入,IC1 映射在 TI1 上。 10：CC1 通道被配置为输入,IC1 映射在 TI2 上。 11：CC1 通道被配置为输入,IC1 映射在 TRC 上。此模式仅工作在内部触发器输入被选中时(由 TIMx_SMCR 寄存器的 TS 位选择)。 注：CC1S 仅在通道关闭时(TIMx_CCER 寄存器的 CC1E=0)才是可写的

表 10.2　TIMx_CCMR1 寄存器各位描述(输入捕获模式)

寄存器位	描述
位 15:12	IC2F：输入捕获 2 滤波器
位 11:10	IC2PSC[1:0]：输入/捕获 2 预分频器
位 9:8	CC2S[1:0]：捕获/比较 2 选择。这 2 位定义通道的方向(输入/输出)及输入脚的选择： 00：CC2 通道被配置为输出。 01：CC2 通道被配置为输入,IC2 映射在 TI2 上。 10：CC2 通道被配置为输入,IC2 映射在 TI1 上。 11：CC2 通道被配置为输入,IC2 映射在 TRC 上。此模式仅工作在内部触发器输入被选中时(由 TIMx_SMCR 寄存器的 TS 位选择)。 注：CC2S 仅在通道关闭时(TIMx_CCER 寄存器的 CC2E=0)才是可写的
位 7:4	IC1F[3:0]：输入捕获 1 滤波器。 这几位定义了 TI1 输入的采样频率及数字滤波器长度。数字滤波器由一个事件计数器组成,它记录到 N 个事件后会产生一个输出的跳变： 0000：无滤波器,以 f_{DTS} 采样　　　　　1000：采样频率 $f_{SAMPLING}=f_{DTS}/8,N=6$ 0001：采样频率 $f_{SAMPLING}=f_{CK\_INT},N=2$　　1001：采样频率 $f_{SAMPLING}=f_{DTS}/8,N=8$ 0010：采样频率 $f_{SAMPLING}=f_{CK\_INT},N=4$　　1010：采样频率 $f_{SAMPLING}=f_{DTS}/16,N=5$ 0011：采样频率 $f_{SAMPLING}=f_{CK\_INT},N=8$　　1011：采样频率 $f_{SAMPLING}=f_{DTS}/16,N=6$ 0100：采样频率 $f_{SAMPLING}=f_{DTS}/2,N=6$　　1100：采样频率 $f_{SAMPLING}=f_{DTS}/16,N=8$ 0101：采样频率 $f_{SAMPLING}=f_{DTS}/2,N=8$　　1101：采样频率 $f_{SAMPLING}=f_{DTS}/32,N=5$ 0110：采样频率 $f_{SAMPLING}=f_{DTS}/4,N=6$　　1110：采样频率 $f_{SAMPLING}=f_{DTS}/32,N=6$ 0111：采样频率 $f_{SAMPLING}=f_{DTS}/4,N=8$　　1111：采样频率 $f_{SAMPLING}=f_{DTS}/32,N=8$ 注：在现在的芯片版本中,当 ICxF[3:0]=1,2 或 3 时,公式中的 f_{DTS} 由 CK_INT 替代
位 3:2	IC1PSC[1:0]：输入/捕获 1 预分频器。这 2 位定义了 CC1 输入(IC1)的预分频系数。一旦 CC1E=0(TIMx_CCER 寄存器中),则预分频器复位。 00：无预分频器,捕获输入口上检测到的每一个边沿都触发一次捕获。 01：每 2 个事件触发一次捕获。 10：每 4 个事件触发一次捕获。 11：每 8 个事件触发一次捕获

寄存器位	描　　述
位 1:0	CC1S[1:0]：捕获/比较 1 选择。这 2 位定义通道的方向（输入/输出）及输入脚的选择： 00：CC1 通道被配置为输出。 01：CC1 通道被配置为输入，IC1 映射在 TI1 上。 10：CC1 通道被配置为输入，IC1 映射在 TI2 上。 11：CC1 通道被配置为输入，IC1 映射在 TRC 上。此模式仅工作在内部触发器输入被选中时（由 TIMx_SMCR 寄存器的 TS 位选择）。 注：CC1S 仅在通道关闭时（TIMx_CCER 寄存器的 CC1E＝0）才是可写的

2. 捕获/比较使能寄存器（TIMx_CCER）

该寄存器控制着各个输入/输出通道的开关。该寄存器为 16 位寄存器，偏移地址为 0x20，复位值为 0x0000，位 15、14、11、10、7、6、3、2 保留，其余各位可读写，如图 10.3 所示，各位描述见表 10.3。

15	14	13	12	11	10	9	8	7	6	5	4	3	2	1	0
保留		CC4P	CC4E	保留		CC3P	CC3E	保留		CC2P	CC2E	保留		CC1P	CC1E
		rw	rw			rw	rw			rw	rw			rw	rw

图 10.2　TIMx_CCER 寄存器

表 10.3　TIMx_CCER 寄存器各位描述

寄存器位	描　　述
位 15:14	保留，始终读为 0
位 13	CC4P：输入/捕获 4 输出极性。参考 CC1P 的描述
位 12	CC4E：输入/捕获 4 输出使能。参考 CC1E 的描述
位 11:10	保留，始终读为 0
位 9	CC3P：输入/捕获 3 输出极性。参考 CC1P 的描述
位 8	CC3E：输入/捕获 3 输出使能。参考 CC1E 的描述
位 7:6	保留，始终读为 0
位 5	CC2P：输入/捕获 2 输出极性。参考 CC1P 的描述
位 4	CC2E：输入/捕获 2 输出使能。参考 CC1E 的描述
位 3:2	保留，始终读为 0
位 1	CC1P：输入/捕获 1 输出极性。 CC1 通道配置为输出：0 为 OC1 高电平有效；1 为 OC1 低电平有效。 CC1 通道配置为输入：该位选择是 IC1 还是 IC1 的反相信号作为触发或捕获信号。 0 为不反相。捕获发生在 IC1 的上升沿；当用作外部触发器时，IC1 不反相。 1 为反相。捕获发生在 IC1 的下降沿；当用作外部触发器时，IC1 反相
位 0	CC1E：输入/捕获 1 输出使能 CC1 通道配置为输出：0 为关闭，OC1 禁止输出；1 为开启，OC1 信号输出到对应的输出引脚。 CC1 通道配置为输入：该位决定了计数器的值是否能捕获入 TIMx_CCR1 寄存器。0 为捕获禁止；1 为捕获使能

本章只用到了 CC1E 位,该位是输入/捕获 1 输出使能位,要想 PWM 从 I/O 口输出,这个位必须设置为 1,所以需要设置该位为 1。

3. 捕获/比较寄存器(TIMx_CCR1~TIMx_CCR4)

该寄存器总共有 4 个,对应 4 个输通道 CH1~CH4。4 个寄存器功能和形式相似,仅以 TIMx_CCR1 为例,该寄存器为 16 位寄存器,偏移地址为 0x34,复位值为 0x0000,如图 10.3 所示,各位描述见表 10.4。

15	14	13	12	11	10	9	8	7	6	5	4	3	2	1	0
						CCR1[15:0]									
rw	rw	rw	rw	rw	rw	rw	rw	rw	rw	rw	rw	rw	rw	rw	rw

图 10.3 寄存器 TIMx_CCR1

表 10.4 寄存器 TIMx_CCR1 各位描述

寄存器位	描 述
位 15:0	CCR1[15:0]:捕获/比较 1 的值。 若 CC1 通道配置为输出: CCR1 是装入当前捕获/比较 1 寄存器的值(预装载值)。如果在 TIMx_CCMR1 寄存器(OC1PE 位)中未选择预装载特性,其始终装入当前寄存器中;否则,只有当更新事件发生时,此预装载值才装入当前捕获/比较 1 寄存器中。 当前捕获/比较寄存器包含了与计数器 TIMx_CNT 比较的值,并且在 OC1 端口上输出信号。 若 CC1 通道配置为输入: CCR1 包含了由上一次输入捕获 1 事件(IC1)传输的计数器值

在输出模式下,该寄存器的值与 CNT 的值比较,根据比较结果产生相应动作。利用这一点,通过修改这个寄存器的值,就可以控制 PWM 的输出脉宽了。本章使用的是 TIM1 的通道 1,所以修改 TIM1_CCR1 以实现脉宽控制 DS0 的亮度。

4. 刹车和死区寄存器(TIMx_BDTR)

如果是通用定时器,则配置以上 3 个寄存器就够了,但是如果是高级定时器,则还需要配置刹车和死区寄存器,该寄存器为 16 位寄存器,偏移地址为 0x44,复位值为 0x0000,各位可读写,如图 10.4 所示,各位描述见表 10.5。

15	14	13	12	11	10	9	8	7	6	5	4	3	2	1	0
MOE	AOE	BKP	BKE	OSSR	OSSI	LOCK[1:0]		DTG[7:0]							
rw	rw	rw	rw	rw	rw	rw	rw	rw	rw	rw	rw	rw	rw	rw	rw

图 10.4 寄存器 TIMx_BDTR

表 10.5 寄存器 TIMx_BDTR 各位描述

寄存器位	描 述
位 15:0	MOE:主输出使能(Main Output Enable)。一旦刹车输入有效,该位被硬件异步清零。根据 AOE 位的设置值,该位可以由软件清零或被自动置 1,它仅对配置为输出的通道有效。 0:禁止 OC 和 OCN 输出或强制为空闲状态;1:如果设置了相应的使能位(TIMx_CCER 寄存器的 CCxE、CCxNE 位),则开启 OC 和 OCN 输出

该寄存器只需要关注最高位：MOE 位,要想高级定时器的 PWM 正常输出,则必须设置 MOE 位为 1,否则不会有输出。

10.3　实训八　PWM 输出实验

视频讲解

10.3.1　实训设计

1. 硬件设计

本实训所用到的硬件材料包括：STM32 最小系统板一块,LED 一个,杜邦线两根,SWD 仿真器一个(或 CH340 串口线一根)。

本实训要求通过 TIM1_CH1 输出 PWM 来控制 LED 的亮度,只需要用杜邦线将 PA8 和 PA0～PA7 中任何一个连接起来即可。

2. 软件设计

本实训软件设计只需用到 MDK 5 开发环境。

使用 PWM,一般是结合定时器,但不是定时器中断,主要工作是完成 PWM 输出。相关寄存器配置如下：

(1) 开启 TIM1 时钟,配置 PA8 为复用输出。

(2) 设置 TIM1 的 ARR 和 PSC。

(3) 设置 TIM1_CH1 的 PWM 模式及通道方向,使能 TIM1 的 CH1 输出。

(4) 使能 TIM1。

(5) 设置 MOE 输出,使能 PWM 输出。

(6) 修改 TIM1_CCR1 来控制占空比。

对于 LED 来说,输出占空比越高,LED 看起来就越亮,并不是输出电压越高就越亮的,一定要分清这个概念。程序中通过变量 led0pwmval 来控制输出占空比,实现呼吸灯效果。程序主流程图见图 10.5。

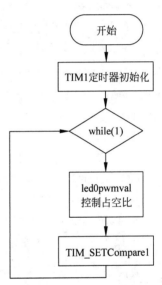

图 10.5　PWM 输出程序流程图

10.3.2　实训过程

1. PWM 输出相关寄存器配置

先开启 TIM1 的时钟。这里还要配置 PA8 为复用输出,因为 TIM1_CH1 通道将使用 PA8 的复用功能作为输出。因为 PA8 是复用输出,所以也需要使能 PA8 的时钟,接下来还需要设置一下 PA8。

```
//使能 GPIO 外设时钟使能
RCC_APB2PeriphClockCmd(RCC_APB2Periph_TIM1, ENABLE);
```

```
RCC_APB2PeriphClockCmd(RCC_APB2Periph_GPIOA , ENABLE);
//设置该引脚为复用输出功能,输出 TIM1_CH1 的 PWM 脉冲波形
GPIO_InitStructure.GPIO_Pin = GPIO_Pin_8;                //TIM_CH1
GPIO_InitStructure.GPIO_Mode = GPIO_Mode_AF_PP;          //复用推挽输出
GPIO_InitStructure.GPIO_Speed = GPIO_Speed_50MHz;
GPIO_Init(GPIOA, &GPIO_InitStructure);
```

PWM 本身就是定时器产生的,本实训选用 TIM1 定时器,这是一个高级定时器,设置方法和之前的 TIM3 很相似,只是必要的参数多了一个。同样在这里用结构体来设置。

```
//设置在下一个更新事件装入活动的自动重装载寄存器周期的值 80kHz
TIM_TimeBaseStructure.TIM_Period = arr;
//设置用来作为 TIMx 时钟频率除数的预分频值不分频
TIM_TimeBaseStructure.TIM_Prescaler = psc;
TIM_TimeBaseStructure.TIM_ClockDivision = 0; //设置时钟分割:TDTS = Tck_tim
//TIM 向上计数模式
TIM_TimeBaseStructure.TIM_CounterMode = TIM_CounterMode_Up;
//根据 TIM_TimeBaseInitStruct 中指定的参数初始化 TIMx 的时间基数单位
TIM_TimeBaseInit(TIM1, &TIM_TimeBaseStructure);
```

除了定时器中断实验(9.3 节)里介绍的 arr 和 psc 两个寄存器(也是变量名)外,在这里要认识一下 CCR1 捕获/比较寄存器。根据设置的极性不同,它可以存储一个变量,控制计数器中的数大于或小于这个变量,则输出高电平脉冲,由此控制占空比。

接下来,要设置 TIM1_CH1 为 PWM 模式(默认是冻结的),电路中 LED 都是低电平亮,当 CCR1 值小的时候,LED 变暗,CCR1 值大的时候,LED 变亮,所以这里要通过配置 TIM1_CCMR1 的相关位来控制 TIM1_CH1 的模式。在库函数中,PWM 通道设置是通过函数 TIM_OC1Init()～TIM_OC4Init() 来设置的,不同通道的设置函数不一样,这里使用的是通道 1,所以使用的函数是 TIM_OC1Init()。

以上设置通过结构体变量来实现,其结构体 TIM_OCInitTypeDef 的定义如下:

```
typedef struct
{
uint16_t TIM_OCMode;
uint16_t TIM_OutputState;
uint16_t TIM_OutputNState;
uint16_t TIM_Pulse;
uint16_t TIM_OCPolarity;
uint16_t TIM_OCNPolarity;
uint16_t TIM_OCIdleState;
uint16_t TIM_OCNIdleState;
} TIM_OCInitTypeDef;
```

与要求相关的几个成员变量:参数 TIM_OCMode 设置模式是 PWM 还是输出比较,这里是 PWM 模式;参数 TIM_OutputState 用来设置比较输出使能,也就是使能 PWM 输出到端口。参数 TIM_OCPolarity 用来设置极性是高还是低。

其他的参数 TIM_OutputNState、TIM_OCNPolarity、TIM_OCIdleState 和 TIM_

OCNIdleState 是高级定时器 TIM1 和 TIM8 才用到的。

实现方法如下：

```
TIM_OCInitTypeDef TIM_OCInitStructure;
//选择定时器模式:TIM 脉冲宽度调制模式2
TIM_OCInitStructure.TIM_OCMode = TIM_OCMode_PWM2;
TIM_OCInitStructure.TIM_OutputState = TIM_OutputState_Enable; //比较输出使能
TIM_OCInitStructure.TIM_Pulse = 0; //设置待装入捕获比较寄存器的脉冲值
//输出极性:TIM 输出比较极性高
TIM_OCInitStructure.TIM_OCPolarity = TIM_OCPolarity_High;
//根据 TIM_OCInitStruct 中指定的参数初始化外设 TIMx
TIM_OC1Init(TIM1, &TIM_OCInitStructure);
```

2. main 函数中控制占空比

回到主函数中设置一个变量 led0pwmval 来控制占空比。这里要了解 TIM_SetCompare1()库函数，它有两个参数：第一个参数是定时器；第二个参数是一个小于 arr 的整数 led0pwmval，它就是一个计数值，与 arr 的比值就是占空比。大于 led0pwmval 输出高电平还是小于 led0pwmval 输出高电平，与 PWM 初始化时配置的极性有关。

```
int main(void)
{
    u16 led0pwmval = 0;
    u8 dir = 1;
    delay_init();                      //延时函数初始化
    TIM1_PWM_Init(899,0);              //不分频,PWM 频率 = 72000kHz/(899 + 1) = 80kHz
    while(1)
    {
        delay_us(500);
        if(dir)led0pwmval++;
        else led0pwmval -- ;
        if(led0pwmval > 300)dir = 0;
        if(led0pwmval == 0)dir = 1;
        TIM_SetCompare1(TIM1,led0pwmval);
    }
}
```

3. 程序下载运行

LED 以正极接 3.3V，负极接 STM32 的 PA8，可以观察到 LED 亮度循环变化的呼吸灯现象，直接将 PA8 和 PA0～PA7 中任何一个连接起来即可。程序下载运行结果如图 10.6 所示。

图 10.6　PWM 输出实验现象

10.3.3 实训相关问题

之前做的实验中,LED 电路是按照 PA0 到 PA7 设计的,并且可以随意变换 I/O 口也能实现流水灯。但是在这个实验中可以发现,如果把代码中的 PA8 换成 PA7,LED 只会保持长亮,并不会进行亮度变化。这是因为在 PWM 实验中用到了 CH1 通道输出,这个通道固定在 PA8 上,而且之前进行了时钟使能,也可以看出本实验的输出和流水灯实验(6.3 节)的区别。

在做本实验的时候,建议控制好延时时间。如例程中,从最亮到最暗需要 300 个周期,如果和以往流水灯一样延时 500ms,整个过程就是 150s,现象尤为不明显,很容易以为是自己做错了。

在实验 LED 的时候,如果开发板固定导致接线不便,可以直接用 LED 连接在 PA8 和 3.3V 电压上实验。值得注意的是,高电平不要接 5V,会直接烧坏二极管。

10.4 本章小结

本章主要讲述了 PWM 输出的相关内容,在章节的开始为读者们介绍了什么是 PWM,以便理解 PWM(脉冲宽度调制)的基本原理;并详细描述了如何配置 PWM 输出相关寄存器,以便了解参数的影响。最后,通过制作 PWM 发生器与呼吸灯结合,在动手实践中,轻松掌握 PWM 的原理。

思考与扩展

1. 什么是 PMW? 简述通过定时器输出 PMW 波形的原理及库函数的设置步骤。
2. 在实训八(10.3 节)的基础上,修改 PMW 频率,观察运行结果。
3. 在实训八(10.3 节)的基础上,了解无源蜂鸣器的相关函数的配置,将蜂鸣器与 PMW 相结合。
4. 修改实训八(10.3 节),实现 PWM 控制一个 LED,间隔 100ms,实现亮度从 0～100% 的循环变化,每次变化 10%。

第11章

STM32 的 DMA 应用

本章学习目标

1. 了解使用 DMA 数据传输的优点,区分 DMA 传送和普通传送方式。
2. 掌握 STM32 的 DMA 结构和特征。
3. 掌握使用 STM32 的 DMA 进行数据传输的基本操作过程。

11.1 DMA 简介

直接存储器存取(DMA,Direct Memory Access)是计算机科学中的一种内存访问技术,允许某些计算机内部的硬件子系统(计算机外设)可以独立地直接读写系统存储器,而不需 CPU 参与处理。在同等程度的 CPU 负担下,DMA 是一种快速的数据传送方式。允许不同速度的硬件装置来沟通,而不需要产生 CPU 的大量中断请求。

传统 DMA 的概念是用于大批量数据的传输,现在越来越多的单片机采用 DMA 技术,主要是实现外设和存储器之间或者存储器之间的高速数据传输。

DMA 传输方式由 CPU 初始化这个传输动作,传输动作本身由 DMA 控制器来实行和完成。整个过程无须 CPU 直接控制传输,也没有中断处理方式那样保留现场和恢复现场的过程,通过硬件为 RAM 与 I/O 设备开辟一条直接传送数据的通路,能使 CPU 的效率大为提高。DMA 作用就是帮 CPU 减轻负担,帮 CPU 来转移数据。比如,A/D 每次转换结束后会将转换的结果放到一个固定的寄存器里,想将该寄存器中的值赋给某一变量时会用到赋值语句,而不用 DMA,则赋值语句便要 CPU 来完成,降低了 CPU 运行效率。

11.2 STM32 的 DMA 概述

DMA 控制器和 Cortex-M3 核共享系统数据总线执行直接存储器数据传输。当 CPU 和 DMA 同时访问相同的目标(RAM 或外设)时,DMA 请求可能会停止 CPU 访问系统总线达若干个周期,总线仲裁器执行循环调度,以保证 CPU 至少可以得到一半的系统总线

(存储器或外设)带宽。

1. STM32 的 DMA 操作过程

在发生一个事件后,外设发送一个请求信号到 DMA 控制器。DMA 控制器根据通道的优先权处理请求。当 DMA 控制器开始访问外设时,DMA 控制器立即发送给外设一个应答信号。当从 DMA 控制器得到应答信号时,外设立即释放它的请求。一旦外设释放了这个请求,DMA 控制器同时撤销应答信号。如果发生更多的请求,外设可以启动下次处理。

STM32 的 DMA 操作过程如图 11.1 所示。其中,仲裁器根据通道请求的优先级来启动外设/存储器的访问。优先级分为两个等级:软件(4 个等级:最高、高、中等、低)、硬件(有较低编号的通道比较高编号的通道具有较高的优先权)。可以在 DMA 传输过半、传输完成和传输错误时产生中断。STM32 中 DMA 的不同中断(传输完成、半传输、传输完成)通过"线或"方式连接至 NVIC,需要在中断例程中进行判断。进行 DMA 配置前,需要在 RCC 设置中使能 DMA 时钟。STM32 的 DMA 控制器挂在 AHB 总线上。

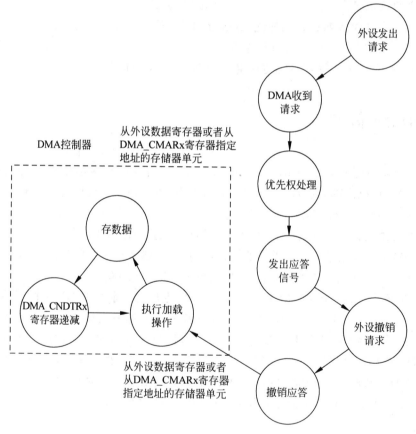

图 11.1　DMA 操作过程

2. STM32 的 DMA 功能特性

STM32 最多有 2 个 DMA 控制器(DMA2 仅存在大容量产品中),DMA1 有 7 个通道,DMA2 有 5 个通道。每个通道专门用来管理来自一个或多个外设对存储器访问的请求,DMA 控制器中的仲裁器用来协调各个 DMA 请求的优先权。图 11.2 是 STM32 的 DMA

功能结构图。

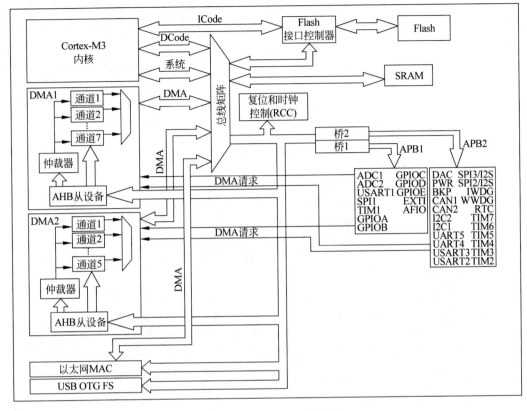

图 11.2　DMA 功能结构图

STM32 的 DMA 有以下特性:

(1) 12 个独立的可配置的通道(请求),DMA1 有 7 个通道,DMA2 有 5 个通道。

(2) 每个通道都直接连接专用的硬件 DMA 请求,每个通道都同样支持软件触发,这些功能通过软件来配置。

(3) 在 7 个请求间的优先权可以通过软件编程设置(共有 4 级:很高、高、中等和低),假如在相等优先权时由硬件决定(请求 0 优先于请求 1,依次类推)。

(4) 独立的源和目标数据区的传输宽度(字节、半字、全字),模拟打包和拆包的过程。源和目标地址必须按数据传输宽度对齐。

(5) 支持循环的缓冲器管理。

(6) 每个通道都有 3 个事件标志(DMA 半传输、DMA 传输完成和 DMA 传输出错),这 3 个事件标志"逻辑或"成为一个单独的中断请求。

(7) 存储器和存储器间的传输。

(8) 外设和存储器,存储器和外设间的传输。

(9) 闪存、SRAM、外设的 SRAM、APB1、APB2 和 AHB 外设均可作为访问的源和目标。

(10) 可编程的数据传输数目最大为 65 536。

3. STM32 的 DMA 通道映射关系

STM32 的 DMA 总共有 7 个通道,外设的事件连接至相应 DMA 通道,每个通道均可以通过软件触发实现存储器内部的 DMA 数据传输(M2M 模式)。各个通道的 DMA 映射关系如图 11.3 所示。

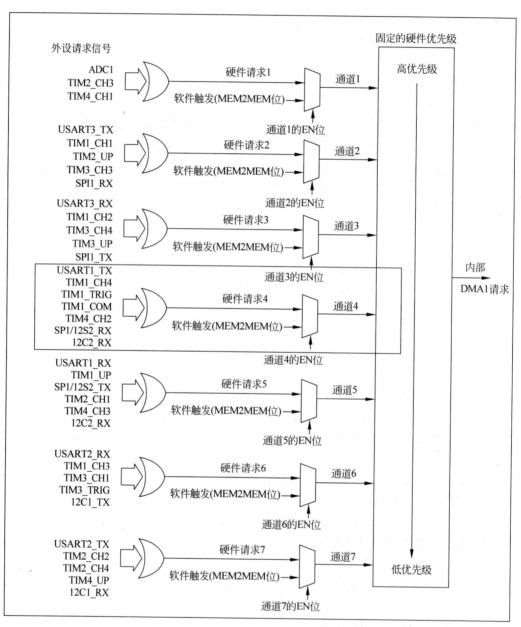

图 11.3　DMA 通道映射关系

本章实训使用 DMA1 通道 4,库函数 RCC_AHBPeriphClockCmd 的参数由 RCC_AHBPeriph_DMA 改成 RCC_AHBPeriph_DMA1。DMA 的传输标志位(CHTIFx、CTCIFx、CGIFx)由硬件设置为 1,但需要软件清零,在中断服务程序中清除。当 CGIFx(全局中断标志位)清零后,CHTIFx 和 CTCIFx 均清零。

从外设(TIMx、ADC、SPIx、I2Cx 和 USARTx)产生的 DMA 请求,通过"逻辑或"输入到 DMA 控制器,这就意味着同时只能有一个请求有效。外设的 DMA 请求,可以通过设置相应外设寄存器中的控制位,被独立地开启或关闭。DMA1 各通道一览见表 11.1。通道 1 的几个 DMA1 请求(ADC1、TIM2_CH3、TIM4_CH1)是通过"逻辑或"到通道 1 的,因此在同一时间,就只能使用其中的一个。其他通道也是类似的。

表 11.1　DMA1 各通道一览表

外设	通道 1	通道 2	通道 3	通道 4	通道 5	通道 6	通道 7
ADC	ADC1	—	—	—	—	—	—
SPI	—	SPI1_RX	SPI1_TX	SPI2_RX	SPI2_TX	—	—
USART	—	USART3_TX	USART3_RX	USART1_TX	USART1_RX	USART2_RX	USART2_TX
I2C	—	—	—	I2C2_TX	I2C2_RX	I2C1_TX	I2C1_RX
TIM1	—	TIM1_CH1	TIM1_CH2	TIM1_TX4 TIM1_TRIG TIM1_COM	TIM1_UP	TIM1_CH3	—
TIM2	TIM2_CH3	TIM2_UP	—	—	TIM2_CH1	—	TIM2_CH2 TIM2_CH4
TIM3	—	TIM3_CH3	TIM3_CH4 TIM3_UP	—	—	TIM3_CH1 TIM3_TRIG	—
TIM4	TIM4_CH1	—	—	TIM4_CH2	TIM4_CH3	—	TIM4_UP

11.3　DMA 操作相关寄存器

实训中使用的是串口 1 的 DMA 传送,也就是要用到通道 4。下面介绍 DMA 设置相关的几个寄存器。

1. DMA 中断状态寄存器(DMA_ISR)

该寄存器为 32 位寄存器,偏移地址为 0x00,复位值为 0x0000 0000,位 31～28 保留,其余各位可读,如图 11.4 所示,各位描述见表 11.2。

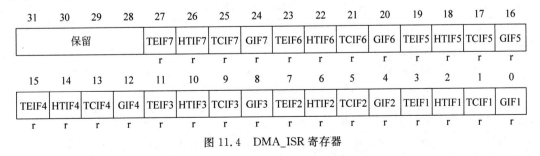

图 11.4　DMA_ISR 寄存器

如果开启 DMA_ISR 中的中断,条件满足就会跳到中断服务函数;没开启也可以通过查询各位来获得当前 DMA 传输的状态。常用的是 TCIFx,即通道 DMA 传输完成与否的标志。注意,DMA_ISR 寄存器为只读寄存器,在这些位被置位之后,只能通过其他的操作来清除。

表 11.2　DMA_ISR 寄存器各位描述

寄存器位	描　　述
位 31:28	保留,始终读为 0
位 27,23,19, 15,11,7,3	TEIFx:通道 x 的传输错误标志(x=1~7),硬件设置这些位。在 DMA_IFCR 寄存器的相应位写入 1 可以清除这里对应的标志位。 0:在通道 x 没有传输错误(TE);1:在通道 x 发生传输错误(TE)
位 26,22,18, 14,10,6,2	HTIFx:通道 x 的半传输标志(x=1~7),硬件设置这些位。在 DMA_IFCR 寄存器的相应位写入 1 可以清除这里对应的标志位。 0:在通道 x 没有半传输事件(HT);0:在通道 x 产生半传输事件(HT)
位 25,21, 17,13, 9,5,1	TCIFx:通道 x 的传输完成标志(x=1~7),硬件设置这些位。在 DMA_IFCR 寄存器的相应位写入 1 可以清除这里对应的标志位。 0:在通道 x 没有传输完成事件(TC);0:在通道 x 产生传输完成事件(TC)
位 24,20,16, 12,8,4,0	GIFx:通道 x 的全局中断标志(x=1~7),硬件设置这些位。在 DMA_IFCR 寄存器的相应位写入 1 可以清除这里对应的标志位。 0:在通道 x 没有 TE、HT 或 TC 事件;0:在通道 x 产生 TE、HT 或 TC 事件

2. DMA 中断标志清除寄存器(DMA_IFCR)。

该寄存器为 32 位寄存器,偏移地址为 0x04,复位值为 0x0000 0000,位 31~28 保留,其余各位可读写,如图 11.5 所示,各位描述见表 11.3。DMA_IFCR 的各位通过写 0 清除 DMA_ISR 的对应位。在 DMA_ISR 被置位后,必须通过向 DMA_IFCR 寄存器对应的位写入 0 来清除。

31	30	29	28	27	26	25	24	23	22	21	20	19	18	17	16
保留				CTEIF7	CHTIF7	CTCIF7	CGIF7	CTEIF6	CHTIF6	CTCIF6	CGIF6	CTEIF5	CHTIF5	CTCIF5	CGIF5
				rw	rw	rw	rw	rw	rw	rw	rw	rw	rw	rw	rw

15	14	13	12	11	10	9	8	7	6	5	4	3	2	1	0
CTEIF4	CHTIF4	CTCIF4	CGIF4	CTEIF3	CHTIF3	CTCIF3	CGIF3	CTEIF2	CHTIF2	CTCIF2	CGIF2	CTEIF1	CHTIF1	CTCIF1	CGIF1
rw	rw	rw	rw	rw	rw	rw	rw	rw	rw	rw	rw	rw	rw	rw	rw

图 11.5　DMA_IFCR 寄存器

表 11.3　DMA_IFCR 寄存器各位描述

寄存器位	描　　述
位 31:28	保留,始终读为 0
位 27,23,19, 15,11,7,3	CTEIFx:清除通道 x 的传输错误标志(x=1~7),这些位由软件设置和清除。 0:不起作用;1:清除 DMA_ISR 寄存器中的对应 TEIF 标志
位 26,22,18, 14,10,6,2	CHTIFx:清除通道 x 的半传输标志(x=1~7),这些位由软件设置和清除。 0:不起作用;1:清除 DMA_ISR 寄存器中的对应 HTIF 标志
位 25,21,17, 13,9,5,1	CTCIFx:清除通道 x 的传输完成标志(x=1~7),这些位由软件设置和清除。 0:不起作用;1:清除 DMA_ISR 寄存器中的对应 TCIF 标志
位 24,20,16, 12,8,4,0	CGIFx:清除通道 x 的全局中断标志(x=1~7),这些位由软件设置和清除。 0:不起作用;1:清除 DMA_ISR 寄存器中对应 GIF、TEIF、HTIF 和 TCIF 标志

3. DMA 通道 x 配置寄存器(DMA_CCRx)(x＝1～7)

该寄存器为 32 位寄存器,偏移地址为 0x08 ＋ 0x20×(通道编号－1),复位值为 0x0000 0000,位 31～15 保留,其余各位可读写,如图 11.6 所示,各位描述见表 11.4。DMA_CCRx 寄存器是 DMA 传输的核心控制寄存器,控制着 DMA 的很多相关信息,包括数据宽度、外设及存储器的宽度、通道优先级、增量模式、传输方向、中断允许、使能等,都是通过该寄存器来设置的。

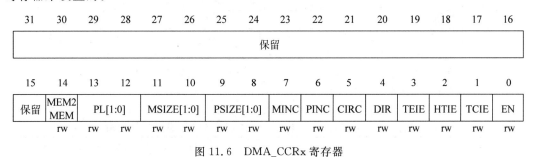

图 11.6　DMA_CCRx 寄存器

表 11.4　DMA_CCRx 寄存器部分位描述

寄存器位	描　　述
位 31:15	保留,始终读为 0
位 14	MEM2MEM:存储器到存储器模式,该位由软件设置和清除。 0:非存储器到存储器模式;1:启动存储器到存储器模式
位 13:12	PL[1:0]:通道优先级,这些位由软件设置和清除。 00:低;01:中;10:高;11:高
位 11:10	MSIZE[1:0]:存储器数据宽度,这些位由软件设置和清除。 00:8 位;01:16 位;10:32 位;11:保留
位 9:8	PSIZE[1:0]:外设数据宽度,这些位由软件设置和清除。 00:8 位;01:16 位;10:32 位;11:保留
位 7	MINC:存储器地址增量模式,该位由软件设置和清除。 0:不执行存储器地址增量操作;1:执行存储器地址增量操作
位 6	PINC:外设地址增量模式,该位由软件设置和清除。 0:不执行外设地址增量操作;1:执行外设地址增量操作
位 5	CIRC:循环模式,该位由软件设置和清除。 0:不执行循环操作;1:执行循环操作
位 4	DIR:数据传输方向,该位由软件设置和清除。 0:从外设读;1:从存储器读
位 3	TEIE:允许传输错误中断,该位由软件设置和清除。 0:禁止 TE 中断;0:允许 TE 中断
位 2	HTIE:允许半传输中断,该位由软件设置和清除。 0:禁止 HT 中断;0:允许 HT 中断

4. DMA 通道 x 传输数据量寄存器(DMA_CNDTRx)(x＝1～7)

该寄存器为 32 位寄存器,偏移地址为 0x0C ＋ 0x20×(通道编号－1),复位值为

0x0000 0000,位 31～16 保留,各位描述见表 11.5。DMA_CNDTRx 寄存器控制 DMA 通道 x 每次传输所要传输的数据量。可以通过这个寄存器的值来知道当前 DMA 传输的进度,其设置范围为 0～65 535,并且该寄存器的值会随着传输的进行而减少。当该寄存器的值为 0 时,代表此次数据传输已经全部发送完成了。

表 11.5　DMA_CNDTRx 寄存器各位描述

寄存器位	描　　述
位 31:16	保留,始终读为 0
位 15:0	NDT[15:0]:数据传输数量,值为 0～65 535。该寄存器只能在通道不工作(DMA_CCRx 的 EN=0)时写入。通道开启后该寄存器变为只读,指示剩余的待传输的字节数目。寄存器内容在每次 DMA 传输后递减。 数据传输结束后,寄存器的内容或者变为 0,或者当该通道配置为自动重加载模式时,寄存器的内容将被自动重新加载为之前配置时的数值。 当寄存器的内容为 0 时,无论通道是否开启,都不会发生任何数据传输

5. DMA 通道 x 的外设地址寄存器(DMA_CPARx)(x=1～7)

该寄存器为 32 位寄存器,偏移地址为 0x10 + 0x20×(通道编号－1),复位值为 0x0000 0000,各位描述见表 11.6。DMA_CPARx 寄存器用来存储 STM32 外设的地址,如使用串口 1,该寄存器要写入串口 1 的地址(0x4001 3804)。

表 11.6　DMA_CPARx 寄存器各位描述

寄存器位	描　　述
位 31:0	PA[31:0]:外设地址。外设数据寄存器的基地址,作为数据传输的源或目标

6. DMA 通道 x 的存储器地址寄存器(DMA_CMARx)(x=1～7)

该寄存器为 32 位寄存器,偏移地址为 0x14 + 0x20×(通道编号－1),复位值为 0x0000 0000,各位描述见表 11.7。DMA_CMARx 寄存器用来存放存储器的地址。可以使用一个数组来做存储器,该寄存器要写入该数组地址。

表 11.7　DMA_CMARx 寄存器各位描述

寄存器位	描　　述
位 31:0	MA[31:0]:存储器地址。存储器地址作为数据传输的源或目标

11.4　实训九　板上串口 DMA 发送实验

视频讲解

11.4.1　实训设计

1. 硬件设计

本实训内容为 DMA 操作,属于 STM32 内部资源,只需要软件设置就可以正常工作。实训材料比较简单,即 STM32 最小系统板一块和 CH340 串口线一根。

2. 软件设计

本实训需要的软件环境为 MDK 5 和串口调试助手。

本实训的主要内容是用串口 1 发送数据，属于 DMA1 的通道 4，使用库函数对 DMA1 通道 4 进行配置，最后将数据循环输出到 PC 上显示。编程主要工作包括：

（1）使能 DMA 时钟，初始化 DMA 通道 4 参数。

（2）使能串口的 DMA1，启动传输。

（3）设置待发送数据。

（4）循环输出数据。

首先初始化 DMA，开始 DMA 传输，不断查询 DMA 传输是否完成，若完成则清除传输完成标志位，完成一次传输，以便开始下次传输。程序流程图如图 11.7 所示。

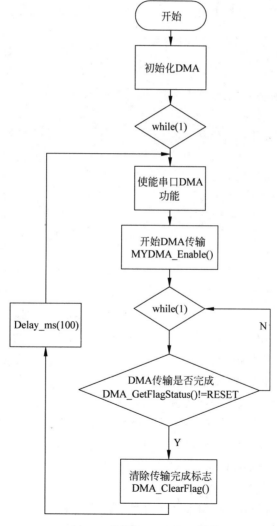

图 11.7　DMA 发送实验程序流程图

11.4.2 实训过程

1. 使能 DMA 时钟

DMA 通道配置参数,包括内存地址、外设地址、传输数据长度、数据宽度、通道优先级等,这些参数的配置在 DMA_Init 库函数中完成。首先介绍一下,DMA_Init 函数定义如下:

```
void DMA_Init(DMA_Channel_TypeDef * DMAy_Channelx,
                        DMA_InitTypeDef * DMA_InitStruct)
```

函数的第一个参数指定初始化的 DMA 通道号;第二个参数是对设备相关的结构体成员变量值进行初始化,需要了解 DMA_InitTypeDef 结构体的定义,如下:

```
typedef struct
{
  uint32_t DMA_PeripheralBaseAddr;
  uint32_t DMA_MemoryBaseAddr;
  uint32_t DMA_DIR;
  uint32_t DMA_BufferSize;
  uint32_t DMA_PeripheralInc;
  uint32_t DMA_MemoryInc;
  uint32_t DMA_PeripheralDataSize;
  uint32_t DMA_MemoryDataSize;
  uint32_t DMA_Mode;
  uint32_t DMA_Priority;
  uint32_t DMA_M2M;
}DMA_InitTypeDef;
```

其中,每个成员的含义如下:

(1) DMA_PeripheralBaseAddr 用来设置 DMA 传输的外设基地址。

(2) DMA_MemoryBaseAddr 为内存基地址,即存放 DMA 传输数据的内存地址。

(3) DMA_DIR 设置数据传输方向,决定是从外设读取数据到内存还是从内存读取数据发送到外设,也就是外设是源还是目的地。

(4) DMA_BufferSize 设置一次传输数据量的大小。

(5) DMA_PeripheralInc 设置传输数据时外设地址是不变还是递增。

(6) DMA_MemoryInc 设置传输数据时内存地址是否递增。

(7) DMA_PeripheralDataSize 用来设置外设的数据长度是字节传输(8 位)、半字传输(16 位)还是字传输(32 位)。

(8) DMA_MemoryDataSize 用来设置内存的数据长度。

(9) DMA_Mode 用来设置 DMA 模式是否循环采集。

(10) DMA_Priority 用来设置 DMA 通道的优先级,有低、中、高、超高 4 种模式。

(11) DMA_M2M 用来设置是否为存储器到存储器模式传输。

首先,设置 DMA 通道、外设、存储器、数据长度。需要用结构体变量 DMA_InitStructure 来配置 DMA,该结构体变量的成员较多,比较重要的有:DMA_PeripheralBaseAddr、DMA_MemoryBaseAddr、DMA_DIR、DMA_Priority 以及其他一些关于数据长度等方面的操作。

相关设置程序代码如下:

```
RCC_AHBPeriphClockCmd(RCC_AHBPeriph_DMA1, ENABLE);    //使能 DMA 传输
DMA_DeInit(DMA_CHx);                                  //将 DMA 的通道1寄存器重设为默认值
DMA1_MEM_LEN = cndtr;
DMA_InitStructure.DMA_PeripheralBaseAddr = cpar;     //DMA 外设 ADC 基地址
DMA_InitStructure.DMA_MemoryBaseAddr = cmar;         //DMA 内存基地址
//数据传输方向,从内存读取发送到外设
DMA_InitStructure.DMA_DIR = DMA_DIR_PeripheralDST;
DMA_InitStructure.DMA_BufferSize = cndtr;            //DMA 通道的 DMA 缓存大小
//外设地址寄存器不变
DMA_InitStructure.DMA_PeripheralInc = DMA_PeripheralInc_Disable;
//内存地址寄存器递增
DMA_InitStructure.DMA_MemoryInc = DMA_MemoryInc_Enable;
//数据宽度为8位
DMA_InitStructure.DMA_PeripheralDataSize = DMA_PeripheralDataSize_Byte;
//数据宽度为8位
DMA_InitStructure.DMA_MemoryDataSize = DMA_MemoryDataSize_Byte;
DMA_InitStructure.DMA_Mode = DMA_Mode_Normal;        //工作在正常缓存模式
//DMA 通道 x 拥有中优先级
DMA_InitStructure.DMA_Priority = DMA_Priority_Medium;
//DMA 通道 x 没有设置为内存到内存传输
DMA_InitStructure.DMA_M2M = DMA_M2M_Disable;
//根据 DMA_InitStruct 中指定的参数初始化 DMA 的通道
//USART1_Tx_DMA_Channel 所标识的寄存器
DMA_Init(DMA_CHx, &DMA_InitStructure);
```

2. 使能串口的 DMA 功能

首先,在主函数中要使能串口的 DMA 功能:

```
USART_DMACmd(USART1,USART_DMAReq_Tx,ENABLE);
```

然后,使用 DMA 时要在 DMA 的调用函数中使能通道:

```
DMA_Cmd(DMA_CHx, ENABLE);    //使能 USART1 TX DMA1 所指示的通道
```

3. 设置待发送数据

在主函数中设置一个字符串,将其存入 DMA 的发送区中。DMA 的发送基地址以及长度已设置,可直接使用。

```
const u8 TEXT_TO_SEND[] = {"北京科技大学 DMA 串口实验"};
for(i = 0;i < TEXT_LENTH;i++)         //填充 ASCII 字符集数据
```

```
{
    SendBuff[i] = TEXT_TO_SEND[i];          //复制 TEXT_TO_SEND 语句
}
SendBuff[TEXT_LENTH] = 0x0d;                //换行符占 2 个字符
SendBuff[TEXT_LENTH + 1] = 0x0a;
```

4. 循环输出数据

在主函数中循环输出。注意在实际过程中,发出传输命令后可以去做一些别的事,结束之后再回来检查有没有传输完成。此内容可作为本实训的扩展研究。

```
while(1)
    {
        USART_DMACmd(USART1,USART_DMAReq_Tx,ENABLE);
        MYDMA_Enable(DMA1_Channel4);                //开始一次 DMA 传输
        while(1)
        {                                           //等待通道 4 传输完成
            if(DMA_GetFlagStatus(DMA1_FLAG_TC4)!= RESET)
            {
                DMA_ClearFlag(DMA1_FLAG_TC4);   //清除通道 4 传输完成标志
                break;
            }
        }
    delay_ms(100);
}
```

5. 下载运行程序

CH340 线连接计算机和单片机,打开串口调试助手,注意设置波特率为 9600Hz。CH340 接线参考串口输入与输出实验(7.3 节),打开调试助手后,每秒会自动接收一条信息。实验运行结果见图 11.8。

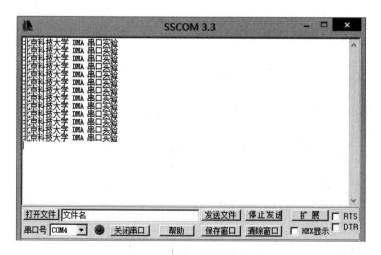

图 11.8　DMA 实验运行结果

11.4.3　实训相关问题

本实训需要注意,两次 DMA 传输时间不要太近,单次传输可以多输出一些内容,可以看到一次很长的输出,否则看不出来效果。与中断按键实验(8.4 节)类似,本次 DMA 实验完成后要清除一下标志位。

多个 DMA 通道传输的时候,可以设置不同的优先级,每个通道的传输可以由选定事件触发,当操作完成之后,DMA 控制器可向 CPU 发出中断请求。与普通中断不同的是,DMA 只在请求时产生中断,执行中不需要 CPU 资源。本实训中发送的数据量较小,不能全面体会 DMA 的意义,在第 12 章的 ADC 实验结束后,将 ADC 操作与 DMA 控制结合后,读者可以设计实际的控制应用以更好地感受 DMA 的价值。

11.5　本章小结

本章介绍了 DMA 和普通传送方式的区别,着重讲解了 STM32 的 DMA 结构。实训九(11.4 节)中,以串口 1 发送数据为例,讲解了 DMA 操作配置的整个过程,读者可以对 DMA 实现所需的寄存器配置有直观的理解,从而达到学会使用 DMA 进行数据传输的目的,体会到使用 DMA 的优点。

思考与扩展

1. 简述 DMA 数据传送方式的特点。
2. 简述 STM32 的 DMA 操作的完整过程。
3. 简述 STM32 的 DMA 相关函数及设置方法。
4. 简述 STM32 的 DMA 如何管理各通道的请求。
5. 修改实训九(11.4 节),在 DMA 传输中增加一个流水灯效果。
提示:可以在 main()中替换如下代码:

```
int main(void)
{
    u16 i;
    delay_init();                               //延时函数初始化
    uart_init(9600);                            //串口初始化为 9600
//DMA1 通道 4,外设为串口 1,存储器为 SendBuff,长为(TEXT_LENTH + 2) * 100
MYDMA_Config(DMA1_Channel4,(u32)&USART1 -> DR,(u32)SendBuff,TEXT_LENTH + 2);
    for(i = 0;i < TEXT_LENTH;i++)               //填充 ASCII 字符集数据
    {
        SendBuff[i] = TEXT_TO_SEND[i];          //复制 TEXT_TO_SEND 语句
    }
    SendBuff[TEXT_LENTH] = 0x0d;
```

```
SendBuff[TEXT_LENTH + 1] = 0x0a;
while(1)
{
    USART_DMACmd(USART1,USART_DMAReq_Tx,ENABLE);
    MYDMA_Enable(DMA1_Channel4);                           //开始一次 DMA 传输
    //等待 DMA 传输完成,此时来做另外一件事——点灯
    for(i = 0;i < 10;i++)                                   //填充 ASCII 字符集数据
{
        LED1_TOGGLE;
        delay_ms(100);
}
//实际应用中,在传输数据期间,可以执行另外的任务
while(1)
{
    if(DMA_GetFlagStatus(DMA1_FLAG_TC4)!= RESET)           //等待通道 4 传输完成
        {
        DMA_ClearFlag(DMA1_FLAG_TC4);                      //清除通道 4 传输完成标志
        break;
        }
    }
delay_ms(1000);
    }
}
```

将流水灯的 LED 文件夹复制过来,.c 文件、.h 文件添加进工程,PA0 需要加上 LED, LED 的正极需要接高电平。下载运行后可以观察到,在数据不断出现在串口调试助手中的时候,LED0 也在不断闪烁,此时 CPU 是在控制 LED 闪烁,而 DMA 传输是自己完成的。

6. 修改实训九(11.4 节),设计实现中断多通道数据处理。

说明：DMA 传输完成后,可产生中断请求。利用该中断请求,在使能中断情况下,可利用中断响应及时完成多通道数据处理,提高系统的响应速度和实时性。

第12章

STM32 的 ADC 应用

本章学习目标

1. 了解 ADC 的工作原理及结构。
2. 了解 ADC 的主要技术指标。
3. 熟悉 ADC 操作的相关寄存器。
4. 掌握 STM32 的 ADC 库函数配置方法。
5. 结合串口通信,掌握 ADC 操作过程。

12.1 STM32 的 ADC 概述

数/模转换器(DAC)是一种将数字信号转换为模拟信号(以电流、电压或电荷的形式)的设备。模/数转换器(ADC)则是以相反的方向工作。

STM32 拥有 1~3 个 ADC(STM32F101/102 系列只有 1 个 ADC),多个 ADC 可以独立使用,也可以使用双重模式(提高采样率)。STM32 的 ADC 是 12 位逐次逼近型的模/数转换器。它有 18 个通道,可测量 16 个外部和 2 个内部信号源。各通道的 A/D 转换可以单次、连续、扫描或间断模式执行。ADC 的结果可以左对齐或右对齐方式存储在 16 位数据寄存器中。

STM32F103 系列最少都拥有 2 个 ADC。STM32 的 ADC 最大的转换频率为 1MHz,也就是转换时间为 $1\mu s$(在 ADCCLK=14MHz,采样周期为 1.5 个 ADC 时钟下得到),使用时不要让 ADC 的时钟超过 14MHz,否则将导致结果准确度下降。

STM32 将 ADC 的转换分为 2 个通道组:规则通道组和注入通道组。规则通道组最多包含 16 个转换,注入通道组最多包含 4 个通道。规则通道相当于正常运行的程序,注入通道相当于中断。注入通道的转换可以打断规则通道的转换,在注入通道被转换完成之后,规则通道才得以继续转换。在工业应用领域中有很多检测和监视探头需要较快地处理,对 A/D 转换的分组将简化事件处理的程序并提高事件处理的速度。

STM32 的 ADC 可以进行多种不同的转换模式,本章实训使用规则通道的单次转换模式。在单次转换模式下,只执行一次转换,该模式可以通过 ADC_CR2 寄存器的 ADON 位

（只适用于规则通道）启动，也可以通过外部触发启动（适用于规则通道和注入通道），这时 CONT 位为 0。一旦所选择的通道转换完成，转换结果将被存在 ADC_DR 寄存器中，EOC（转换结束）标志将被置位，如果设置了 EOCIE，则会产生中断，然后 ADC 将停止，直到下次启动。

1. STM32 的 ADC 主要技术指标

对于 ADC 来说，最关注的就是分辨率、转换速度、ADC 类型、参考电压范围。

1）分辨率

STM32 的 ADC 具有 12 位分辨率。由于不能直接测量负电压，所以没有符号位，即其最小量化单位为：

$$LSB = V_{REF+}/2^{12}$$

2）转换时间

转换时间是可编程的。采样一次至少要用 14 个 ADC 时钟周期，而 ADC 的时钟频率最高为 14MHz，其采样时间最短为 $1\mu s$，足以胜任中、低频数字示波器的采样工作。

3）ADC 类型

ADC 的类型决定了其性能的极限，STM32 中是逐次比较型 ADC。

4）参考电压范围

STM32 的 ADC 输入参考电压见表 12.1。V_{DDA} 和 V_{SSA} 应该分别连接到 V_{DD} 和 V_{SS}。

表 12.1   ADC 输入参考电压

名称	信号类型	注 解
V_{REF+}	输入，模拟参考正极	ADC 使用的高端/正极参考电压，$2.4V \leqslant V_{REF+} \leqslant V_{DDA}$
V_{DDA}	输入，模拟电源	等效于 VDD 的模拟电源且：$2.4V \leqslant V_{DDA} \leqslant V_{DD}(3.6V)$
V_{REF-}	输入，模拟参考负极	ADC 使用的低端/负极参考电压，$V_{REF-} = V_{SSA}$
V_{SSA}	输入，模拟电源地	等效于 V_{SS} 的模拟电源地
ADC_IN[15:0]	模拟输入信号	16 个模拟输入通道

参考电压负极要接地，即 $V_{REF-} = 0V$。而参考电压正极的范围为 $2.4V \leqslant V_{REF+} \leqslant 3.6V$，所以 STM32 的 ADC 是不能直接测量负电压的，而且其输入电压信号的范围为 $V_{REF-} \leqslant V_{IN} \leqslant V_{REF+}$。当需要测量负电压或测量的电压信号超出范围时，要先经过运算电路进行平移或利用电阻分压。

2. ADC 工作过程分析

STM32 的 ADC 电路结构如图 12.1 所示。所有的器件都是围绕中间的模拟至数字转换器部分（下面简称 ADC 部件）展开的。它的左端为 V_{REF+}、V_{REF-} 等 ADC 参考电压，ADCx_IN0～ADCx_IN15 为 ADC 的输入信号通道，即某些 GPIO 引脚。输入信号经过这些通道被送到 ADC 部件，ADC 部件需要受到触发信号才开始进行转换，如 EXTI 外部触发、定时器触发，也可以使用软件触发。ADC 部件接收到触发信号之后，在 ADCCLK 时钟的驱动下对输入通道的信号进行采样，并进行模/数转换，其中 ADCCLK 是来自 ADC 预分频器的。ADC 部件转换后的数值被保存到一个 16 位的规则通道数据寄存器（或注入通道数据寄存器）之中，可以通过 CPU 指令或 DMA 把它读取到内存（变量）。模/数转换之后，可以触发 DMA 请求，或者触发 ADC 的转换结束事件。如果配置了模拟看门狗，并且采集得到的电压大于阈值,会触发看门狗中断。

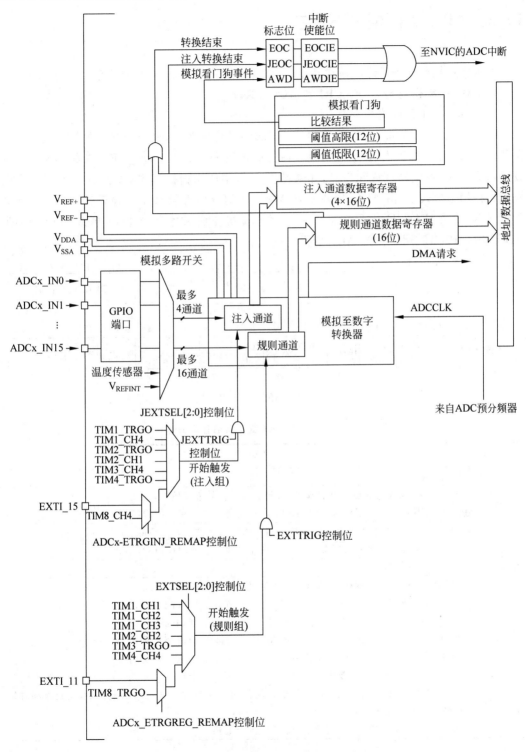

图 12.1 STM32 的 ADC 电路结构示意图

12.2　ADC 操作相关寄存器

本章实训执行规则通道的单次转换,下面介绍用到的 4 个 ADC 寄存器。

1. ADC 控制寄存器(ADC_CR1 和 ADC_CR2)

1) ADC_CR1 寄存器

该寄存器为 32 位寄存器,偏移地址为 0x04,复位值为 0x0000 0000,位 31~24、21、20 保留,其余各位可读写,如图 12.2 所示,各位描述见表 12.2。ADC_CR1 的 SCAN 位用于设置扫描模式,由软件设置和清除,如果设置为 1,则使用扫描模式;如果为 0,则关闭扫描模式。在扫描模式下,由 ADC_SQRx 或 ADC_JSQRx 寄存器选中的通道被转换。如果设置了 EOCIE 或 JEOCIE,则只在最后一个通道转换完成后才会产生 EOC 或 JEOC 中断。ADC_CR1[19:16]用于设置 ADC 的操作模式。

31	30	29	28	27	26	25	24	23	22	21	20	19	18	17	16
保留								AWDEN	JAWD EN	保留		DUALMOD[3:0]			
								rw	rw			rw	rw	rw	rw

15	14	13	12	11	10	9	8	7	6	5	4	3	2	1	0
DISCNUM[2:0]			JDISC EN	DISC EN	JAUT0	AWD SGL	SCAN	JEOC IE	AWDIE	EOCIE		AWDCH[4:0]			
rw	rw	rw	rw	rw	rw	rw	rw	rw	rw	rw		rw	rw	rw	rw

图 12.2　ADC_CR1 寄存器

表 12.2　ADC_CR1 寄存器部分位描述

寄存器位	描　　述
位 31:24	保留。必须保持为 0
位 23	AWDEN:在规则通道上开启模拟看门狗,该位由软件设置和清除。 0:在规则通道上禁用模拟看门狗;1:在规则通道上使用模拟看门狗
位 22	JAWDEN:在注入通道上开启模拟看门狗该位由软件设置和清除。 0:在注入通道上禁用模拟看门狗;1:在注入通道上使用模拟看门狗
位 21:20	保留。必须保持为 0
位 19:16	DUALMOD[3:0]:双模式选择。软件使用这些位选择操作模式。 0000:独立模式　　　　　　　　　　0101:注入同步模式 0001:混合的同步规则＋注入同步模式　　0110:规则同步模式 0010:混合的同步规则＋交替触发模式　　0111:快速交替模式 0011:混合同步注入＋快速交替模式　　1000:慢速交替模式 0100:混合同步注入＋慢速交替模式　　1001:交替触发模式
位 15:13	DISCNUM[2:0]:间断模式通道计数。软件通过这些位定义在间断模式下,收到外部触发后转换规则通道的数目 000:1 个通道;001:2 个通道;…;111:8 个通道

在 ADC2 中,DUALMOD[3:0]为保留位。在双模式中,改变通道的配置会产生一个重新开始的条件,这将导致同步丢失。建议在任何配置改变之前关闭双模式。

2）ADC_CR2寄存器

该寄存器为32位寄存器，偏移地址为0x08，复位值为0x0000 0000，位31～24、16、10、9、7～4保留，其余各位可读写，如图12.3所示，各位描述见表12.3。ADON位用于开关A/D转换器。而CONT位用于设置是否进行连续转换，这里使用单次转换，所以CONT位必须为0。CAL和RSTCAL用于A/D校准。ALIGN用于设置数据对齐，这里使用右对齐，该位设置为0。EXTSEL[2：0]用于选择启动规则转换组转换的外部事件。

31	30	29	28	27	26	25	24	23	22	21	20	19	18	17	16
保留								TS VREFE	SW START	JSW START	EXT TRIG	EXTSEL[2:0]			保留
								rw	rw	rw	rw	rw	rw	rw	

15	14	13	12	11	10	9	8	7	6	5	4	3	2	1	0
JEXT TRIG	JEXTSEL[2:0]			ALIGN	保留		DMA	保留				RST CAL	CAL	CONT	ADON
rw	rw	rw	rw	rw			rw					rw	rw	rw	rw

图12.3 ADC_CR2寄存器

表12.3 ADC_CR2寄存器各位描述

寄存器位	描　　述
位31:24	保留。必须保持为0
位23	TSVREFE：温度传感器和V_REFINT使能。该位由软件设置和清除，用于开启或禁止温度传感器和V_REFINT通道。在双ADC的器件中，该位出现在ADC1中。 0：禁止温度传感器和V_REFINT；1：启用温度传感器和V_REFINT
位22	SWSTART：开始转换规则通道。由软件设置该位以启动转换，转换开始后硬件马上清除此位。如果在EXTSEL[2:0]位中选择了SWSTART为触发事件，该位用于启动一组规则通道的转换。 0：复位状态；1：开始转换规则通道
位21	JSWSTART：开始转换注入通道。由软件设置该位以启动转换，软件可清除此位或在转换开始后硬件马上清除此位。如果在JEXTSEL[2:0]位中选择了JSWSTART为触发事件，该位用于启动一组注入通道的转换。 0：复位状态；1：开始转换注入通道
位20	EXTTRIG：规则通道的外部触发转换模式。该位由软件设置和清除，用于开启或禁止可以启动规则通道组转换的外部触发信号。 0：不用外部触发信号启动转换；1：使用外部触发信号启动转换
位19:17	EXTSEL[2:0]：选择启动规则通道组转换的外部事件。 000：定时器1的CC1事件　　　　　　001：定时器1的CC2事件 010：定时器1的CC3事件　　　　　　011：定时器2的CC2事件 100：定时器3的TRGO事件　　　　　101：定时器4的CC4事件 110：EXTI线11　　　　　　　　　　111：SWSTART
位16	保留。必须保持为0
位15	JEXTTRIG：注入通道的外部触发转换模式。该位由软件设置和清除，用于开启或禁止可以启动注入通道组转换的外部触发信号。 0：不用外部触发信号启动转换；1：使用外部触发信号启动转换

寄存器位	描　述
位 14:12	JEXTSEL[2:0]：选择启动注入通道组转换的外部事件。 000：定时器 1 的 TRGO 事件　　　　　001：定时器 1 的 CC4 事件 010：定时器 2 的 TRGO 事件　　　　　011：定时器 2 的 CC1 事件 100：定时器 3 的 CC4 事件　　　　　101：定时器 4 的 TRGO 事件 110：EXTI 线 15　　　　　　　　　　111：JSWSTART
位 11	ALIGN：数据对齐。该位由软件设置和清除。0：右对齐；1：左对齐
位 10:9	保留。必须保持为 0
位 8	DMA：直接数据访问模式该位由软件设置和清除，详见第 11 章。 0：不使用 DMA 模式；1：使用 DMA 模式。 注：在多于一个 ADC 的器件中，只有 ADC1 能产生 DMA 请求
位 7:4	保留。必须保持为 0
位 3	RSTCAL：复位校准。该位由软件设置并由硬件清除，在校准寄存器被初始化后该位将被清除。 0：校准寄存器已初始化；1：初始化校准寄存器。 注：正在进行转换时，如果设置 RSTCAL，则清除校准寄存器需要额外的周期
位 2	CAL：A/D 校准。该位由软件设置以开始校准，并在校准结束时由硬件清除。 0：校准完成；1：开始校准
位 1	CONT：连续转换。该位由软件设置和清除。如果设置了此位，则转换将连续进行直到该位被清除。 0：单次转换模式；1：连续转换模式
位 0	ADON：开关 ADC 转换器。该位由软件设置和清除。当该位为 0 时，写入 1 将把 ADC 从断电模式下唤醒；当该位为 1 时，写入 1 将启动转换。在转换器上电至转换开始有一个延时 t_{STAB}。 0：关闭 ADC 转换/校准，并进入断电模式；1：开启 ADC 并启动转换。 注：如果在这个寄存器中与 ADON 一起还有其他位被改变，则转换不被触发，这是为了防止触发错误的转换

软件触发（SWSTART）可以设置位 19～17 为 111。ADC_CR2 的 SWSTART 位用于开始规则通道的转换，每次转换（单次转换模式下）都需要向该位写 1。AWDEN 位用于使能温度传感器和 VREFINT。

2. ADC 采样时间寄存器（ADC_SMPR1 和 ADC_SMPR2）

这两个寄存器用于设置通道 0～17 的采样时间，每个通道占用 3 位。

1）ADC_SMPR1 寄存器

该寄存器为 32 位寄存器，偏移地址为 0x0C，复位值为 0x0000 0000，位 31～24 保留，其余各位可读写，如图 12.4 所示，各位描述见表 12.4。ADC1 的模拟输入通道 16 和通道 17 在芯片内部分别连到了温度传感器和 VREFINT。ADC2 的模拟输入通道 16 和通道 17 在芯片内部连到了 V_{SS}。

31	30	29	28	27	26	25	24	23	22	21	20	19	18	17	16
保留								SMP17[2:0]			SMP16[2:0]			SMP15[2:1]	
								rw	rw	rw	rw	rw	rw	rw	rw

15	14	13	12	11	10	9	8	7	6	5	4	3	2	1	0
SMP 15_0	SMP14[2:0]			SMP13[2:0]			SMP12[2:0]			SMP11[2:0]			SMP10[2:0]		
rw	rw	rw	rw	rw	rw	rw	rw	rw	rw	rw	rw	rw	rw	rw	rw

图 12.4　ADC_SMPR1 寄存器

表 12.4　ADC_SMPR1 寄存器各位描述

寄存器位	描　　述
位 31:24	保留。必须保持为 0
位 24:0	SMPx[2:0]：选择通道 x 的采样时间。这些位用于独立地选择每个通道的采样时间。在采样周期中通道选择位必须保持不变。 000：1.5 周期　　　　100：41.5 周期 001：7.5 周期　　　　101：55.5 周期 010：13.5 周期　　　 110：71.5 周期 011：28.5 周期　　　 111：239.5 周期

2）ADC_SMPR2 寄存器

该寄存器为 32 位寄存器，偏移地址为 0x10，复位值为 0x0000 0000，位 31、30 保留，其余各位可读写，如图 12.5 所示，各位描述见表 12.5。

31	30	29	28	27	26	25	24	23	22	21	20	19	18	17	16
保留		SMP9[2:0]			SMP8[2:0]			SMP7[2:0]			SMP6[2:0]			SMP5[2:1]	
		rw	rw	rw	rw	rw	rw	rw	rw	rw	rw	rw	rw	rw	rw

15	14	13	12	11	10	9	8	7	6	5	4	3	2	1	0
SMP 5_0	SMP4[2:0]			SMP3[2:0]			SMP2[2:0]			SMP1[2:0]			SMP0[2:0]		
rw	rw	rw	rw	rw	rw	rw	rw	rw	rw	rw	rw	rw	rw	rw	rw

图 12.5　ADC_SMPR2 寄存器

表 12.5　ADC_SMPR2 寄存器各位描述

寄存器	描　　述
位 31:30	保留。必须保持为 0
位 29:0	SMPx[2:0]：选择通道 x 的采样时间。这些位用于独立地选择每个通道的采样时间。在采样周期中通道选择位必须保持不变。 000：1.5 周期　　　　100：41.5 周期 001：7.5 周期　　　　101：55.5 周期 010：13.5 周期　　　 110：71.5 周期 011：28.5 周期　　　 111：239.5 周期

对于每个要转换的通道，采样时间建议尽量长一点，以获得较高的准确度，但是这样会降低 ADC 的转换速率。ADC 的转换时间可以由下式计算：

$$T_{covn} = 采样时间 + 12.5 个周期$$

其中：T_{covn} 为总转换时间，采样时间根据每个通道的 SMP 位的设置来决定。

3. ADC 规则序列寄存器（ADC_SQR1～ADC_SQR3）

ADC_SQR 寄存器共 3 个，功能相似。以 ADC_SQR1 寄存器为例，该寄存器为 32 位寄存器，偏移地址为 0x2C，复位值为 0x0000 0000，位 31～24 保留，其余各位可读写，如图 12.6 所示，各位描述见表 12.6。L[3:0]用于存储规则序列的长度，SQ13～16 存储了规则序列中第 13～16 通道的编号（编号范围：0～17）。选择单次转换，只有一个通道在规则序列里面，就是 SQ1，可以通过 ADC_SQR3 的最低 5 位（也就是 SQ1）来设置。

31	30	29	28	27	26	25	24	23	22	21	20	19	18	17	16
保留								L[3:0]				SQ16[4:1]			
								rw	rw	rw	rw	rw	rw	rw	rw
15	14	13	12	11	10	9	8	7	6	5	4	3	2	1	0
SQ16_0	SQ15[4:0]					SQ14[4:0]					SQ13[4:0]				
rw	rw	rw	rw	rw	rw	rw	rw	rw	rw	rw	rw	rw	rw	rw	rw

图 12.6 ADC_SQR1 寄存器

表 12.6 ADC_SQR1 寄存器各位描述

寄存器位	描述
位 31:24	保留。必须保持为 0
位 23:20	L[3:0]：规则通道序列长度。这些位定义了在规则通道转换序列中的转换总数。0000：1 个转换；0001：2 个转换，……；1111：16 个转换
位 19:15	SQ16[4:0]：规则序列中的第 16 个转换。这些位定义了转换序列中的第 16 个转换通道的编号（0～17）
位 14:10	SQ15[4:0]：规则序列中的第 15 个转换
位 9:5	SQ14[4:0]：规则序列中的第 14 个转换
位 4:0	SQ13[4:0]：规则序列中的第 13 个转换

4. ADC 规则数据寄存器（ADC_DR）

规则序列中的 ADC 转化结果都将被存在 ADC_DR 寄存器，注入通道的转换结果被保存在 ADC_JDRx。该寄存器为 32 位寄存器，偏移地址为 0x4C，复位值为 0x0000 0000，各位可读，如图 12.7 所示，各位描述见表 12.7。该寄存器的数据可以通过 ADC_CR2 的 ALIGN 位来设置是左对齐还是右对齐。

31	30	29	28	27	26	25	24	23	22	21	20	19	18	17	16
ADC2DATA[15:0]															
r	r	r	r	r	r	r	r	r	r	r	r	r	r	r	r
15	14	13	12	11	10	9	8	7	6	5	4	3	2	1	0
DATA[15:0]															
r	r	r	r	r	r	r	r	r	r	r	r	r	r	r	r

图 12.7 ADC_DR 寄存器

表 12.7　ADC_DR 寄存器各位描述

寄存器位	描　　述
位 31:16	ADC2DATA[15:0]：ADC2 转换的数据。在 ADC1 中，双模式下，这些位包含了 ADC2 转换的规则通道数据。在 ADC2 中，不用这些位
位 15:0	DATA[15:0]：规则转换的数据。这些位为只读，包含了规则通道的转换结果。

5. ADC 状态寄存器（ADC_SR）

ADC_SR 寄存器保存了 ADC 转换时的各种状态。该寄存器为 32 位寄存器，偏移地址为 0x00，复位值为 0x0000 0000，位 31～5 保留，其余各位可读写，如图 12.8 所示，各位描述见表 12.8，通过判断 EOC 位来决定是否此次规则通道的 ADC 转换已经完成，如果完成就从 ADC_DR 中读取转换结果，否则等待转换完成。

31	30	29	28	27	26	25	24	23	22	21	20	19	18	17	16
							保留								

15	14	13	12	11	10	9	8	7	6	5	4	3	2	1	0
					保留						STRT	JSTRT	JEOC	EOC	AWD
											rw	rw	rw	rw	rw

图 12.8　ADC_SR 寄存器

表 12.8　ADC_SR 寄存器各位描述

寄存器位	描　　述
位 31:15	保留。必须保持为 0
位 4	STRT：规则通道开始位。该位由硬件在规则通道转换开始时设置，由软件清除。 0：规则通道转换未开始；1：规则通道转换已开始
位 3	JSTRT：注入通道开始位。该位由硬件在注入通道组转换开始时设置，由软件清除。 0：注入通道转换未开始；1：注入通道转换已开始
位 2	JEOC：注入通道转换结束位。该位由硬件在所有注入通道组转换结束时设置，由软件清除。 0：转换未完成；1：转换完成
位 1	EOC：转换结束位。该位由硬件在（规则或注入）通道组转换结束时设置，由软件清除或由读取 ADC_DR 时清除。 0：转换未完成；1：转换完成
位 0	AWD：模拟看门狗标志位。该位由硬件在转换的电压值超出了 ADC_LTR 和 ADC_HTR 寄存器定义的范围时设置，由软件清除。 0：没有发生模拟看门狗事件；1：发生模拟看门狗事件

12.3　实训十　ADC 模/数转换实验

视频讲解

12.3.1　实训设计

1. 硬件设计

ADC 属于 STM32 内部资源，只需要软件设置就可以正常工作。实训所需要的硬件材料包括：STM32 最小系统板一块；CH340 串口线一根；单独的杜邦线一根（接电压信号用）。

2. 软件设计

本实训需要的软件环境为 MDK 5 和串口调试助手。实训过程中使用库函数来设定使用 ADC1 的通道 1 进行 ADC 转换。使用到的库函数分布在 stm32f10x_adc.c 文件和 stm32f10x_adc.h 文件中。

本实训执行 ADC 规则通道的单次转换，编程需要做以下工作：

（1）开启 PA 口和 ADC1 时钟，设置 PA1 为模拟输入。

（2）复位 ADC1，同时设置 ADC1 分频因子。

（3）初始化 ADC1 参数，设置 ADC1 的工作模式以及规则序列的相关信息。

（4）使能 ADC 并校准。

（5）读取 ADC 值。

首先，初始化延时函数及串口波特率，进入循环，通过 Get_Adc_Average()函数读取 ADC 值，并将该值打印至串口助手，延时适当时间防止其他不确定因素干扰。程序流程图如图 12.9 所示。

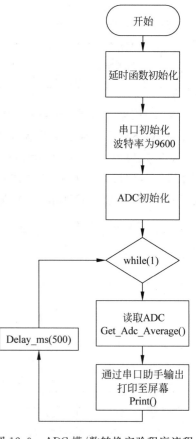

图 12.9　ADC 模/数转换实验程序流程

12.3.2　实训过程

1. 开启 PA 口和 ADC1 时钟，复位 ADC1

首先，ADC 通道 1 在 PA1 上，所以先要使能 PORTA 的时钟，然后设置 PA1 为模拟输入。使能 GPIOA 和 ADC 时钟用 RCC_APB2PeriphClockCmd 函数，设置 PA1 的输入方式使用 GPIO_Init 函数即可。

STM32 的 ADC 通道与 GPIO 对应关系见表 12.9。

表 12.9　ADC 通道与 GPIO 对应表

通道号	ADC1	ADC2	ADC3
通道 0	PA0	PA0	PA0
通道 1	PA1	PA1	PA1
通道 2	PA2	PA2	PA2
通道 3	PA3	PA3	PA3
通道 4	PA4	PA4	PF6
通道 5	PA5	PA5	PF7
通道 6	PA6	PA6	PF8
通道 7	PA7	PA7	PF9
通道 8	PB0	PB0	PF10

通道号	ADC1	ADC2	ADC3
通道 9	PB1	PB1	
通道 10	PC0	PC0	PC0
通道 11	PC1	PC1	PC1
通道 12	PC2	PC2	PC2
通道 13	PC3	PC3	PC3
通道 14	PC4	PC4	—
通道 15	PC5	PC5	—
通道 16	温度传感器	—	—
通道 17	内部参考电压	—	—

　　然后,开启 ADC1 时钟,复位 ADC1,将 ADC1 的全部寄存器重设为默认值。可以通过 RCC_CFGR 设置 ADC1 的分频因子。分频因子要确保 ADC1 的时钟(ADCCLK)不要超过 14MHz,否则容易失灵。设置代码如下:

```
RCC_APB2PeriphClockCmd(RCC_APB2Periph_GPIOA |RCC_APB2Periph_ADC1, ENABLE );
                                                       //使能 ADC1 通道时钟
//设置 ADC 分频因子 6,72MHz/6 = 12MHz,ADC 最大频率不能超过 14MHz
RCC_ADCCLKConfig(RCC_PCLK2_Div6);                //PA1 作为模拟通道输入引脚
GPIO_InitStructure.GPIO_Pin = GPIO_Pin_1;
GPIO_InitStructure.GPIO_Mode = GPIO_Mode_AIN;   //模拟输入引脚
GPIO_Init(GPIOA, &GPIO_InitStructure);
```

2. 配置 ADC1 模式

　　设置完分频因子之后,开始 ADC1 的模式配置,即设置单次转换模式、触发方式选择、数据对齐方式等,同时设置 ADC1 规则序列的相关信息。因为只有一个通道,并且是单次转换的,所以设置规则序列中通道数为 1。在库函数中,通过函数 ADC_Init 实现上述设置。ADC_Init 函数定义如下:

```
void ADC_Init(ADC_TypeDef * ADCx, ADC_InitTypeDef * ADC_InitStruct);
```

　　从函数定义可以看出,第一个参数是指定 ADC 号;第二个参数设置相关结构体成员变量的初始值,ADC_InitTypeDef 类型定义如下:

```
typedef struct
{
uint32_t ADC_Mode;
FunctionalState ADC_ScanConvMode;
FunctionalState ADC_ContinuousConvMode;
uint32_t ADC_ExternalTrigConv;
uint32_t ADC_DataAlign;
uint8_t ADC_NbrOfChannel; }ADC_InitTypeDef;
```

　　根据实训内容,结构体成员的值含义如下:

（1）参数 ADC_Mode 用来设置 ADC 的模式。ADC 的模式非常多,包括独立模式、注入同步模式等,此处选择独立模式,所以参数为 ADC_Mode_Independent。

（2）参数 ADC_ScanConvMode 用来设置是否开启扫描模式,因为是单通道单次转换,所以选择不开启值 DISABLE 即可。

（3）参数 ADC_ContinuousConvMode 用来设置是否开启连续转换模式,因为是单次转换模式,所以不开启连续转换模式,选择 DISABLE 即可。

（4）参数 ADC_ExternalTrigConv 用来设置启动规则转换组转换的外部事件,因为要选择软件触发,所以选择值为 ADC_ExternalTrigConv_None 即可。

（5）参数 DataAlign 用来设置 ADC 数据对齐方式是左对齐还是右对齐,此处选择右对齐方式 ADC_DataAlign_Right。

（6）参数 ADC_NbrOfChannel 用来设置规则序列的长度。

通过结构体变量 ADC_InitStructure 来实现 ADC 的配置,代码如下:

```
//ADC 工作模式:ADC1 和 ADC2 工作在独立模式
ADC_InitStructure.ADC_Mode = ADC_Mode_Independent;
//ADC 转换工作在单通道模式
ADC_InitStructure.ADC_ScanConvMode = DISABLE;
//ADC 转换工作在单次转换模式
ADC_InitStructure.ADC_ContinuousConvMode = DISABLE;
//转换由软件而不是外部触发启动
ADC_InitStructure.ADC_ExternalTrigConv = ADC_ExternalTrigConv_None;
ADC_InitStructure.ADC_DataAlign = ADC_DataAlign_Right;        //ADC 数据右对齐
//顺序进行规则转换的 ADC 通道的数目
ADC_InitStructure.ADC_NbrOfChannel = 1;
//根据 ADC_InitStruct 中指定的参数初始化外设 ADCx 的寄存器
ADC_Init(ADC1, &ADC_InitStructure);
```

3. 使能 ADC1 并校准

相比其他固件,ADC 的使能速度较慢,并且不校准的话会使结果有很大偏差。使能和校准完毕的代码如下:

```
ADC_Cmd(ADC1, ENABLE);                          //使能指定的 ADC1
ADC_ResetCalibration(ADC1);                      //使能复位校准
while(ADC_GetResetCalibrationStatus(ADC1));      //等待复位校准结束
ADC_StartCalibration(ADC1);                      //开启 ADC 校准
while(ADC_GetCalibrationStatus(ADC1));           //等待校准结束
```

4. 读取 ADC 的值

设置结束后,就可以用库函数来读取 ADC 的值了,就是设置规则序列 1 里面的通道、采样顺序以及通道的采样周期,然后启动 ADC 转换。在转换结束后,读取 ADC 转换结果值。

ADC_RegularChannelConfig() 函数可以设置规则序列通道以及采样周期,再用 ADC_SoftwareStartConvCmd() 函数从软件开启 ADC,之后可以用 ADC_GetConversionValue() 函数获取转换结果。可以采用多次采样取平均值,使结果更加准确,相关程序代码如下:

```
u16 Get_Adc(u8 ch)
{
//设置指定 ADC 的规则组通道,序列采样时间
ADC_RegularChannelConfig(ADC1, ch, 1, ADC_SampleTime_239Cycles5 );
//ADC1,ADC 通道采样时间为 239.5 周期
//使能指定的 ADC1 的软件转换启动功能
ADC_SoftwareStartConvCmd(ADC1, ENABLE);
while(!ADC_GetFlagStatus(ADC1, ADC_FLAG_EOC ));    //等待转换结束
//返回最近一次 ADC1 规则组的转换结果
return ADC_GetConversionValue(ADC1);}
u16 Get_Adc_Average(u8 ch,u8 times)
{
u32 temp_val = 0;
u8 t;
for(t = 0;t < times;t++)
{
temp_val += Get_Adc(ch);
delay_ms(5);
}
return temp_val/times;
}
```

5. 发送结果到 PC 显示

读取数据之后,还是要用串口发送结果给计算机,直接用 printf 在串口助手打印,与普通的 C 语言程序相同,相关程序代码如下:

```
int main(void)
{
u16 adcx;
float temp;
delay_init();          //延时函数初始化
uart_init(9600);       //串口初始化为 9600
    Adc_Init();        //ADC 初始化
while(1)
{
adcx = Get_Adc_Average(ADC_Channel_1,10);
printf("读到的 ADC 值是 % d\r\n",adcx);
temp = (float)adcx * (3.3/4096);
adcx = temp;
printf("测得的电压为 % f 伏\r\n\r\n",temp);
delay_ms(500);
}
}
```

6. 程序下载运行

CH340 接线参考串口输入与输出实验(7.3 节),PA1 连接 GND 端或 3.3V 高电平,打开调试助手后,隔一段时间会收到单片机的测试值。运行结果见图 12.10。

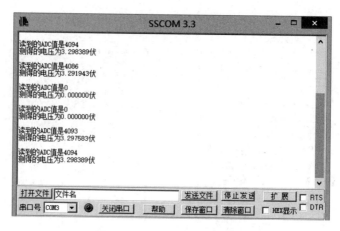

图 12.10　ADC 实验运行结果

12.3.3　实训相关问题

实验用到的 STM32 F103C8T6 核心板是没有 DAC 的,所以是从外部采集电压来进行实验。串口接收到的两个数据中只有第一个是真实测得的。ADC 测得的电压通过数值计算得出,这是 ADC 接触到的电压,而不是单片机内部固件得出的数值;DAC 则是将一个数值与 4096 进行比较,然后输出一个电压。注意区分 ADC 与 DAC。

12.4　本章小结

本章介绍了 STM32 的 ADC 技术参数、工作过程及相关的寄存器结构,通过实训十的单次 ADC 转换过程,读者可以进一步理解、掌握 ADC 操作过程中相关的寄存器配置,为 ADC 与 DMA 结合的实际控制应用奠定理论基础。

思考与扩展

1. 简述 ADC 主要参数的含义。
2. 简述 STM32 的 ADC 的主要特性。
3. ADC 的功能是通过相关寄存器设置实现的,这些寄存器的功能是什么?
4. 如何使用相应的函数进行 ADC 寄存器配置?
5. 尝试用 DMA 传输 ADC 测得的电压值,制作实时电压表。
6. 设计 ADC 结合 DMA 实现数据采样与软件滤波处理。

说明:ADC 是个高速设备,ADC 采集到的数据是不能直接用的。通常先采集一批数据,然后进行处理,这个过程就是软件滤波。DMA 用到这里就很合适。通过 ADC 高速采集的数据填充到 RAM 中,填充至一定数量,如 32 个、64 个,MCU 再来使用。

设计思路：

（1）初始化函数包括两部分：DMA 初始化和 ADC 初始化。

（2）滤波部分思路：以 ADC 连续采样 3 个通道为例，采样数据由 DMA 进行搬运，一次搬运 90 个数据，即为 1-2-3-1-2-3 循环，每个通道各 30 次，可以存放在二维数组 AD_Value[30][3]中，30 为每通道 30 个数据，3 为 3 个通道，根据二维数组存储方式此过程自动完成。每当一次 DMA 过程结束后，触发 DMA 完成中断，进入滤波函数，求出一个通道的 30 个数据的均值，存放在数组 After_filter[3]。整个过程的滤波计算需要 CPU 参与，但程序中采样结果 AD_Value[30][3]使用 DMA 获取，这样可以解决程序复杂性，减轻 CPU 负载。

第三篇　应用篇

## 第 13 章

STM32 与步进电机

本章学习目标

1. 根据电路图掌握步进电机原理。
2. 学会使用步进电机驱动器。
3. 使用 STM32 单片机控制步进电机转动。

视频讲解

13.1　步进电机简介

步进电机也叫步进器,它利用电磁学原理,将电能转换为机械能。不论在工业、军事、医疗、汽车还是娱乐业中,只要把某件物体从一个位置移动到另一个位置,步进电机就一定能派上用场。

步进电机是将电脉冲信号转变为角位移或线位移的开环控制电机,是现代数字程序控制系统中的主要执行元件,应用极为广泛。在非超载的情况下,电机的转速、停止的位置只取决于脉冲信号的频率和脉冲数,而不受负载变化的影响。当步进驱动器接收到一个脉冲信号,它就驱动步进电机按设定的方向转动一个固定的角度,称为"步距角",它的旋转是以固定的角度一步一步运行的。可以通过控制脉冲个数来控制角位移量,从而达到准确定位的目的;同时可以通过控制脉冲频率来控制电机转动的速度和加速度,从而达到调速的目的。

人们早在 20 世纪 20 年代就开始使用这种电机。随着嵌入式系统(如打印机、磁盘驱动器、玩具、雨刷、震动寻呼机、机械手臂和录像机等)的日益流行,步进电机的使用也开始暴增。虽然步进电机已被广泛地应用,但步进电机并不能像普通的直流电机、交流电机在常规下使用,它必须由双环形脉冲信号、功率驱动电路等组成控制系统方可使用。因此用好步进电机却非易事,它涉及机械、电机、电子及计算机等许多专业知识。步进电机作为执行元件,是机电一体化的关键产品之一,广泛应用在各种自动化控制系统中。

在微电子技术时期,特别是计算机技术发展以前,控制器脉冲信号发生器完全由硬件实现,控制系统采用单独的元件或者集成电路组成控制回路,不仅安装调试复杂,要消耗大量元器件,而且一旦定型之后,要改变控制方案就一定要重新设计电路。这就使得需要针对不同的电机开发不同的驱动器,开发难度和开发成本都很高,控制难度较大,限制了步进电机的推广。随着微电子和计算机技术的发展,步进电机的需求量与日俱增,在各个国民经济领域都有应用。

步进电机有多种形状和尺寸,但不论形状和尺寸如何,都可以归为两类:可变磁阻步进电机和永磁步进电机。下面介绍永磁步进电机原理和使用方法。

1. 永磁步进电机原理

通常电机的转子为永磁体,当电流流过定子绕组时,定子绕组产生矢量磁场。该磁场会带动转子旋转一定角度,使得一对转子的磁场方向与定子的磁场方向一致。当定子的矢量磁场旋转一个角度,转子也随着该磁场旋转一个角度。每输入一个电脉冲,电机转动一个角度前进一步,它输出的角位移与输入的脉冲数成正比、转速与脉冲频率成正比。改变绕组通电的顺序,电机就会反转。所以,可用控制脉冲数量、频率及电机各相绕组的通电顺序来控制步进电机的转动。

图 13.1 为步进电机原理示意图,该步进电机为四相步进电机,采用单极性直流电源供电。只要对步进电机的各相绕组按合适的时序通电,就能使步进电机步进转动。开始时,开关 S_B 接通电源,S_A、S_C、S_D 断开,B 相磁极和转子 0、3 号齿对齐,同时,转子的 1、4 号齿就和 C、D 相绕组磁极产生错齿,2、5 号齿就和 D、A 相绕组磁极产生错齿。当开关 S_C 接通电源,S_B、S_A、S_D 断开时,由于 C 相绕组的磁力线和 1、4 号齿之间磁力线的作用,使转子转动,1、4 号齿和 C 相绕组的磁极对齐,而 0、3 号齿和 A、B 相绕组产生错齿,2、5 号齿就和 A、D 相绕组磁极产生错齿。依次类推,A、B、C、D 四相绕组轮流供电,则转子会沿着 A、B、C、D 方向转动。

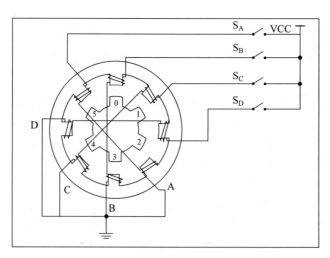

图 13.1   步进电机原理示意图

2. STM32 步进电机控制

STM32 单片机是性能极佳的控制处理器,在控制步进电机工作时,接口部件必须要有下列功能:

(1) 电压隔离功能。单片机工作在 5V,而步进电机工作在几十伏,甚至更高。一旦步进电机的电压串到单片机中,就会损坏单片机;步进电机的信号会干扰单片机,也可能导致系统工作失误,因此接口器件必须有隔离功能。

（2）信息传递功能。接口部件应能够把单片机的控制信息传递给步进电机回路，产生工作所需的控制信息，对应于不同的工作方式，接口部件应能产生相应的工作控制波形。

（3）产生所需的不同频率。为了使步进电机以不同的速度工作，以适应不同的目的，接口部件应能产生不同的工作频率。

通常，使用步进电机驱动器来连接单片机和步进电机，驱动器的输入信号和输出信号是对应的。使用驱动器的主要原因：避免单片机的 I/O 口电压不够，或者说单片机直接驱动步进电机，对单片机造成损害。

13.2　L298N 电机驱动芯片

作为一种控制用的特种电机，步进电机无法直接接到直流或交流电源上工作，必须使用专用的驱动电源步进电机驱动器。

双路电机驱动板模块 L298N，是 2.5A 功率增强型电机驱动模块，可以独立驱动两路直流电机，有高配版（含硅胶线、排针、端子）及标配版可供选择，供电电压 2～10V，可同时驱动两个直流电机或者一个四线二相式步进电机，可实现正反转和调速的功能，有热保护并且能够自动恢复。该模块采用专业电机驱动芯片，内置低导通内阻 MOS 开关管，发热极小，无须散热片，体积小，省电，适合电池供电；双路 2.5A×2，是 1.5A 电机驱动的增强版，内置过热保护电路，不用怕电机堵转烧坏，温度下降后自动恢复（目前市面上的智能小车电压和电流都在此范围内）；体积小，质量轻，零待机电流。

1. L298N 双 H 桥直流电机驱动芯片电气参数

设计电路时，往往要考虑芯片的电气参数，并且根据电气参数选择合适的驱动电机。L298N 的电气参数如下：

（1）双路 H 桥电机驱动，可以同时驱动两路直流电机或者一个四线两相式步进电机；

（2）模块供电电压 2～10V；

（3）信号端输入电压 1.8～7V；

（4）单路工作电流 2.5A，低待机电流（小于 $0.1\mu A$）；

（5）内置防共态导通电路，输入端悬空时，电机不会误动作；

（6）内置带迟滞效应的过热保护电路（TSD），无须担心电机堵转；

（7）产品尺寸为 31mm（长）×32mm（宽）×5mm（高），超小体积，适合组装和车载；

（8）安装孔直径 2mm。

正常使用时，可参考 L298N 的运行参数，见表 13.1。

表 13.1　L298 的运行参数表

参数	符号	测试环境	最小值	典型值	最大值	单位
驱动电源电压	Vs	持续工作时	2.5	—	46	V
逻辑电源电压	Vss	—	4.5	5	7	V
输入低电平电压	ViL	—	−0.3	—	1.5	V
输入高电平电压	ViH	—	2.3	—	Vss	V
使能端低电平电压	Ven=L	—	−0.3	—	1.5	V

续表

参数	符号	测试环境	最小值	典型值	最大值	单位
使能端高电平电压	Ven=H	—	2.3	—	Vss	V
全桥式驱动器总的电压降(每一路)	VcE(sat)	IL=1A	1.8	—	3.2	V
		IL=2A			4.9	V
检测电压1、15脚	Vsen	—	−1	—	2	V

2. L298N 芯片引脚

L298N 有 15 引脚 Multiwatt 直插封装。它兼容标准的 TTL 逻辑,是一款高电压、高电流双全桥驱动器,能够驱动感性负载,如继电器、电磁阀、直流电机、步进电机等。两个独立的使能信号用于使能或禁能设备,每一个桥的下管射极相连,射极引脚可以连接相应的采样电阻,用以过流保护,芯片的逻辑供电与负载供电分离,以使芯片可以工作在更低的逻辑电压下。L298N 芯片的引脚图见图 13.2,其引脚功能见表 13.2。

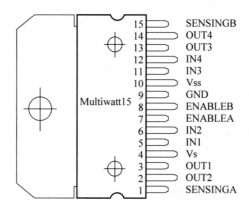

图 13.2　L298 引脚图

表 13.2　L298 引脚功能表

引脚	符号	功　能
1	SENSINGA	此两端通过电流检测电阻与地连接,并向驱动芯片反馈检测到的信号
15	SENSINGB	
2	OUT1	此两脚是全桥式驱动器 A 的两个输出端,用来连接负载
3	OUT2	
4	Vs	电机驱动电源输入端
5	IN1	输入标准的 TTL 逻辑电平信号,用来控制全桥式驱动器 A 的开关
7	IN2	
6	ENABLEA	使能控制端。输入标准 TTL 逻辑电平信号;低电平时全桥驱动器禁止工作
11	ENABLEB	
8	GND	接地端,芯片本身的散热片与 8 脚相通
9	Vss	逻辑控制部分的电源输入端口
10	IN3	输入标准的 TTL 逻辑电平信号,用来控制全桥式驱动器 B 的开关
12	IN4	
13	OUT3	此两脚是全桥式驱动器 B 的两个输出端,用来连接负载
14	OUT4	

3. L298N 控制步进电机

L298N 内部包含四通道逻辑驱动电路,是一种二相和四相步进电机的专用驱动器,内含两个 H-Bridge 的高电压、大电流双全桥式驱动器,接收标准 TTL 逻辑准位信号,可驱动 46V、2A 以下的步进电机,且可以直接通过电源来调节输出电压。此芯片可直接由单片机的 I/O 端口来提供模拟时序信号,也可以用 L297N 来提供时序信号,节省了单片机 I/O 端口的使用。

L298N 控制步进电机时,可以将 L298N 控制直流电机时的 4 个信号输出端直接连接到步进电机的输入端,再加上一个 GND 线,就可以成功连接一个四相五线的步进电机。

连接单片机或者其他控制器时,需要对 L298N 输入一定的控制信号,其控制直流电机时的逻辑真值表见表 13.3。其中 C、D 分别为 IN1、IN2 或 IN3、IN4;L 为低电平,H 为高电平,＊表示不管是低电平还是高电平。

表 13.3　L298 对直流电机控制的逻辑真值表

输　　入		输　　出
Ven＝H	C＝H；D＝L	正转
	C＝L；D＝H	反转
	C＝D	制动
Ven＝L	C＝＊；D＝＊	没有输出,电机不工作

用 L298N 实现 2 个步进电机控制的接线方法见图 13.3,INx 为控制型号输入端,信号电压范围 1.8~7V,IN1 和 IN2 控制电机 A,IN3 和 IN4 控制电机 B。输入控制电位来控制电机的正反转。双路电机驱动板模块信号表见表 13.4,表中,1 代表高电平,0 代表低电平,PWM 代表脉冲调制波,调节占空比改变转速。输入端 INx 有防共态导通功能,悬空等效于低电平输入。

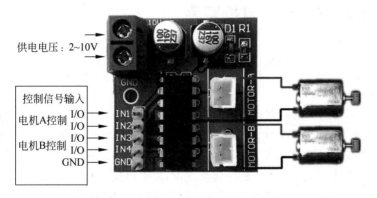

图 13.3　双路电机驱动板模块接线图

表 13.4　双路电机驱动板模块信号表

直流电机	旋转方式	IN1	IN2	IN3	IN4
电机 A	正转(调速)	1/PWM	0	—	—
	反转(调速)	0	1/PWM	—	—
	待机	0	0	—	—
	刹车	1	1	—	—

续表

直流电机	旋转方式	IN1	IN2	IN3	IN4
电机 B	正转(调速)	—	—	1/PWM	0
	反转(调速)	—	—	0	1/PWM
	待机	—	—	0	0
	刹车	—	—	1	1

4. L298N 使用时注意事项

(1) 步进电机应用于低速场合,每分钟转速不超过 1000 转(0.9°时 6666PPS),最好在 1000～3000PPS(0.9°)内使用,可通过减速装置使其在此范围工作,此时电机工作效率高,噪声低。

(2) 步进电机最好不使用整步状态,整步状态时振动大。

(3) 电源正极与负极接反肯定会造成电路损坏。

(4) 转动惯量大的负载应选择大机座号电机。

(5) 电机在较高速或大惯量负载时,一般不在工作速度起动,而采用逐渐升频提速,这样做,一是电机不失步,二是可以降低噪声,同时提高停止的定位精度。

(6) 高精度时应通过机械减速提高电机速度,或采用高细分数的驱动器来解决,也可以采用五相电机,不过其整个系统的价格较贵,生产厂家少。

(7) 电机不应在振动区内工作,如若必须可通过改变电压、电流或加一些阻尼来解决。

(8) 电机在 600PPS(0.9°)以下工作,应采用小电流、大电感、低电压来驱动。

(9) 应遵循先选电机后选驱动的原则。

(10) 输出对地短路或输出端短路,还有电机堵转的情况下,芯片都会热保护,但是在接近或者超过 10V 电压且峰值电流大大超过 2.5A 的情况下也会造成芯片烧毁。

13.3　实训十一　步进电机实验

13.3.1　实训设计

本实训所用到的硬件材料包括:STM32 最小系统板一块;步进电机一个;步进电机驱动器一个;电源模块一个;SWD 仿真器一个(或 CH340 串口线一根)。

实训使用 28BYJ48 步进电机,是四相五线的步进电机,而且是减速步进电机,减速比为 1:64,步进角为 (5.625/64)°。如果需要转动 1 圈,那么需要 $360/5.625 \times 64 = 4096$ 个脉冲信号,该步进电机的耗电流为 200mA 左右,采用 L298N 驱动。正转次序:A-B-C-D(即一个脉冲,正转 5.625°);反转次序:A-D-C-B(即一个脉冲,反转 5.625°)。正反转参数见表 13.5 和表 13.6。

表 13.5　28BYJ48 步进电机正转表

端口值	步数	A	B	C	D
0x03	1	1	0	0	0
0x06	2	0	1	0	0
0x0C	3	0	0	1	0
0x09	4	0	0	0	1

表 13.6 28BYJ48 步进电机反转表

端口值	步数	A	B	C	D
0x03	1	1	0	0	0
0x09	2	0	0	0	1
0x0C	3	0	0	1	0
0x06	4	0	1	0	0

实训使用步进电机驱动器来连接单片机和步进电机,驱动器的输入信号和输出信号是对应的,电机驱动模块原理图如图 13.4 所示。

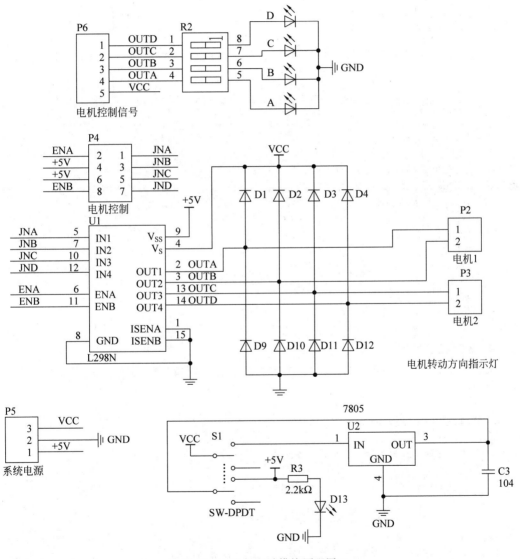

图 13.4 电机驱动模块原理图

L298N 供电电压为 5V,如果是用另外电源供电的话,即不是和单片机的电源共用,那么需要将单片机的 GND 和模块上的 GND 连接在一起,只有这样单片机上过来的逻辑信号才有参考零点。

STM32 单片机编程实现的过程和流水灯实验类似,也是 I/O 口依次输出高电平脉冲,但是速度快得多。本实训的软件设计只需用到 MDK 5 开发环境,要做的工作包括:

(1) 使能引脚,配置端口输出。

(2) 开启时钟延时。

(3) 设置步进电机转动。

13.3.2 实训过程

本次实训过程与流水灯实验(6.3 节)类似。

1. I/O 配置

首先设置控制步进电机的 4 个引脚,仅需要输出普通的脉冲,所以配置成普通的输出模式即可。

```
void MOTOR_Cfg(void)
{
    GPIO_InitTypeDef led_gpio;
    //使能端口 A 的时钟
    RCC_APB2PeriphClockCmd(RCC_APB2Periph_GPIOA, ENABLE);
    led_gpio.GPIO_Pin = GPIO_Pin_0 | GPIO_Pin_1 | GPIO_Pin_2 | GPIO_Pin_3;
    led_gpio.GPIO_Mode = GPIO_Mode_Out_PP;          //通用推挽输出
    led_gpio.GPIO_Speed = GPIO_Speed_2MHz;          //2MHz
    GPIO_Init(GPIOA, &led_gpio);
    STEP1_OFF;
    STEP2_OFF;
    STEP3_OFF;
    STEP4_OFF;
}
```

2. 延时函数编写

接下来,需要 SysTick 定时器来控制延时函数,默认配置好的函数在 delay.c 中,可以直接调用。

```
void delay_ms(u16 nms)
{
    if(OSRunning == TRUE)              //如果 os 已经在运行了
    {
        if(nms >= fac_ms)              //延时的时间大于 ucos 的最小时间周期
        {
            OSTimeDly(nms/fac_ms); //ucos 延时
        }
        //ucos 已经无法提供这么小的延时了,采用普通方式延时
        nms %= fac_ms;
    }
    delay_us((u32)(nms * 1000));       //普通方式延时,此时 ucos 无法启动调度
}
```

3. 主函数中控制电机转动

在主函数中设置控制转动的 4 个步骤，只要让 4 个引脚轮流输出脉冲信号，电机就会根据实验设置的方向转动。注意，这里延时不要设置得太短，脉冲太短会使电机发生丢步现象，也就是一直转不动。

```
while (1)
    {
        STEP4_ON;        //顺时针
        Delay_ms(t);
    STEP4_OFF;
        STEP3_ON;
        Delay_ms(t);
    STEP3_OFF;
        STEP2_ON;
        Delay_ms(t);
    STEP2_OFF;
        STEP1_ON;
        Delay_ms(t);
    STEP1_OFF;
    }
```

4. 硬件连接、运行程序

将 PA0～PA3 连接步进电机驱动器的 A、B、C、D 的 4 个信号端，步进电机驱动器由电源模块供电，通过五线接口将步进电机接到驱动器上。可以看到步进电机按照设置的方向和速度发生转动。

13.4 本章小结

本章系统介绍了单片机通过电机驱动模块控制步进电机的过程，需要连接驱动模块，另外，输出信号与流水灯类似，但需要注意的是变化速度不要太快，每个节拍需要一定的反应时间。电机驱动模块种类很多，本章所介绍的芯片原理在读者学习使用其他芯片时可以参考。使用电机驱动模块的原因主要就是单片机达不到驱动电机的频率，因此在选择模块的时候重点应该注意功率问题。另外，L298N 除了可以驱动步进电机外，还可以驱动直流电机，读者也可以参考本章实验使用。

思考与扩展

1. 自行编程，实现步进电机的正转、反转。
2. 结合按键实验(8.4 节)，实现电机转动的加速、减速。

第14章

STM32 与舵机

本章学习目标

1. 了解舵机的基本原理。
2. 学会区分不同类别的舵机。
3. 掌握定时器的使用和 PWM 的输出。
4. 掌握舵机的使用方法。

视频讲解

14.1 舵机简介

根据控制方式,舵机应该称为微型伺服电机,早期在模型上使用最多,主要用于控制模型的舵面,俗称舵机。舵机接收一个简单的控制指令就可以自动转动到一个比较精确的角度,所以非常适合在关节型机器人产品中使用。仿人型机器人就是舵机运用的最高境界。近年来,很多高校、中小学都开始进行机器人技术教学。小型的机器人、模块化的机器人、组件式的机器人是教学机器人的首选。在这些机器人产品中,舵机是最关键、使用最多的部件。

简单来说,舵机就是能够利用简单的输入信号,输出比较精确的转动角度的电机系统,它是集成了直流电机、电机控制器和减速器等,并封装在一个便于安装的外壳里的伺服单元。舵机安装了一个电位器(或其他角度传感器)来检测输出轴转动角度,控制板根据电位器的信息能比较精确地控制和保持输出轴的角度。这样的直流电机控制方式称为闭环控制,所以舵机更准确地说是伺服电机。

舵机的主体结构如图 14.1 所示,主要有几个部分:外壳、减速齿轮组、电机、控制电路等。外观方面,舵机的外壳一般是塑料的,特殊的舵机可能会有金属铝合金外壳。金属外壳能够提供更好的散热,可以让舵机内的电机运行在更高功率下,以提供更高的扭矩输出。金属外壳也可以提供更牢固的固定位。

将舵机打开来看,齿轮箱如图 14.2 所示,有塑料齿轮、混合齿轮、金属齿轮的差别。塑料齿轮成本底,噪声小,但强度较低;金属齿轮强度高,但成本高,在装配精度一般的情况下会有很大的噪声。小扭矩、微舵、扭矩大但功率密度小的舵机一般都用塑料齿轮,如 Futaba 3003,辉盛的 9g 微舵。金属齿轮一般用于功率密度较高的舵机上,如辉盛的 995 舵机,与

Futaba 3003 拥有一样体积的情况下,却能提供 13kg 的扭矩。Hitec 舵机甚至用钛合金作为齿轮材料,保证其具有与 Futaba 3003 相同的高强度,提供约 20kg 的扭矩。混合齿轮是在金属齿轮和塑料齿轮间做了折衷,即在同一舵机中根据使用目的同时使用塑料齿轮和金属齿轮。

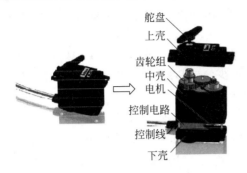

图 14.1　舵机的主体结构　　　　　图 14.2　舵机的齿轮箱

14.2　舵机的规格和选型

在不同的使用场景中,要选择合适的舵机来完成基础硬件设计,才能正常完成逻辑需求,因此,了解舵机的规格、正确选择型号变得十分重要。在选择舵机时,应该从转速、扭矩、尺寸、电压和重量等方面充分考虑,既要保证硬件环境能够承受压力,也要保证提供足够扭矩。

1. 舵机的规格参数

目前,使用的舵机有模拟舵机和数字舵机之分,不过数字舵机还是相对较少。

舵机的规格主要有几个方面:转速、扭矩、电压、尺寸、重量、材料等。在做舵机的选型时要对这几个方面进行综合考虑,这些技术规格同时适用于两种舵机。

1)转速

转速由舵机无负载的情况下转过 60° 角所需时间来衡量,一个转速单位示意图见图 14.3。常见舵机的速度一般为 $0.11s/60° \sim 0.21s/60°$。

2)扭矩

舵机扭矩的单位是 kg·cm,这是一个扭矩单位,舵机扭矩示意图见图 14.4。可以理解为在舵盘上距舵机轴中心水平距离 1cm 处,舵机能够带动的物体重量。

图 14.3　一个转速单位示意图　　　　图 14.4　舵机扭矩示意图

3）电压

厂商提供的速度、扭矩数据和测试电压有关，在 4.8V 和 6V 两种测试电压下这两个参数有比较大的差别。如 Futaba S-9001 在 4.8V 时扭矩为 3.9kg·m、速度为 0.22s，在 6.0V 时扭矩为 5.2kg·m、速度为 0.18s/60°。若无特别注明，JR 的舵机都是以 4.8V 为测试电压，Futaba 则是以 6.0V 作为测试电压。

舵机的工作电压对性能有重大的影响，舵机推荐的电压一般都是 4.8V 或 6V。当然，有的舵机可以在 7V 以上工作，如 12V 的舵机也不少。较高的电压可以提高电机的速度和扭矩。选择舵机还需要看控制芯片所能提供的电压。

4）尺寸、重量和材质

舵机功率（速度×扭矩）和舵机尺寸的比值可以理解为该舵机的功率密度，一般同样品牌的舵机，功率密度大的价格高。

塑料齿轮的舵机在超出极限负荷的条件下使用可能会崩齿，金属齿轮的舵机则可能会产生电机过热损毁或外壳变形。所以材质的选择并没有绝对的倾向，关键是将舵机使用在设计规格之内。

使用者一般都对金属制的物品比较信赖，齿轮箱期望选择全金属的，舵盘也期望选择金属舵盘。但需要注意的是，金属齿轮箱在长时间过载下虽不会损毁，却会使电机过热损坏或外壳变形，而这样的损坏是致命的，不可修复的。塑料输出轴的舵机如果使用金属舵盘是很危险的，舵盘和舵机轴在相互扭转过程中，金属舵盘不会磨损，舵机轴会在一段时间后变得光秃，导致舵机完全不能使用。

综上所述，选择舵机需要计算自己所需的扭矩和速度，并在确定使用电压的条件下，选择有 150% 左右甚至更大扭矩富余的舵机。

2. 模拟舵机的控制原理及使用

本章实验中使用的是模拟舵机，它是一个微型的伺服控制系统，具体的控制原理可以用图 14.5 表示。它的工作原理是，控制电路接收信号源的控制脉冲，并驱动电机转动；齿轮组将电机的速度成大比例缩小，并将电机的输出扭矩放大响应倍数，然后输出；电位器和齿轮组的末级一起转动，测量舵机轴转动角度；电路板检测并根据电位器判断舵机转动角度，然后控制舵机转动到目标角度或保持在目标角度。

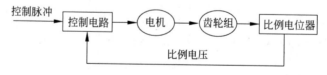

图 14.5 舵机控制原理

模拟舵机需要一个外部控制器（遥控器的接收机）产生脉宽调制信号来告诉舵机转动角度，脉冲宽度是舵机控制器所需的编码信息。舵机的控制脉冲周期 20ms，脉冲宽度为 0.5~2.5ms，分别对应 −90°~+90° 的位置，如图 14.6 所示。

需要解释的是，舵机原来主要用在飞机、汽车、船只模型上，作为方向舵的调节和控制装置，所以一般的转动范围是 45°、60° 或者 90°，这时候脉冲宽度一般只有 1~2ms。后来舵机开始在机器人上得到大幅度的运用，转动的角度也在根据机器人关节的需要增加到 −90°~90°，脉冲宽度也随之有了变化。这只是一种参考数值，具体的参数请参见舵机的技术参数。

小型舵机的工作电压一般为 4.8V 或 6V,转速也不是很快,一般为 0.22/60°或 0.18/60°,所以假如使用时,更改角度控制脉冲的宽度太快时,舵机可能反应不过来。如果需要更快速的反应,就需要更高的转速。要精确地控制舵机,其实没有那么容易,很多舵机的位置等级有 1024 个,那么,如果舵机的有效角度范围为 180°,其控制的角度精度可以达到 180/1024°(约 0.18°),从时间上看,要求的脉宽控制精度为 2000/1024μs(约 2μs)。如果舵机的电压没有抖动,则与所选用的脉冲发生器有关,也有人使用 555 定时器电路来调整舵机。

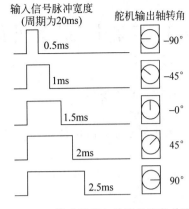

图 14.6　脉冲宽度与舵机角度的关系

使用传统单片机控制舵机的方案也有很多,多是利用定时器和中断的方式来完成控制的,这样的方式控制一个舵机还是相当有效的,但是随着舵机数量的增加,控制起来会不太方便,能够达到约 2μs 的脉宽控制精度。测试方法是:将其控制信号与示波器连接,然后让实验板输出的舵机控制信号以 2μs 的宽度递增。

3. 数字舵机与模拟舵机的区别

除了本实验中用到的模拟舵机,还有一种舵机,就是数字舵机。现在市场上一般都用数字舵机,数字舵机和模拟舵机在基本的机械结构方面是完全一样的,主要由电机、减速齿轮、控制电路等组成。数字舵机和模拟舵机的最大区别体现在控制电路上,数字舵机的控制电路比模拟舵机的控制电路多了微处理器和晶振,这对提高舵机的性能有着决定性的影响。模拟舵机与数字舵机,在处理接收机的输入信号的方式和控制舵机电机初始电流的方式存在不同。

模拟舵机在空载时,没有动力被传到舵机。当有信号输入使舵机移动,或者舵机的摇臂受到外力的时候,舵机会作出反应,向舵机电机传动动力(电压)。这种动力实际上每秒传递 50 次,被调制成开/关脉冲的最大电压,并产生小段的动力。当加大每一个脉冲的宽度的时候,电子变速器的效能就会出现,直到最大的动力/电压被传送到电机,电机转动使舵机摇臂指到一个新的位置。然后,当舵机电位器告诉电子部分它已经到达指定的位置,那么动力脉冲就会减小脉冲宽度,并使电机减速。直到没有任何动力输入,电机完全停止。

模拟舵机的缺点是:对于发射机的细小动作,反应非常迟钝,或者根本就没有反应。比如,一个短小的动力脉冲后紧接着很长的停顿,也就相当于一个比较小的控制动作,舵机会发送很小的初始脉冲到电机,并不能给电机施加多少激励使其转动,这是非常低效率的。这也是为什么模拟舵机有"无反应区"存在的原因。

相对于传统的模拟舵机,数字舵机具有两个优势:

(1)因为微处理器的关系,数字舵机可以在将动力脉冲发送到舵机电机之前,对输入的信号根据设定的参数进行处理。这意味着动力脉冲的宽度,就是说激励电机的动力,可以根据微处理器的程序运算而调整,以适应不同的功能要求,并优化舵机的性能。

(2)数字舵机以更高的频率向电机发送动力脉冲。相对于传统的 50 脉冲/秒,现在是 300 脉冲/秒。因为频率高的关系,每个动力脉冲的宽度被减小了,但电机在同一时间能够收到更多的激励信号,转动得更快。因此,舵机电机以更高的频率响应发射机的信号,使无反应区变小,加速和减速时也更迅速、更柔和。

14.3　实训十二　舵机实验

14.3.1　实训设计

本实训所用到的硬件材料包括：STM32最小系统板一块；舵机一个；杜邦线数根。

实训使用到SG90 9g舵机，实物外形见图14.7。

舵机控制信号由接收机的通道进入信号调制芯片，获得直流偏置电压。内部有一个基准电路，产生周期为20ms、宽度为1.5ms的基准信号，将获得的直流偏置电压与电位器的电压比较，获得电压差输出。最后，电压差的正负输出到电机驱动芯片决定电机的正反转。当电机转速一定时，通过级联减速齿轮带动电位器旋转，使得电压差为0，电机停止转动。使用中需要了解舵机的电气参数，见表14.1。

图14.7　SG90舵机实物图

表 14.1　SG90 9g 舵机参数

项目	参　数	项目	参　数
产品尺寸	23mm×12.2mm×29mm	插头类型	JR、FUTABA 通用
产品重量	9g	转动角度	最大180°
工作扭矩	1.6kg·cm	舵机类型	模拟舵机
反应转速	0.12～0.13s/60°	使用电压	4.8V
使用温度	−30～+60℃	结构材质	塑料齿
死区设定	5μs	适用范围	固定翼、直升机KT、飘飘、滑翔、小型机器人

实训需要用到STM32的PWM输出，PWM信号为脉宽调制信号，其特点在于上升沿与下降沿之间的时间宽度。SG90 9g为塑料齿轮模拟舵机，其使用PWM格式时需要注意以下两点：

（1）上升沿最少为0.5ms，范围为0.5～2.5ms；

（2）要求连续供给PWM信号；也可以输入一个周期为1ms的标准方波，这时表现出来的跟随性能很好、很紧密。

舵机的控制需要一个20ms左右的时基脉冲，该脉冲的高电平部分一般为0.5～2.5ms的角度控制脉冲部分。以180°伺服舵机为例，对应的控制关系见表14.2。

表 14.2　脉冲高电平的时刻与角度对应的控制关系

脉冲高电平的时刻	角度	脉冲高电平的时刻	角度
0.5ms	0°	2.0ms	135°
1.0ms	45°	2.5ms	180°
1.5ms	90°		

本实训软件设计只需用到 MDK 5 开发环境。

1. 工程创建

选择使用 GPIO 端口配置文档目录和文件,为每个.c 文件创建对应的.h 文件。

2. 定时器的初始化

驱动舵机的转动需要一定占空比的 PWM 波,因此离不开定时器。本实验使用 TIM2 的 CH2 通道来输出 PWM 波,在 STM32 的 PA1 引脚上。

首先使能 TIM2 的时钟。TIM2 使用的是 APB1,因此具有 36MHz 的频率。配置 TIM2 为 360 分频,周期为 2000,向上计数,这样产生的周期即为 20ms。初始化后使能 TIM2。

3. PWM 的设定

由于需要使用 PA1 引脚,因此需要先配置 GPIO 打开 PA1,设置为复用推挽输出。其次,配置 PWM 输出。在这里配置为 PWM1 模式,输出极性为高。在这种模式下,TIM_CNT<TIM_CCR 时,PA1 输出高电平,否则输出低电平。因此当设置 TIM_CCR 为 150~250 时,舵机即可转动。可以通过 TIM_SetCompare2 函数来改变 PWM 的占空比,其中函数名中的 2 表示通道 2。

4. 简单 delay 模块编写

delay 模块内包含两个延时函数,分别为微秒级延时和毫秒级延时。

5. 主函数的编写

主函数实现的功能为操作舵机由 0°转到 180°位置,然后再由 180°转回 0°,如此往复运动。

14.3.2　实训过程

1. 创建工程模板、目录及添加编写头文件

配置文档目录和文件如图 14.8 所示,为每个.c 文件创建对应的.h 文件,文档目录如图 14.9 所示。

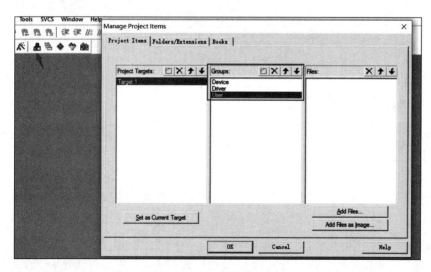

图 14.8　配置文档目录和文件

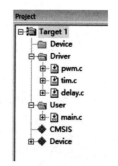

图 14.9　文档目录

打开 main. h 文件输入如下代码：

```
# ifndef _MAIN_H_
# define _MAIN_H_
# include "stm32f10x. h"
# include "delay. h"
# include "pwm. h"
# include "tim. h"
# endif
```

编写 delay. h 文件：

```
# ifndef _DELAY_H_
# define _DELAY_H_
# include "main. h"
void delay_ms(uint32_t n);
void delay_us(uint32_t n);
# endif
```

编写 pwm. h 文件：

```
# ifndef _PWM_H_
# define _PWM_H_
# include "main. h"
void Pwm_Configuration(void);
void Set_Pwm(uint16_t pwm);
# endif
```

编写 tim. h 文件：

```
# ifndef _TIM_H_
# define _TIM_H_
# include "main. h"
void Tim_Configuration(void);
# endif
```

2. 编写完底层驱动

编写 delay. c 文件，设计延时函数。

```
# include "delay. h"
void delay_ms(uint32_t n)
{
int i;
for( i = 0;i < n;i++)
{
    int a = 10300;
    while(a -- );
}
}
```

```
void delay_us(uint32_t n)
{
int i;
for( i = 0;i < n;i++)
{
    int a = 9;
    while(a--);
}
}
```

其中,delay_ms 中的 a＝10300 是实际测试得出的,在不同的应用场合、不同的硬件上会有较大偏差,因此只能做不精确延时。delay_us 函数中的 a＝9 也是如此。

编写 tim.c 文件:

```
# include "tim.h"
void Tim_Configuration(void)
{
TIM_TimeBaseInitTypeDef tim;
RCC_APB1PeriphClockCmd(RCC_APB1Periph_TIM2,ENABLE);
tim.TIM_ClockDivision = 0;
tim.TIM_CounterMode = TIM_CounterMode_Up;
tim.TIM_Period = 2000 − 1;
tim.TIM_Prescaler = 360 − 1;
TIM_TimeBaseInit(TIM2,&tim);
TIM_Cmd(TIM2,ENABLE);        //用于使能定时器
}
}
```

编写 pwm.c 文件:

```
# include "pwm.h"
void Pwm_Configuration(void)
{
GPIO_InitTypeDef gpio;
TIM_OCInitTypeDef pwm;
RCC_APB2PeriphClockCmd(RCC_APB2Periph_GPIOA,ENABLE);
gpio.GPIO_Mode = GPIO_Mode_AF_PP;
gpio.GPIO_Pin = GPIO_Pin_1;
gpio.GPIO_Speed = GPIO_Speed_50MHz;
GPIO_Init(GPIOA,&gpio);
pwm.TIM_OCMode = TIM_OCMode_PWM1;
pwm.TIM_OCPolarity = TIM_OCPolarity_High;
pwm.TIM_OutputState = TIM_OutputState_Enable;
pwm.TIM_Pulse = 200;
TIM_OC2Init(TIM2,&pwm);
}
void Set_Pwm(uint16_t pwm)
{
```

```
    TIM_SetCompare2(TIM2,pwm);
}
```

编写主函数 main.c 文件:

```
#include "main.h"
int main(void)
{
uint16_t i = 0;
char flag = 0;
Tim_Configuration();
Pwm_Configuration();
while(1)
{
    delay_ms(5);
    Set_Pwm(i);
    if(flag == 0)
    {       i++;      }
    else
    {       i--;      }
    if(i > 250)
    {       flag = 1;      }
    if(i < 150)
    {       flag = 0;      }
}
return 0;
}
```

3. 硬件连接、运行程序

将橙色的信号线接到输出 PWM 的引脚上,红色的线接到+5V,深色的线接 GND。下载程序后,可观察到舵机按设计的角度转动。

14.4 本章小结

舵机在很多机械装置上都是必不可少的,在本章的学习中,除了介绍舵机的基本原理外,着重强调的就是控制舵机角度的 20ms 信号。以 20ms 为周期的信号中,0.5~2.5ms 的高电平时长才能提供有效的角度信息,其他周期和占空比的信号会发生一些不常见的错误。另因舵机也是一种功率比较大的设备,所以在单片机调用的时候,并不是直接由单片机供电,但要保证和单片机共地。

思考与扩展

1. 结合按键,遥控舵机左转与右转。
2. 运用所学知识,设计基于 STM32 控制的小车。

第15章

STM32 与语音合成

本章学习目标

1. 了解 SYN6288 中文语音合成芯片相关知识。

2. 了解通信帧及命令帧。

3. 初步掌握语音合成模块指令结构。

4. 能使用 STM32 最小系统板控制语音模块播放指定声音。

视频讲解

15.1 SYN6288 中文语音合成芯片

SYN6288 中文语音合成芯片是于 2010 年初推出的一款性价比更高、效果更自然的中高端语音合成芯片。SYN6288 通过异步串口(UART)通信方式,接收待合成的文本数据,实现文本到语音(或 TTS 语音)的转换。

SYN6288 芯片引脚图见图 15.1,引脚说明见表 15.1。

VSSIO0	1 ○	28 RxD
VDDIO0	2	27 TxD
VSSIO0	3	26 VDDA
Ready/Busy	4	25 XOUT
Res.	5	24 XIN
VDDIO1	6	23 VSSA
VSSIO1	7	22 REGOUT
VSSPP	8	21 CVDD
BP0	9	20 VDDIO2
VDDPP	10	19 RST
BN0	11	18 CVSS
VSSPP	12	17 VSSIO2
NC	13	16 VSS
NC	14	15 NC

图 15.1 SYN6288 芯片引脚图

表 15.1　SYN6288 芯片引脚说明

引脚序号	引脚名称	I/O	说　　明
1,3	VSSIO0	I	总线模块 0 电源负极
2	VDDIO0	I	总线模块 0 电源正极
4	Ready/Busy STATUS 引脚	O	低电平表示 CHIP 空闲,可接收上位机发送的命令和数据;高电平表示 CHIP 忙,正在进行语音合成并播音
5	Res.	—	Res 引脚
6	VDDIO1	I	总线模块 1 电源正极
7	VSSIO1	I	总线模块 1 电源负极
8,12	VSSPP	I	语音输出模块电源负极
10	VDDPP	I	语音输出模块电源正极
9	BP0	O	推送 DAC 语音输出 1
11	BN0	O	推送 DAC 语音输出 2
28	RxD	I	串口数据接收,初始波特率为 9600bps
27	TxD	O	串口数据发送,初始波特率为 9600bps
26	VDDA	I	内部稳压电源正极
23	VSSA	I	内部稳压电源负极
25	XOUT	O	高速晶振输出
24	XIN	I	高速晶振输入
22	REGOUT	O	电压自动调节输出
21	CVDD	I	处理器电源正极
18	CVSS	I	处理器电源负极
20	VDDIO2	I	总线模块 2 电源正极
17	VSSIO2	I	总线模块 2 电源负极
19	RST	I	芯片复位,低电平触发有效
16	VSS	I	电源负极,与语音合成芯片基板一体,必须与 PCB 布线的地 (GND)或负板(VSS)相连接

SYN6288 芯片内部集成智能的文本分析处理算法,可正确识别数值、号码、时间日期及常用的度量衡符号,拥有很强的多音字处理和中文姓氏处理能力;支持多种文本控制标记,提升文本处理的正确率;每次合成的文本量最多可达 200 字节;支持多种控制命令,包括合成、停止、暂停合成、继续合成、改变波特率等;支持休眠功能,在休眠状态下可降低功耗;支持多种方式查询芯片工作状态;支持串行数据通信接口,支持 3 种通信波特率:9600bps,19200bps、38400bps;可通过发送控制标记调节词语语速,支持 6 级词语语速调整;芯片内固化有多首和弦音乐、提示音效和针对某些行业领域的常见语音提示音;内部集成 19 首声音提示音、23 首和弦提示音、15 首背景音乐;内置 10 位推挽式、可独立供电的功放,进行 DAC 输出;最终产品提供 SSOP 贴片封装形式;体积业内最小;芯片各项指标满足室外严酷环境下的应用。

SYN6288 芯片具体功能如下:

1)文本合成功能

芯片支持任意中文文本的合成,可以采用 GB2312、GBK、BIG5 和 Unicode 四种编码方

式。芯片支持英文字母的合成,遇到英文单词时按字母方式发音。每次合成的文本量可达
200 字节。

2)文本智能分析处理

芯片具有文本智能分析处理功能,对常见的数值、电话号码、时间日期、度量衡符号等格
式的文本,芯片能够根据内置的文本匹配规则进行正确的识别和处理。例如:"2008-12-21"
读作"二零零八年十二月二十一日","10:36:28"读作"十点三十六分二十八秒","28℃"读作
"二十八摄氏度"。

3)多音字处理和中文姓氏处理能力

对存在多音字的文本,例如:"当前工作的重中之重是要在重重困难中保证重庆市的重
点工程的顺利进行,坚决拒绝重复建设",芯片可以自动对文本进行分析,判别文本中多音字
的读法并合成正确的读音。

4)数字音量 16 级控制和 6 级词语语速控制

芯片可实现 16 级数字音量控制,音量更大、更广。播放文本的前景音量和播放背景音
乐的背景音量可分开控制,更加自由。

5)文本播音时可选择背景音乐

芯片内集成了 15 首背景音乐,任何播音时均可以选择背景音乐。

6)提示音

芯片内集成了 19 首声音提示音,可用于不同场合的信息提醒、报警等功能;集成了 23
首和弦音乐,可用作和弦短信提示音或者和弦铃声。

7)支持多种控制命令

控制命令包括合成文本、停止合成、暂停合成、恢复合成、状态查询、进入 PowerDown
模式、改通信波特率等控制命令。控制器通过通信接口发送控制命令实现对芯片的控制。

8)支持多种文本控制标记

芯片支持多种文本控制标记,可通过发送"合成命令"发送文本控制标记、调节音量、设
置数字读法、设置词语语速、设置标点是否读出等。

9)查询芯片的工作状态

芯片支持多种方式查询芯片的工作状态,包括查询状态引脚电平、通过读芯片自动返回
的回传、发送查询命令获得芯片工作状态的回传。

10)支持低功耗模式

芯片支持 PowerDown 模式,使用控制命令可以使芯片进入 PowerDown 模式。复位芯
片可以使芯片从 PowerDown 模式恢复到正常工作模式。

15.2　SYN6288 芯片控制方法

SYN6288 芯片提供了多种控制命令,分别可以实现表 15.2 中的功能。在编程中灵活
运用,会使硬件成品的人机交互效果大大提高,也可以达到省电的目的。

表 15.2　SYN6288 芯片命令

命　　令	功　能　说　明
语音合成播放命令	合成本次发送的文本
改变通信波特率命令	改变之后的通信波特率
停止合成命令	停止当前的合成动作
暂停合成命令	暂停正在进行的合成
恢复合成命令	继续合成被暂停的文本
芯片状态查询命令	查询当前芯片的工作状态：上位机可通过"芯片状态查询命令"来判断 TTS 模块是否正常工作，以及获取相应参数。返回 0x4E 表明芯片仍在合成中，返回 0x4F 表明芯片处于空闲状态
进入 PowerDown 模式的命令	使芯片从正常工作模式进入 PowerDown 模式，复位后恢复

芯片工作过程如下：

（1）上位机以命令帧的格式向 SYN6288 芯片发送命令。SYN6288 芯片根据命令帧进行相应操作，并向上位机返回命令操作结果。

（2）接收到控制命令帧，芯片会向上位机发送 1 字节的状态回传，上位机可根据这个回传来判断芯片目前的工作状态。

（3）SYN6288 芯片在初始化成功时会发送 1 字节的"初始化成功"回传。

（4）SYN6288 芯片收到命令帧后会判断此命令帧正确与否，如果命令帧正确则返回"接收成功"回传，如果命令帧错误则返回"接收失败"回传。

（5）SYN6288 芯片收到状态查询命令时，如果芯片处于播音工作状态则返回"正在播音"回传，如果芯片处于空闲状态则返回"芯片空闲"回传。在一帧数据合成完毕后，芯片会自动返回一次"芯片空闲"的回传。回传触发条件见表 15.3。

表 15.3　SYN6288 芯片回传触发条件

回传类型名称	回传数据	触　发　条　件
初始化成功回传	0x4A	芯片初始化成功
收到正确的命令帧回传	0x41	接收成功
收到不能识别命令帧回传	0x45	接收失败
芯片播音状态回传	0x4E	收到"状态查询命令帧"，芯片处在正在播音状态
芯片空闲状态回传	0x4F	当一帧数据合成完以后，芯片进入空闲状态，回传 0x4F；或者收到"状态查询命令帧"，芯片处于空闲状态，回传 0x4F

15.3　SYN6288 通信控制

SYN6288 提供一组全双工的异步串行通信（UART）接口，实现与微处理器或 PC 的数据传输。连接方式如图 15.2 所示。SYN6288 利用 TxD 和 RxD 以及 GND 实现串口通信，其中 GND 作为地信号。芯片支持 UART 接口通信方式，通过 UART 接口接收上位机发送的命令和数据，允许发送数据的最大长度为 206 字节。

通信传输字节格式：初始波特率为 9600bps，起始位为 1，数据位为 8，无校验位，停止位为 1，无流控制。

SYN6288 通过命令帧实现通信控制，支持的命令帧格式为：帧头 FD ＋ 数据区长度 ＋ 数据区。上位机发送给 SYN6288 芯片的所有命令和数据都需要用"帧"的方式进行封装后传输。命令帧格式见图 15.3。其中，数据区（含命令字、命令参数、待发送文本、异或校验）的实际长度必须与帧头后定义的数据区长度严格一致，否则芯片会报接收失败。

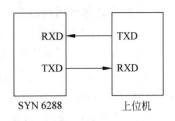

图 15.2 SYN6288 与上位机的通信连接

帧结构	帧头 (1字节)	数据区长度 (2字节)	数据区 (小于等于203字节)			
			命令字 (1字节)	命令参数 (1字节)	待发送文本 (小于等于200字节)	异或校验 (1字节)
数据	0xFD	0xXX 0xXX	0xXX	0xXX	0xXX …	0xXX
说明	定义为十六进制0xFD	高字节在前低字节在后	长度必须和前面的"数据区长度"一致			

图 15.3 命令帧格式

上位机可使用数据区中的命令字和命令参数来实现语音合成芯片的各种功能，芯片支持的控制命令见图 15.4。

数据区(≤203字节)						
命令字 1字节		命令参数 1字节			待发送文本 ≤200字节	异或校验 1字节
取值	对应功能	字节 高5位	对应功能	字节 低3位	对应功能	
0x01	语音合成播放命令	值：0 值：1 值：2 值：3 … 值：14 值：15	值0：表示不加背景音乐 其他值：表示所选背景音乐的编号	0	设置文本为：GB2312编码格式	待合成文本的二进制内容	之前所有字节(包括帧头、数据区长度字节)异或校验得出的字节
				1	设置文本为：GBK编码格式		
				2	设置文本为：BIG5编码格式		
				3	设置文本为：Uuicode编码格式		
0x31	设置通信波特率命令 (初始波特率为9600bps)	0	无功能	0	设置通信波特率：9600bps	无文本	
				1	设置通信波特率：19200bps		
				2	设置通信波特率：38400bps		
0x02	停止合成命令	无参数					
0x03	暂停合成命令						
0x04	恢复合成命令						
0x21	芯片状态查询命令						
0x88	芯片进入Power Down模式命令						

图 15.4 芯片支持的控制命令

下面是具体使用时的几点说明：

1) 休眠与唤醒说明

(1) 芯片不会主动休眠，只有接收到上位机发送的休眠命令帧后才会休眠。

(2) 芯片进入休眠之后，上位机首先需要唤醒芯片，然后再向芯片发送命令帧数据(注意：唤醒后需间隔16ms再发送命令数据)。

(3) 休眠若被唤醒后，如硬件唤醒或软件唤醒，待机时间(10s)内未接收到上位机发送的有效命令帧数据，包括语音合成播放命令、设置波特率命令、停止合成命令、暂停合成命令、恢复合成命令、状态查询命令，则芯片会认为是干扰唤醒不去理睬，重新进入休眠。

(4) 芯片只有在已经进入休眠之后，才会有10s唤醒待机再次休眠。

2) 设置波特率说明

(1) 默认初始波特率为9600bps，上位机若需改变波特率，在发送完设置波特率的命令帧后需间隔16ms再发送其他命令帧。

(2) 若要改波特率，每次系统重置时都得重发修改波特率的命令帧。

(3) 发送完修改波特率的命令帧后，要暂停几百毫秒，再修改主机的波特率。

(4) 不管芯片在合成播音还是空闲，为9600bps、19200bps这两种波特率时，通信传输都非常稳定。

(5) 因为系统时间片与传输时间片接近，38400bps波特率时，通信传输芯片空闲时非常稳定，但在芯片合成播音时上位机再次发送数据时不是很稳定，接收成功和接收失败的概率各为50%左右。

(6) 在芯片正在合成播音时，若使用38400bps波特率再次发送新的数据来中断当前播放，可以先重复发送"停止"命令，确保收到"接收成功"信号后，再发送新的数据。

3) 其他特别说明

(1) 同一帧数据中，每个字节之间的发送间隔不能超过8ms，帧与帧之间的发送间隔必须超过8ms。

(2) 当SYN6288芯片正在合成文本的时候，如果又接收到一帧有效的合成命令帧，芯片会立即停止当前正在合成的文本，转而合成新收到的文本。

(3) 待发送文本长度必须小于等于200字节。实际发送的长度大于200字节，芯片会报接收失败。

(4) 用户在连续播放文本内容时，在收到前一帧数据播放完毕的"芯片空闲"字节(即0x4F)后，最好延时1ms左右再发送下一帧数据。

(5) 用户在连续播放文本内容时(即播放完前一帧数据就马上发送播放下一帧数据)，建议用户在逗号、句号、问号、感叹号、分号等标点符号处进行数据分帧。因数据传输需要时间，在标点符号处分帧，连贯性更好，且可避免词组被硬性切断的现象(如"银行"一词，"银"在前一帧数据，"行"在后一帧数据)。

在通信中，上位机对SYN6288芯片的调用有下面两种方式。

1) 简单调用方式

简单调用针对应用比较简单的情况。用户不用关心SYN6288的工作状态，只需要发送文本，SYN6288会将接收的文本合成为语音输出。

在简单调用情况下，上位机只要与SYN6288之间建立起串行通信连接，即可发送合成命令来实现文本的合成,上位机不需要理睬 SYN6288 的反馈信息和状态输出,SYN6288 会输出合成的语音。需要注意的是,如前一帧文本还没有合成完,再发送文本到 SYN6288 就会打断前次合成,而执行新的合成。

2) 标准调用方式

一般情况,上位机需要确定 SYN6288 的工作状态,以更精确地控制 SYN6288 芯片的工作,例如,需要确保上次文本被完整合成之后,再合成下一段文本。

这里举个例子:假设需要合成的文本为 300 字节,超过了芯片一个命令帧所能容纳的最大文本长度(200 字节),这时分两次给芯片发送文本信息,程序过程如下:

(1) 上位机先给芯片发送一个文本合成命令帧,携带小于 200 字节的文本。

(2) 上位机等待 SYN6288 芯片返回播放完毕的回传信息,直到收到芯片回传 0x4F,说明前面的文本已合成完毕;或者使用查询芯片的状态引脚、发送查询命令,通过查询到的信息,确认上一帧文本合成完毕。

(3) 上位机再次发送一个文本合成命令帧给 SYN6288 芯片,发送剩下的字节的文本信息。

在通信中,可通过硬件和软件两种方式查询 SYN6288 的工作状态。

1) 硬件方式

通过查询输出引脚 Ready/Busy 的电平,来判断芯片的工作状态。当 Ready/Busy 为高电平时,表明芯片正在合成播放文本状态;当 Ready/Busy 为低电平时,表明芯片空闲状态。

2) 软件方式

通过芯片状态查询命令帧来查询芯片的工作状态。当上位机发送状态查询命令帧给芯片后,芯片会立即向上位机发送当前芯片状态回传。上位机根据芯片状态的回传数据来判断当前芯片是处于空闲状态还是播音状态。

15.4　实训十三　语音合成实验

15.4.1　实训设计

本实训所用到的硬件材料包括:STM32 最小系统板一块;SYN6288 语音识别模块;杜邦线四根;SWD 仿真器一个(或 CH340 串口线一根)。

通过 SYN6288 命令帧格式可以知道,如果要合成语音,通过简单调用方式向模块发送合成指令即可,不需要得到回传数据。为此,只需要通过串口给语音模块发送一条十六进制格式的命令,当然要把汉字转换成 ASCII 码来表示。

本实训软件设计只需用到 MDK 5 开发环境,主要工作如下:

(1) 串口时钟使能,GPIO 时钟使能,串口复位。

(2) TXD 和 RXD 所在的 GPIO 端口模式设置。

(3) 串口参数初始化。

(4) 编写合成语音命令函数。

15.4.2 实训过程

对于 STM32 来说,本实训类似一次特殊的串口实验。

1. 进行串口的设置

具体方法可以参考串口输入与输出实验(7.3 节),依然用的是 USART1 的 PA9 和
PA10 两个端口。虽然系统默认的串口配置文件中,开启了串口中断,并进行了优先级分组
和编写了中断服务函数,但这次实验并不需要使用串口中断,可以忽略。需要进行串口时钟
使能、GPIO 时钟使能等操作,以下这段代码是必不可少的。

```
CC_APB2PeriphClockCmd(RCC_APB2Periph_USART1|RCC_APB2Periph_GPIOA, ENABLE);
                                                        //使能 USART1,GPIOA 时钟
USART_DeInit(USART1);                                   //复位串口 1
//USART1_TX PA.9
GPIO_InitStructure.GPIO_Pin = GPIO_Pin_9;               //PA.9
GPIO_InitStructure.GPIO_Speed = GPIO_Speed_50MHz;
GPIO_InitStructure.GPIO_Mode = GPIO_Mode_AF_PP;         //复用推挽输出
GPIO_Init(GPIOA, &GPIO_InitStructure);                  //初始化 PA9
//USART1_RX PA.10
GPIO_InitStructure.GPIO_Pin = GPIO_Pin_10;
GPIO_InitStructure.GPIO_Mode = GPIO_Mode_IN_FLOATING;   //浮空输入
GPIO_Init(GPIOA, &GPIO_InitStructure);                  //初始化 PA10
USART_InitStructure.USART_BaudRate = bound;             //一般设置为 9600
//字长为 8 位数据格式
USART_InitStructure.USART_WordLength = USART_WordLength_8b;
USART_InitStructure.USART_StopBits = USART_StopBits_1;  //一个停止位
USART_InitStructure.USART_Parity = USART_Parity_No;     //无奇偶校验位
USART_InitStructure.USART_HardwareFlowControl = USART_HardwareFlowControl_None;
                                                        //无硬件数据流控制
USART_InitStructure.USART_Mode = USART_Mode_Rx | USART_Mode_Tx;
                                                        //收发模式
USART_Init(USART1, &USART_InitStructure);               //初始化串口
USART_Cmd(USART1, ENABLE);                              //使能串口
```

2. 编写语音合成芯片控制程序

编写一个命令发送函数,需要用到 USART_Send_Byte()函数,该函数的作用是通过串
口发送 1 字节的数据。命令帧的格式比较松散,用字节发送的方式灵活一些。

```
void USART_Send_Byte(u8 mydata)
{
    USART_ClearFlag(USART1,USART_FLAG_TC);
    USART_SendData(USART1, mydata);
    while(USART_GetFlagStatus(USART1,USART_FLAG_TC) == RESET);
    USART_ClearFlag(USART1,USART_FLAG_TC);
}
```

编写命令发送函数,定义的是这个函数包含一个字符串参数,即要发送的文本。该函数

运行时,首先判断字符串长度,根据命令帧格式,"字符串长度＋3"就是数据区长度,模块由此判断接收数据何时结束。因为最多合成 200 字节的语音,使用数据的低位字节(8 位二进制)完全可以表示这个范围,所以数据的高位永远是 0。设置一个字符串缓冲区 SoundBuf 的目的,一是为了方便按字节发送,二是为了方便得出最后的校验位。

```
void TTSPlay(char * Text)
{
    u8 i = 0;
    u8 xorcrc = 0,ulen;
    u8 SoundBuf[110];
    ulen = strlen(Text);
    SoundBuf[0] = 0xFD;
    SoundBuf[1] = 0x00;
    SoundBuf[2] = ulen + 3;
    SoundBuf[3] = 0x00;
    SoundBuf[4] = 0x00;
    for (i = 0;i < ulen;i++)
    {
            SoundBuf[5 + i] = Text[i];
    }
    for (i = 0;i < ulen + 5;i++)
    {
            xorcrc = xorcrc ^ SoundBuf[i];
    }
    for (i = 0;i < ulen + 5;i++)
    {
            USART_Send_Byte(SoundBuf[i]);
    }
    USART_Send_Byte(xorcrc);
}
```

如果需要,可以编写设置波特率的函数,如果不设置,模块的默认波特率就是 9600bps。这里参考命令格式来编写设置波特率的函数。

```
void Bote(uint32 bo)
{
        u8 i = 0;
        u8 x = 0;
        u8 SoundBuf[6];
        ulen = strlen(Text);
        SoundBuf[0] = 0xFD;
        SoundBuf[1] = 0x00;
        SoundBuf[2] = 0x03;
        SoundBuf[3] = 0x00;
        swtch(bo)
        {
        case 9600:
            SoundBuf[4] = 0x00;break;
        case 19200:
            SoundBuf[4] = 0x01;break;
        case 38400:
```

```
            SoundBuf[4] = 0x02;break;
        }
    for (i = 0;i < 5;i++)
    {
            xorcrc = xorcrc ^ SoundBuf[i];
    }
    for (i = 0;i < 5;i++)
    {
            USART_Send_Byte(SoundBuf[i]);
    }
    USART_Send_Byte(xorcrc);
}
```

3. 编写主函数调用语音合成函数

在主函数中调用语音合成函数,使串口发送数据来合成语音。鉴于模块合成后需要一段时间播放,所以比较邻近的两次合成命令,需要写好延时函数,每个字大约延时 200ms。

```
int main(void)
{
    delay_init();                    //延时函数初始化
    NVIC_Configuration();            //设置中断优先级分组
    uart_init(9600);                 //串口初始化为 9600
    while(1)
    {
        TTSPlay("你好");
        delay_ms(400);
    }
}
```

运行程序,可以观察到: 语音模块接通喇叭,循环播放编辑的语音。

15.5　本章小结

语音合成实验的主要功能是在语音合成模块中完成的,单片机最主要的工作是完成符合帧格式的指令发送。本章重点是要学习合成指令的方式,即字符串和数组结合的方法,再通过串口按照字节发送出去。实际应用中,编写指令格式的时候可以按位编辑,使用 BCD 码和十六进制的方法是很容易实现的。最后也按照字节发送,这是因为串口的寄存器每次只能发送 1 字节的内容。

思考与扩展

1. 自行编程,使用 SYN6288 播放自定义的语音。
2. 运用之前所学知识,尝试设立一个定时语音提醒。

第16章

STM32 与 RFID 读卡器

本章学习目标

1. 了解 MFRC522 芯片基础知识及其功能。
2. 掌握 SPI 的原理及操作方法。
3. 理解 RFID 模块的工作原理。
4. 使用 SPI 和 USART，制作 RFID 读卡器。

视频讲解

16.1 MFRC522 芯片

MFRC522 是高度集成的非接触式读写卡芯片。它的发送模块利用调制和解调的原理，并将它们完全集成到各种非接触式通信方法和协议中（13.56MHz）。MFRC522 支持 ISO14443A/MIFARE，MFRC522 的内部发送器部分可驱动读写器天线与 ISO14443A/MIFARE 的卡和应答机的通信，无须其他电路。接收器部分提供一个功能强大和高效的解调和译码电路，用来处理兼容 ISO14443A/MIFARE 的卡和应答机的信号。数字电路部分处理完整的 ISO14443A 帧和错误检测（奇偶 & CRC）。MFRC522 支持 MIFARE Classic 器件，支持 MIFARE 更高速的非接触式通信，双向数据传输速率高达 424kbps。

1. MFRC522 的内部结构

从硬件结构层面来看，MFRC522 简化的内部结构框图如图 16.1 所示。模拟接口用来处理模拟信号的调制和解调。非接触式 UART 用来处理与主机通信时的协议要求。FIFO 缓冲区快速而方便地实现了主机和非接触式 UART 之间的数据传输。不同的主机接口功能可满足不同用户的要求。MFRC522 芯片通过天线得到卡片的模拟量信息，经过 A/D 转换器转换成数字信息。数字信息通过接口传递出去的过程中，在接收到数字信息进行相应动作之前，有奇偶校验等算法、FIFO 缓存等技术为数据传输服务，这其中还要依赖时钟系统和供电系统提供的基础硬件支持。实际上 MFRC522 起到消息枢纽的作用，将得到的信息进行处理，并传递出去。

2. MFRC522 引脚信息

MFRC522 芯片的功能比较多，接口很丰富，所以芯片的硬件方面也较为复杂。为

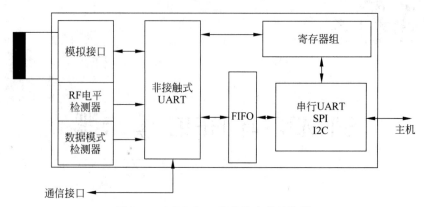

图 16.1　MFRC522 简化的内部结构图

MFRC522 制作电路板时,需要了解各引脚的具体信息。MFRC522 采用 HVQFN32 封装,引脚如图 16.2 所示,具体的引脚说明见表 16.1。

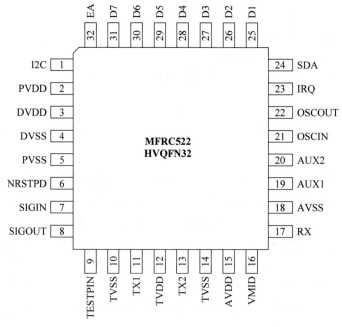

图 16.2　MFRC522 引脚图

表 16.1　MFRC522 引脚说明

编号	符号	类型	说　　明
21	OSCIN	I	晶振输入:振荡器的反相放大器的输入,也是外部产生的时钟的输入($f_{osc}=$ 27.12MHz)
23	IRQ	O	中断请求:输出,用来指示一个中断事件
7	SIGIN	I	信号输入
8	SIGOUT	O	信号输出
11	TX1	O	发送器1:传递调制的 13.56MHz 的能量载波信号
12	TVDD	PWR	发送器电源:给 TX1 和 TX2 的输出级供电
13	TX2	O	发送器 2:传递调制的 13.56MHz 的能量载波信号

续表

编号	符号	类型	说　明
10,14	TVSS	PWR	发送器地：TX1 和 TX2 的输出级的地
4	DVSS	PWR	数字地
25	D1	I/O	
26	D2	I/O	
27	D3	I/O	
28	D4	I/O	不同接口地数据引脚(测试端口、I2C、SPI、UART)
29	D5	I/O	
30	D6	I/O	
31	D7	I/O	
24	SDA	I	串行数据线
32	EA	I	外部地址：该引脚用来编码 I2C 地址
1	I2C	I	I2C 使能
3	DVDD	PWR	数字电源
15	AVDD	PWR	模拟电源
19	AUX1	O	辅助输出：这两个引脚用于测试
20	AUX2	O	
18	AVSS	PWR	模拟地
17	RX	I	接收器输入：接收的 RF 信号引脚
16	VMID	PWR	内部参考电压：该引脚提供内部参考电压
6	NRSTPD	I	不复位和掉电：引脚为低电平时，切断内部电流吸收，关闭振荡器，断开输入引脚与外部电路的连接。引脚的上升沿来启动内部复位阶段
22	OSCOUT	O	晶振输出：振荡器的反相放大器的输出
9	TESTPIN	—	不连接：三态引脚
2	PVDD	PWR	引脚电源
5	PVSS	PWR	引脚电源地

3. MFRC522 的通信

MFRC522 是一块专为 RFID 设计的芯片，它的发送模块支持具有多种传输速率和调制方法的 ISO14443A/MIFARE 的读写器模式，如图 16.3 所示。它在运行中会一直处于这种读写器模式，有卡接近就会自动工作。

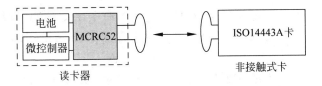

图 16.3　MFRC522 读写器模式

MFRC522 的读写器模式遵循 ISO14443A/MIFARE 规范。图 16.4 描述了物理层上的通信，图中，①读卡器→卡，100％ASK Miller 编码，传输速率为 106～424kbps；②卡←读卡器，副载波调制 Mancheste 编码或 BPSK，传输速率为 106～424kbps。表 16.2 列出了 ISO14443A/MIFARE 读写器通信相关的参数。

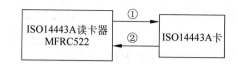

图 16.4　ISO14443A/MIFARE 读写器通信图

表 16.2　ISO14443A/MIFARE 读写器通信相关参数

通信方向	参数 \ 分类	ISO14443A/MIFARE	MIFARE 更高的传输速率	
	传输速率	106kbps	212kbps	424kbps
读卡器→卡	读卡器一方的调制	100%ASK	100%ASK	100%ASK
	位编码	改变的 Miller 编码	改变的 Miller 编码	改变的 Miller 编码
	位长度	$(128/13.56)\mu s$	$(64/13.56)\mu s$	$(32/13.56)\mu s$
卡→读卡器	卡一方的调制	副载波装载调制	副载波装载调制	副载波装载调制
	副载波频率	13.56MHz/16	13.56MHz/16	13.56MHz/16
	位编码	Manchester 编码	BPSK	BPSK

完成整个 MIFARE/ISO14443A/MIFARE 协议,需要使用 MFRC522 的非接触式 UART 和专用的外部主机。单片机的串口通信时,需要参考 ISO14443A/MIFARE 的数据编码和帧,106kbps 传输速率的 ISO14443A 帧结构如图 16.5 所示。单片机对 MFRC522 的底层驱动代码,要参照图 16.5 编写。内部 CRC 协处理器会根据 ISO14443 协议的第三部分给出的定义来计算 CRC 值。

图 16.5　ISO14443A 的数据编码和帧

4. MFRC522 命令集

MFRC522 的操作由可执行一系列命令的内部状态机来决定。通过向命令寄存器写入相应的命令代码来启动命令。执行一个命令所需的参数和/或数据通过 FIFO 缓冲区来交换。其通用特性如下:

(1) 每个需要数据流(或数据字节流)作为输入的命令在发现 FIFO 缓冲区有数据时会立刻处理,但收发命令除外。收发命令的发送由寄存器 BitFramingReg 的 StartSend 位来启动。

(2) 每个需要某一数量的参数的命令只有在它通过 FIFO 缓冲区接收到正确数量的参数时才能开始处理。

(3) FIFO 缓冲区不能在命令启动时自动清除,而且也有可能要先将命令参数和/或数据字节写入 FIFO 缓冲区,再启动命令。

(4) 每个命令的执行都可能由微控制器向命令寄存器写入一个新的命令代码(如 Idle 命令)来中断。

MFRC522 各命令的动作说明见表 16.3。

表 16.3　MFRC522 各命令的动作说明

命令	命令代码	动 作 说 明
Idle	0000	无动作；取消当前命令的执行
CalcCRC	0011	激活 CRC 协处理器或执行自测试
Transmit	0100	发送 FIFO 缓冲区的命令
NoCmd Change	0111	无命令改变。该命令用来修改命令寄存器的不同位,但又不触及其他命令,如掉电
Receive	1000	激活接收器电路
Transceive	1100	如果寄存器 ControlReg 的 Initiator 位被设为 1,将 FIFO 缓冲区的数据发送到天线并在发送完成后自动激活接收器 如果寄存器 ControlReg 的 Initiator 位被设为 0,接收天线的数据并自动激活发送器
MFAuthent	1110	执行读卡器的 MIFARE 标准认证
SoftReset	1111	复位 MFRC522

16.2　STM32 的 SPI 简介

SPI 是串行外设接口(Serial Peripheral Interface)的缩写。SPI 是一种高速、全双工、同步的通信总线,并且在芯片的引脚上只占用 4 根线,节约了芯片的引脚,可以为优化 PCB 的布局空间提供方便。由于这种简单、易用的特性,现在越来越多的芯片集成了这种通信协议。STM32 也有 SPI 接口,它可以同时发送和接收串行数据;可以当作主机或从机工作;提供频率可编程时钟;发送结束中断标志;写冲突保护;总线竞争保护等。

对于 SPI 接口的认识,需要了解它的 4 条通信线,其中:MISO 为主设备数据输入,从设备数据输出;MOSI 为主设备数据输出,从设备数据输入;SCLK 为时钟信号,由主设备产生;CS 位从设备片选信号,由主设备控制。有的模块上,CS 端标注的是 SDA,平时理解的 SDA 就是 I2C 总线的数据传输线,但 SPI 标注的 SDA 起到的是 CS 的作用。SPI 的内部结构如图 16.6 所示。

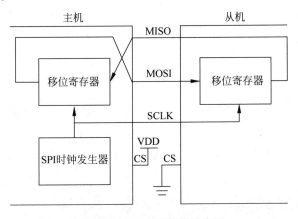

图 16.6　SPI 内部结构示意图

STM32 与 RFID 数据传输过程如下:

(1) MFRC522 通电后,线圈通过电流产生磁场。

(2) RFID 卡进入感应区后,电磁感应产生电流,使卡内芯片的内容被读出。

(3) 读出的信息被放入模块的寄存器中传递,最终通过 SPI 接口被主机获取。

主机也可以通过 SPI 发送指令给模块,读取模块中寄存器的内容,来决定下一步操作或操作模块。

16.3 实训十四 RFID 读卡器实验

16.3.1 实训设计

本实训所用到的硬件材料包括:STM32 最小系统板一块;MFRC522 模块一个,S50 标准空白卡一张;CH340 串口线一根。其中,MFRC522 模块与单片机的连接是通过 SPI 接口来完成的。

本实训软件设计需要用到 MDK 5 开发环境和串口调试助手,主要工作如下:

(1) SPI 方面的工作有:

- 配置相关引脚的复用功能,使能 SPI2 时钟。
- 初始化 SPI2,设置 SPI2 工作模式。
- 使能 SPI2。
- SPI 传输数据。
- 查看 SPI 传输状态。

(2) MRC522 方面的工作有:

- 调用模块与卡通信函数,进行寻卡操作。
- 多张卡情况下防冲撞,挑选特定的卡来操作。
- 验证卡片密码。
- 读取并写入 RFID 卡的一块的数据。
- 命令卡片进入休眠状态。

16.3.2 实训过程

1. SPI 设置

SPI 调用之前也需要设置时钟、配置引脚的复用功能。与其他模块不同的是,同一个 SPI 可能有多组引脚可以使用,逻辑上是可以等价的,以配置的时候为准。值得注意的是,除了传统上的 4 个引脚,根据 MFRC522 模块的特殊性,还配置了一个 RET 引脚作为复位使用。

```
GPIO_InitTypeDef GPIO_InitStructure;
//开启 GPIOB 的时钟
```

```
RCC_APB2PeriphClockCmd(RCC_APB2Periph_GPIOB, ENABLE);
//开启 SPI2 的时钟
RCC_APB1PeriphClockCmd(RCC_APB1Periph_SPI2, ENABLE);
//配置 SPI2 引脚功能复用
GPIO_InitStructure.GPIO_Pin = GPIO_Pin_13 | GPIO_Pin_14 | GPIO_Pin_15;
GPIO_InitStructure.GPIO_Speed = GPIO_Speed_50MHz;
GPIO_InitStructure.GPIO_Mode = GPIO_Mode_AF_PP;
GPIO_Init(GPIOB, &GPIO_InitStructure);
//配置 CS 和 RST 引脚的输出模式
GPIO_InitStructure.GPIO_Pin = GPIO_Pin_12 | GPIO_Pin_11;
GPIO_InitStructure.GPIO_Mode = GPIO_Mode_Out_PP;
GPIO_InitStructure.GPIO_Speed = GPIO_Speed_50MHz;
GPIO_Init(GPIOB, &GPIO_InitStructure);
//拉高 CS 引脚,不选中模块,避免初始化影响
GPIO_SetBits(GPIOB, GPIO_Pin_12);
```

　　使用结构体配置 SPI2 的模式。该结构体参数较多,比较重要的有:SPI_Direction 设置为双全工通信,SPI_NSS 设置为软件控制,SPI_Mode 设置为主机模式。其他参数都是一些时钟相位、数据格式、分频等方面的内容。下面的配置比较通用,最后还是需要使能 SPI2:

```
SPI_InitStructure.SPI_Direction = SPI_Direction_2Lines_FullDuplex;
SPI_InitStructure.SPI_Mode = SPI_Mode_Master;
SPI_InitStructure.SPI_DataSize = SPI_DataSize_8b;
SPI_InitStructure.SPI_CPOL = SPI_CPOL_High;
SPI_InitStructure.SPI_CPHA = SPI_CPHA_2Edge;
SPI_InitStructure.SPI_NSS = SPI_NSS_Soft;
SPI_InitStructure.SPI_BaudRatePrescaler = SPI_BaudRatePrescaler_256;
SPI_InitStructure.SPI_FirstBit = SPI_FirstBit_MSB;
SPI_InitStructure.SPI_CRCPolynomial = 7;
SPI_Init(SPI2, &SPI_InitStructure);
//使能 SPI2
SPI_Cmd(SPI2, ENABLE);
```

　　在 SPI 的设置文件中,编写了一个 SPI 读写函数。SPI 的发送与 USART 类似,也是写入到 DR 寄存器中就可以自动发送。接收到的数据也是存在 DR 寄存器中。该读写函数同时具有发送和接收的功能。

```
u8 SPI2_ReadWriteByte(u8 TxData)
{
    u16 retry = 0;
    while((SPI2 -> SR & 1 << 1) == 0)        //等待发送区空
    {
        retry++;
        if(retry > 0XFFFE)return 0;
    }
    SPI2 -> DR = TxData;                      //发送一个字节
    retry = 0;
    while((SPI2 -> SR & 1 << 0) == 0)        //等待接收完一个字节
```

```
    {
        retry++;
        if(retry > 0XFFFE)return 0;
    }
    return SPI2 -> DR;              //返回收到的数据
}
```

在对 MFRC522 进行配置之前,还需要认识通过 SPI 操作 MFRC522 中寄存器的函数。这 4 个函数就用到了上一步提到的 SPI2_ReadWriteByte 读写函数,对特定地址的寄存器进行操作,并且使用 SPIReadByte 函数来读和 SPI2_ReadWriteByte 函数来写。这里对寄存器位的操作主要是改变 MFRC522 的状态,以便做出不同的操作,并不是修改其中的数据。

```
u8 ReadRawRC(u8 Address)                    //读 RC632 寄存器
{
    u8 ucAddr;
    u8 ucResult = 0;
    CLR_SPI_CS;
    ucAddr = ((Address << 1) & 0x7E) | 0x80;
    SPI2_ReadWriteByte(ucAddr);
    ucResult = SPIReadByte();
    SET_SPI_CS;
    return ucResult;
}
void WriteRawRC(u8 Address, u8 value)       //写 RC632 寄存器
{
    u8 ucAddr;
//u8 tmp;
    CLR_SPI_CS;
    ucAddr = ((Address << 1) & 0x7E);
    SPI2_ReadWriteByte(ucAddr);
    SPI2_ReadWriteByte(value);
    SET_SPI_CS;
//tmp = ReadRawRC(Address);
//if(value!= tmp)
//printf("wrong\n");
}
void SetBitMask(u8 reg, u8 mask)            //置 MFRC522 寄存器位
{
    char tmp = 0x0;
    tmp = ReadRawRC(reg);
    WriteRawRC(reg, tmp | mask);            //设置位掩码
}
void ClearBitMask(u8 reg, u8 mask)          //清 MFRC522 寄存器位
{
    char tmp = 0x0;
    tmp = ReadRawRC(reg);
    WriteRawRC(reg, tmp & ~mask);           //清除位掩码
}
```

初始化模块的时候,要通过初始化函数和重置函数多次开关天线,使天线的感应更准确,开关操作之间的间隔至少 10ms。PcdReset 函数的作用是重置 MFRC522 模块,使用

WriteRawRC 函数将各寄存器的值重置一遍,保证模块的可用性。M500PcdConfigISOType 函数的作用是设置 MFRC522 的工作模式,也是对寄存器的操作,此函数只有一种模式可供配置,即当且仅当参数是'A'的时候。

```c
void InitRc522(void)
{
    SPI2_Init();
    delay_ms(10);
    PcdReset();
    delay_ms(10);
    PcdAntennaOff();            //关闭天线
    delay_ms(10);
    PcdAntennaOn();;            //开启天线
    delay_ms(10);
    M500PcdConfigISOType( 'A' );
}
void Reset_RC522(void)
{
    PcdReset();                 //复位 MFRC522
    delay_ms(10);
    PcdAntennaOff();            //关闭天线
    delay_ms(10);
    PcdAntennaOn();             //开启天线
}
```

2. 读写 RFID 卡片

要读写 RFID 卡片,第一步是找到卡片。PcdRequest 函数有两个参数: req_code 是寻卡方式,pTagType 是卡片类型代码。该函数开始的时候操作了一下寄存器,使 MFRC522 模块进入寻卡模式,然后调用 PcdComMF522 函数,使用设置的寻卡方式来和卡片通信。如果通信成功就代表找到了卡片,记录下卡片类型,同时状态变量为 1,返回到主函数中。

```c
char PcdRequest(u8 req_code, u8 * pTagType)
{
    char status;
    u8 unLen;
    u8 ucComMF522Buf[MAXRLEN];
    ClearBitMask(Status2Reg, 0x08);
    WriteRawRC(BitFramingReg, 0x07);
    SetBitMask(TxControlReg, 0x03);
    ucComMF522Buf[0] = req_code;
    status = PcdComMF522(PCD_TRANSCEIVE, ucComMF522Buf, 1, ucComMF522Buf, &unLen);
    if ((status == MI_OK) && (unLen == 0x10))
    {
        * pTagType = ucComMF522Buf[0];
        * (pTagType + 1) = ucComMF522Buf[1];
    }
```

```
    else
    {
        status = MI_ERR;
    }
    return status;
}
```

在找到多张卡片的情况下，需要防止模块同时对多张卡片一起操作，所以要考虑防冲撞。如果存在多张卡，主函数就无法运行下去。PcdAnticoll 函数也是先设定寄存器，通过 PcdComMF522 函数使用特定的方式和卡片通信，这种通信方式和上一步的发送数据长度不一样，结果会显示是否存在多张卡片。最后是进行一个卡号校验位的计算，如果校验位没问题，主函数就可以继续运行下去。

```
char PcdAnticoll(u8 * pSnr)
{
    char   status;
    u8   i, snr_check = 0;
    u8   unLen;
    u8   ucComMF522Buf[MAXRLEN];
  ClearBitMask(Status2Reg, 0x08);
    WriteRawRC(BitFramingReg, 0x00);
    ClearBitMask(CollReg, 0x80);
    ucComMF522Buf[0] = PICC_ANTICOLL1;
    ucComMF522Buf[1] = 0x20;
    status = PcdComMF522(PCD_TRANSCEIVE, ucComMF522Buf, 2, ucComMF522Buf, &unLen);
    if (status == MI_OK)
    {
        for (i = 0; i < 4; i++)
        {
            * (pSnr + i) = ucComMF522Buf[i];
            snr_check ^= ucComMF522Buf[i];
        }
        if (snr_check != ucComMF522Buf[i])
        {
            status = MI_ERR;
        }
    }
    SetBitMask(CollReg, 0x80);
    return status;
}
```

通过防冲撞已经得到了卡号，选卡这一步只是确定一下通信是否没问题。PcdSelect 函数的设定寄存器与 PcdRequest 和 PcdAnticoll 函数结构相似，只是最后确定一下返回的数据长度是不是和发送的一样。如果一样就说明可以选定这张卡片。

```
char PcdSelect(u8 * pSnr)
{
```

```
    char   status;
    u8   i;
    u8   unLen;
    u8   ucComMF522Buf[MAXRLEN];
    ucComMF522Buf[0] = PICC_ANTICOLL1;
    ucComMF522Buf[1] = 0x70;
    ucComMF522Buf[6] = 0;
    for (i = 0; i < 4; i++)
    {
        ucComMF522Buf[i + 2] = *(pSnr + i);
        ucComMF522Buf[6] ^= *(pSnr + i);
    }
    CalulateCRC(ucComMF522Buf, 7, &ucComMF522Buf[7]);
    ClearBitMask(Status2Reg, 0x08);
    status = PcdComMF522(PCD_TRANSCEIVE, ucComMF522Buf, 9, ucComMF522Buf, &unLen);
    if ((status == MI_OK) && (unLen == 0x18))
    {
        status = MI_OK;
    }
    else
    {
        status = MI_ERR;
    }
    return status;
}
```

接着是验证卡片密码,就是验证卡片上一个块中存储的密码是不是和程序中的一样。auth_mode 是验证方式,addr 是密码所在的地址,pKey 是要验证的密码,pSnr 则是已经得到的卡号。在这里,找到某一卡号的某一地址存储的密码是否和得到的一样。如果密码一样就可以使程序运行下去。

```
char PcdAuthState(u8 auth_mode, u8 addr, u8 * pKey, u8 * pSnr)
{
    char   status;
    u8 unLen, ucComMF522Buf[MAXRLEN];
    ucComMF522Buf[0] = auth_mode;
    ucComMF522Buf[1] = addr;
//for (i = 0; i < 6; i++)
//{  ucComMF522Buf[i + 2] = *(pKey + i); }
//for (i = 0; i < 6; i++)
//{  ucComMF522Buf[i + 8] = *(pSnr + i); }
    memcpy(&ucComMF522Buf[2], pKey, 6);
    memcpy(&ucComMF522Buf[8], pSnr, 4);
    status = PcdComMF522(PCD_AUTHENT, ucComMF522Buf, 12, ucComMF522Buf, &unLen);
    if ((status != MI_OK) || (!(ReadRawRC(Status2Reg) & 0x08)))
    {
        status = MI_ERR;
    }
```

```
    return status;
}
```

通过以上几步,已经获取权限,就可以进行卡片内部内容的读写了。如果要用 RFID 卡进行门禁卡、消费卡等开发,读写就变得尤为重要了。读写两个函数中都用了两个参数:地址和数据长度,数据长度一般是 16 位,这和 RFID 卡的存储结构有关,不需要人为更改。读写函数前面也是设置寄存器,以特定的方式和卡片通信,确定是否可以读写。如果可以,就进行读写操作。

```
char PcdRead(u8 addr, u8 *p )
{
    char  status;
    u8  unLen;
    u8  i, ucComMF522Buf[MAXRLEN];
    ucComMF522Buf[0] = PICC_READ;
    ucComMF522Buf[1] = addr;
    CalulateCRC(ucComMF522Buf, 2, &ucComMF522Buf[2]);
    status = PcdComMF522(PCD_TRANSCEIVE, ucComMF522Buf, 4, ucComMF522Buf, &unLen);
    if ((status == MI_OK) && (unLen == 0x90))
//{  memcpy(p , ucComMF522Buf, 16); }
    {
        for (i = 0; i < 16; i++)
        {
            *(p + i) = ucComMF522Buf[i];
        }
    }
    else
    {
        status = MI_ERR;
    }
    return status;
}
char PcdWrite(u8 addr, u8 *p )
{
    char  status;
    u8  unLen;
    u8  i, ucComMF522Buf[MAXRLEN];
    ucComMF522Buf[0] = PICC_WRITE;
    ucComMF522Buf[1] = addr;
    CalulateCRC(ucComMF522Buf, 2, &ucComMF522Buf[2]);
    status = PcdComMF522(PCD_TRANSCEIVE, ucComMF522Buf, 4, ucComMF522Buf, &unLen);
    if ((status != MI_OK) || (unLen != 4) || ((ucComMF522Buf[0] & 0x0F) != 0x0A))
    {
        status = MI_ERR;
    }
    if (status == MI_OK)
    {
        //memcpy(ucComMF522Buf, p , 16);
```

```
        for (i = 0; i < 16; i++)
        {
            ucComMF522Buf[i] = *(p + i);
        }
        CalulateCRC(ucComMF522Buf, 16, &ucComMF522Buf[16]);
        status = PcdComMF522(PCD_TRANSCEIVE, ucComMF522Buf, 18, ucComMF522Buf, &unLen);
        if ((status != MI_OK) || (unLen != 4) || ((ucComMF522Buf[0] & 0x0F) != 0x0A))
        {
            status = MI_ERR;
        }
    }
    return status;
}
```

3. 编写主函数依次调用各函数

在主函数中,按部就班操作,依次进行寻卡、防冲撞、选卡、读写操作。在这里要自行设置卡密码、写入内容等参数,在例程中已经有相应的操作,此处不再赘述。在实验的过程中,通过串口会将信息打印在串口调试助手中。

```
while(1)
{
    status = PcdRequest(PICC_REQALL,CT);            //寻卡测试
    if(status == MI_OK)
    {  printf("寻卡 OK\r\n");
        status = MI_ERR; }
    status = PcdAnticoll(SN);                       //防冲撞测试
    if (status == MI_OK)
    {  printf("防冲撞 OK\r\n");
        printf("ID:%02x %02x %02x %02x\r\n",SN[0],SN[1],SN[2],SN[3]);    //发送卡号
        if(!memcmp(SN,card_1,4))printf("是异形卡\r\n");
        else if(!memcmp(SN,card_2,4))printf("是白色卡\r\n");
        status = MI_ERR; }
    status = PcdSelect(SN);                         //选卡测试
    if (status == MI_OK)
    {  printf("选卡 OK\r\n");
        status = MI_ERR;  }
    status = PcdAuthState(0x60,0x09,KEY,SN);        //验证实验
    if(status == MI_OK)
    {  printf("验证 OK\r\n");
        status = MI_ERR;  }
    status = PcdWrite(s,RFWrite);                   //写卡实验
    if(status == MI_OK)
    {  printf("写卡 OK\r\n");
        status = MI_ERR;  }
    status = PcdRead(s,RFRead);                     //读卡实验
    if(status == MI_OK)
    {  printf("读卡 OK\r\n");
        status = MI_ERR;
```

```
        printf("RFID = ");
        for(i = 0;i < 16;i++)
            printf(" % 02x ",RFRead[i]);
        printf("\r\n");   }
    delay_ms(200);
}
```

16.4 本章小结

实际上 MFRC522 是一块专为 RFID 研制的芯片,在逻辑上与 STM32 是等价的,只不过 MFRC522 功能已经固定,只能通过串口发送指定的数据来与它通信,解析它通过串口输出的数据。因此,STM32 驱动 MFRC522 的代码基本就是固定的,写在一个.c 文件中,调用即可。

学习 RFID 也要理解寻卡、防冲撞、选卡、验卡、写卡和读卡等操作,尤其是防冲撞,这是一个必要的步骤。有些卡因为加密会导致实验不顺利,最好使用空白卡进行实验。

思考与扩展

1. 自行编程,使用 MFRC522 芯片同时识别多个 RFID 卡。
2. 结合所学知识,设计一个简单的家庭 RFID 进入系统。

第17章

STM32 与蓝牙串口

本章学习目标
1. 了解蓝牙基础知识及原理。
2. 了解 HC-05 蓝牙芯片及其 AT 指令。
3. 掌握 STM32 的蓝牙编程与调试步骤。
4. 掌握最小系统板与蓝牙模块间的硬件接线。

视频讲解

17.1　蓝牙技术简介

　　蓝牙(Bluetooth)是一种无线技术标准,使用 2.4～2.485GHz 的 ISM 波段的 UHF 无线电波,可实现固定设备、移动设备和楼宇个人域网之间的短距离数据交换。蓝牙技术最初由爱立信公司于 1994 年创制,当时是作为 RS-232 数据线的替代方案。蓝牙可连接多个设备,克服了数据同步的难题。

　　蓝牙由蓝牙技术联盟(Bluetooth Special Interest Group,SIG)管理。蓝牙技术联盟在全球拥有超过 25 000 家成员公司,分布在电信、计算机、网络、消费电子等多种领域。IEEE 将蓝牙技术列为 IEEE 802.15.1,但现在该标准已不再维持。蓝牙技术联盟负责监督蓝牙规范的开发,管理认证项目,并维护商标权益。制造商的设备必须符合蓝牙技术联盟的标准才能以"蓝牙设备"的名义进入市场。蓝牙技术拥有一套专利网络,可发放给符合标准的设备。

　　使用蓝牙波段在全球范围内无须取得执照,但并非无管制。蓝牙使用跳频技术,将传输的数据分割成数据包,通过 79 个指定的蓝牙频道分别传输数据包。每个频道的频宽为 1MHz。蓝牙 4.0 使用 2MHz 间距,可容纳 40 个频道。第一个频道始于 2402MHz,每 2MHz 一个频道,至 2480MHz。有了适配跳频(Adaptive Frequency-Hopping,AFH)功能,通常每秒跳 1600 次。最初,高斯频移键控(Gaussian Frequency-Shift Keying,GFSK)调制是唯一可用的调制方案,但蓝牙 2.0＋EDR 使得 π/4-DQPSK 和 8DPSK 调制在兼容设备中的使用变为可能。运行 GFSK 的设备据说可以基础速率(Basic Rate,BR)运行,瞬时速率可达 1Mbps。增强数据率(Enhanced Data Rate,EDR)用于描述 π/4-DPSK 和 8DPSK 方案,分别可达 2Mbps 和 3Mbps。在蓝牙无线电技术中,BR 和 EDR 两种模式的结合统称为"BR/EDR 射频"。

蓝牙核心规格提供两个或两个以上的微微网连接以形成分布式网络,让特定的设备在这些微微网中自动同时地分别扮演主和从的角色。蓝牙基于数据包,有主从架构的协议。一个主设备至多可和同一微微网中的 7 个从设备通信,但是从设备却很难与一个以上的主设备相连。设备之间可通过协议转换角色,从设备也可转换为主设备,比如,一个头戴式耳机如果向手机发起连接请求,它作为连接的发起者,自然就是主设备,但是随后也许会作为从设备运行。

蓝牙的所有设备共享主设备的时钟。分组交换基于主设备定义以 312.5μs 为间隔运行基础时钟。两个时钟周期构成一个 625μs 的槽,两个时间隙就构成了一个 1250μs 的缝隙对。在单槽封包的简单情况下,主设备在双数槽发送信息,在单数槽接收信息;而从设备则正好相反。封包容量可长达 1、3 或 5 个时间隙,但无论是哪种情况,主设备都会从双数槽开始传输,从设备从单数槽开始传输。

蓝牙数据传输可随时在主设备和其他设备之间进行(极少的广播模式应用除外)。主设备可选择要访问的从设备,典型的情况是,它可以在设备之间以轮替的方式快速转换。因为是由主设备来选择要访问的从设备,理论上从设备就要在接收槽内待命,主设备的负担要比从设备少一些。蓝牙产品参数中对于散射网中的行为要求是模糊的。

进行蓝牙配置时,许多 USB 蓝牙适配器或"软件狗"是可用的,其中还包括一个 IrDA 适配器。

17.2　HC-05 蓝牙串口通信模块

蓝牙模块 HC-05 是一款高性能的蓝牙串口模块,可用于同各种带蓝牙功能的计算机、蓝牙主机、手机、PDA、PSP 等智能终端配对,应用于 GPS 导航系统、水电煤气抄表系统、工业现场采控系统等。

蓝牙 HC-05 是主从一体的蓝牙串口模块,简单地说,当蓝牙设备与蓝牙设备配对连接成功后,可以忽视蓝牙内部的通信协议,直接将蓝牙当作串口用。当建立连接时,两设备共同使用一个通道也就是同一个串口,一个设备发送数据到通道中,另一个设备便可以接收通道中的数据。对于建立这种通道连接是有一定条件的,那就是对蓝牙设置能进行配对连接的 AT 模式。

HC-05 蓝牙模块的特点如下:

(1) 采用 CSR 主流蓝牙芯片,遵守蓝牙 V2.0 协议标准。

(2) 输入电压 3.6~6V,禁止超过 7V。

(3) 用户可设置的波特率为 1200bps、2400bps、4800bps、9600bps、19200bps、38400bps、57600bps、115200bps。

(4) 带连接状态指示灯,LED 快闪表示没有蓝牙连接,LED 慢闪表示进入 AT 命令模式。

(5) 板载 3.3V 稳压芯片,输入直流电压 3.6~6V。未配对时,电流约 30mA;配对成功后,电流约 10mA。

HC-05 采用英国剑桥的 CSR(Cambridge Silicon Radio)公司的 BC417143 芯片,支持蓝牙 2.1+EDR 规范。HC-05 蓝牙模块外观如图 17.1 所示。

HC-05 蓝牙模块引脚图如图 17.2 所示,其中常用的与单片机连接的引脚有 4 个,即 UART_RXD(接收端)、UART_TXD(发送端)、VCC(模块供电正极为 3.3V)和 GND(模块供电负极)。

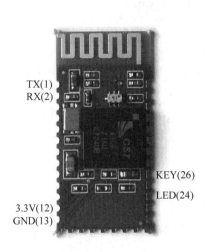

图 17.1 HC-05 蓝牙模块外观

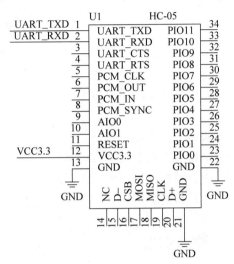

图 17.2 HC-05 蓝牙模块引脚图

蓝牙模块有两种操作模式:一种是自动联机,又称透通模式;另一种是命令响应,又称 AT 模式(AT mode)。

自动联机模式只是把 RXD 引脚传入的数据,转成蓝牙无线信号传递出去;或者将接收到的无线数据,从 TXD 引脚传给单片机,模块本身不会解读数据,也不接受控制。在自动联机工作模式下模块又可分为主(Master)、从(Slave)和回环(Loopback)三种工作角色,此时,将自动根据事先设定的方式连接,进行数据传输。

操控蓝牙模块的指令统称 AT 命令(AT-command)。AT 命令通过模块的 UART_TXD 和 UART_RXD 引脚接发。蓝牙模块只有在 AT 模式,才能接收 AT 命令。当模块处于命令响应工作模式时能执行 AT 命令,用户可向模块发送各种 AT 指令,为模块设定控制参数或发布控制命令。通过控制模块外部引脚输入电平,可以实现模块工作状态的动态转换。

17.3 实训十五 蓝牙实验

17.3.1 实训设计

本实训所用到的硬件材料包括:STM32 最小系统板一块;HC-05 蓝牙模块;USB-

TTL串口；手机一个；杜邦线数根。STM32与HC-05连接的电路图如图17.3所示。

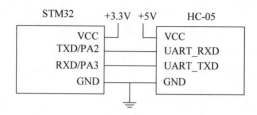

图 17.3　STM32 与 HC-05 连接的电路图

本实训软件设计用到 MDK 5 开发环境和蓝牙串口(手机应用)。

本实训所用的 HC-05 是基于串口进行收发数据的,因此在配置编写蓝牙程序的时候,几乎所有的代码都和串口相关,即利用串口使蓝牙与手机通信。串口程序编写主要工作有:

(1) 串口的初始化配置。

(2) 串口接收数据模块的编写。

(3) 串口发送数据模块的编写。

(4) 主函数的编写。

17.3.2　实训过程

1. 创建工程目录、添加相关文件

创建如图 17.4 所示的目录结构,添加头文件。

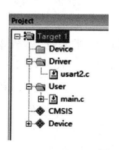

图 17.4　工程目录结构

在 usart2.h 文件中加入如下代码,这些函数将是下一步在 usart2.c 中需要编写的函数。

```
#ifndef _USART2_H_
#define _USART2_H_
#include "main.h"
void Usart2_Configuration(void);
void Usart2_SendData(char c);
void Usart2_SendWords(char * s);
void Usart2_GetWords(char * s);
void USART1_IRQHandler(void);
#endif
```

在 main.h 中写入如下内容：

```
#ifndef _MAIN_H_
#define _MAIN_H_
#include "stm32f10x.h"
#include "usart2.h"
#endif
```

2. 编写串口程序

首先，编写 USART2 初始化函数。在编写 USART2 初始化函数过程中，需要配置 3 个结构体，分别为 GPIO、USART、NVIC。其中 GPIO 可以使能端口的输入/输出功能，为串口的收发数据提供最基本的支持；USART 则管理了串口的一些基本参数，包括波特率、模式、奇偶校验、停止位等设置；NVIC 管理着系统的中断操作。

以下两行代码分别使能了 USART2 和 GPIOA 的时钟。

```
RCC_APB1PeriphClockCmd(RCC_APB1Periph_USART2, ENABLE);
RCC_APB2PeriphClockCmd(RCC_APB2Periph_GPIOA, ENABLE);
```

由于 USART2 的 TX 端连接主控的 PA2 端口，USART2 的 RX 端连接主控的 PA3 端口，因此在配置 GPIO 时，应将 PA2 设置为上拉输入模式（GPIO_Mode_IPU），PA3 应设置为复用推挽输出模式（GPIO_Mode_AF_PP）。

串口的波特率设置为 9600bps，无奇偶校验，1 位停止位，无硬件流控制，字长为 8 位，模式为收发模式，并打开数据到达中断（如下面这行代码，IT 表示 Interrupt，RXNE 表示 RX 寄存器 Not Empty）。

```
USART_ITConfig(USART2,USART_IT_RXNE, ENABLE);
```

使能 USART2 外设：

```
USART_Cmd(USART2, ENABLE);
```

中断配置为 USART2 中断，中断向量表可以在 startup 文件中查到，如图 17.5 所示。设置其抢占优先级及子优先级均为 1。

编写 USART2 串口数据发送程序。首先，编写发送字符的函数。在发送串口数据时，STM32 会向 TX 寄存器写入数据，但是在写入之前需要判断前一个串口数据是否已经发送成功。因此，可以通过检测 USART_GetFlagStatus 函数来检查 USART2 的 USART_FLAG_TXE 标志位（即 TX 寄存器 Empty）的方式来判断前一个数据是否发送成功。

```
while(!USART_GetFlagStatus(USART2,USART_FLAG_TXE));
USART_SendData(USART2,c);
```

上述写法虽然可行，但是并不恰当。因为若硬件故障导致串口数据无法发出，程序就会卡死在这里。因此推荐下面这种写法：

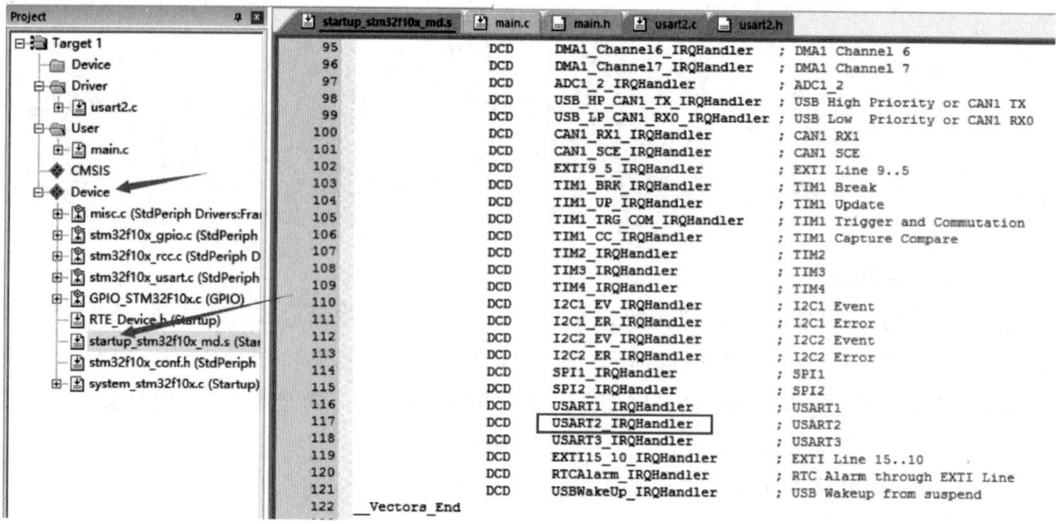

图 17.5   中断向量表的位置

```
uint32_t i = 0;
while(!USART_GetFlagStatus(USART2,USART_FLAG_TXE))
{
    i++;
    if(i > 72000000)
        return;
}
USART_SendData(USART2,c);
```

通过中断方式编写 USART2 串口数据接收程序。通过中断的方式可以很轻易地在数据到达的第一时刻将数据从 RX 寄存器中取出，但是当需要接收字符串的时候需要进行一些操作，这里提供下面这种思路。首先建立一个数组 dataReceiveBuffer 作为数据接收的缓冲区，再建立一个 dataReceivePointer 变量用于中断函数操作 dataReceiveBuffer 数组。初始状态下 dataReceivePointer＝0，当有数据到达时使 dataReceiveBuffer[dataReceiveBuffer] 存放到达的数据，此时 dataReceivePointer 加 1；当下一次有数据到达时再使 dataReceiveBuffer[dataReceiveBuffer] 存放第二次的数据，以此类推，直到接收到的数据为 '\n' 时即为字符串接收完毕，此时用户可从缓冲区提取字符串。

先编写 USART2 的中断函数。由于 USART2 外设的所有中断都会产生同一个中断，即 USART2_IRQHandler 中断，因此需要在进入中断时判断当前中断是否是由 RXNE 引起的。

```
if(USART_GetFlagStatus(USART2,USART_IT_RXNE))
```

在执行完中断后，需要清除中断标志位，防止中断无法退出。

```
USART_ClearITPendingBit(USART2,USART_IT_RXNE);
```

主函数的编写如下：

```
NVIC_PriorityGroupConfig(NVIC_PriorityGroup_1);
```

先通过该函数进行中断分级。当程序中有中断程序时，这一步是必须要有的。在这里分为 NVIC_PriorityGroup_1，即 1 位抢占优先级，3 位子优先级。

这个程序是 STM32 等待接收数据，当数据到达时，再输出 Hello World 和接收到的数据。

3. 编写主循环程序

main.c 中的代码如下：

```
# include "main.h"
extern char dataReceiveFlag;
char string[] = "Hello World";
char s[100] = {0};
int main(void)
{
NVIC_PriorityGroupConfig(NVIC_PriorityGroup_1);
Usart2_Configuration();
while(1)
{
    if(dataReceiveFlag == 1)
    {
        Usart2_GetWords((uint8_t * )s);
    }
    Usart2_SendWords((uint8_t * )string);
    Usart2_SendWords((uint8_t * )s);
}
return 0;
}
```

4. 手机蓝牙配置

实现手机和蓝牙的通信，还需要配置蓝牙。蓝牙默认配置波特率是 9600bps，无奇偶校验，一位停止位。若蓝牙不是默认配置，需要使用 AT 指令进行配置，下面简单介绍配置的过程。

按住蓝牙模块的 KRY 按键，用 CH340 模块将蓝牙模块接到计算机上，除了供电和串口的收发端，模块的 EN 也需要接 3.3V。蓝牙模块的指示灯慢闪，就代表进入了设置状态。

将串口调试助手的波特率调成 384 000bps，依次输入下面 5 个命令。

（1）回复初始化设置：

```
AT + ORGL
```

（2）设置从机名字：

```
AT + NAME = DOG
```

（3）设置波特率：

```
AT + UART = 9600,1,0
```

（4）设置为从机角色：

```
AT + ROLE = 0
```

（5）重启设备：

```
AT + RESET
```

这时蓝牙模块的指示灯开始快闪，就代表已经设置好，可以使用了。

接下来，进入手机设置，打开蓝牙，单击"搜索设备"搜索蓝牙。找到 HC-05 后连接，配对码为默认的 1234，过程如图 17.6 所示。

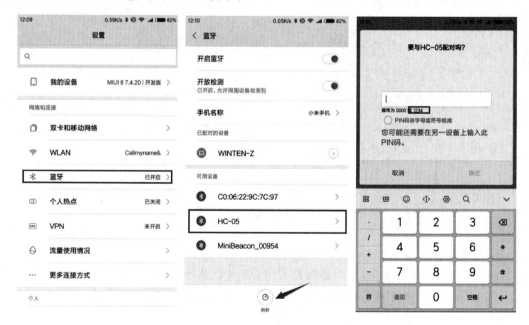

图 17.6 手机与 HC-05 配对

5. 实现蓝牙数据传送

配对完毕后打开蓝牙串口，单击右上角的连接按钮，选择 HC-05，连接成功后，单击终端页面，输入 ustb 并按回车键，发送数据，如图 17.7 所示。

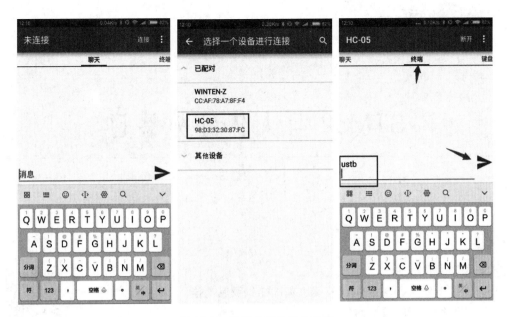

图 17.7 手机响模块发送内容

17.4 本章小结

HC-05 模块的使用是很方便的,所以在使用过程中,基本不需要了解蓝牙协议,只要配置正确,将其当成正常的串口使用即可。在本章的学习中,读者应该仔细了解一些 AT 指令,很多模块的 AT 指令都是一种通用性的指令,如电话短信模块、WiFi 模块、NB-IoT 模块,都是通过 AT 指令来调用的。

在本章实训中,使用蓝牙给单片机发送数据时,最后一定要加一个回车符,这是单片机识别数据结束的结束符;如果不加回车符,单片机还会等待接收接下来的数据,而不会回传数据。

思考与扩展

1. 自行编程,使得两个 STM32 系统板之间通过蓝牙通信。
2. 结合所学知识,使得 STM32 通过蓝牙来控制一个舵机。

第18章

STM32 与人体红外感应

本章学习目标

1. 了解 HC-SR501 人体红外模块基础知识及其功能。
2. 掌握红外感应模块的使用。
3. 学习精确延时函数的编写。

视频讲解

18.1 HC-SR501 人体红外模块

人体都有恒定的体温,一般为37℃,会发出特定波长$10\mu\mathrm{m}$左右的红外线。被动式红外探头就是靠探测人体发射红外线而进行工作的。

人体发射的红外线通过菲泥尔滤光片增强后聚集到红外感应源上。感应源上的一些晶体受热时,在晶体两端将会产生数量相等而符号相反的电荷,这种由于热变化而产生的电极化现象称为热释电效应。红外感应源通常采用热释电元件,这种元件在接收到人体红外辐射温度发生变化时就会失去电荷平衡,向外释放电荷,后续电路经检测处理后就能产生报警信号。

HR-SR501 模块是基于红外线技术的自动控制模块,采用德国原装进口的 LHI778 探头设计,灵敏度高,可靠性强,超低电压工作模式,广泛应用于各类自动感应电器设备,尤其是干电池供电的自动控制产品。

1. HC-SR501 电气特性

HC-SR501 应用于单片机时,需根据电气特性设计合适的电路。HC-SR501 的电气特性如表 18.1 所示。

表 18.1　HC-SR501 电气特性

电 气 特 性	描　　述
工作电压范围	直流电压 $4.5\sim20\mathrm{V}$
静态电流	$<50\mu\mathrm{A}$
电平输出	高 $3.3\mathrm{V}$,低 $0\mathrm{V}$

电 气 特 性	描　　　述
触发方式	L 不可重复触发,H 重复触发(默认重复触发)
延时时间	5～200s(可调),可制作范围零点几秒～几十分钟
封锁时间	2.5s(默认),可制作范围零点几秒～几十秒
电路板外形尺寸	32mm×24mm
感应角度	<100°锥角
工作温度	−15～+70℃
感应透镜尺寸	直径:23mm(默认)

2. HC-SR501 模块特性

HC-SR501 探头是以探测人体辐射为目标的,所以热释电元件对波长为 $10\mu m$ 左右的红外辐射必须非常敏感。为了仅仅对人体的红外辐射敏感,在它的辐射照面通常覆盖有特殊的菲泥尔滤光片,使环境的干扰受到明显的控制作用。被动红外探头的传感器包含两个互相串联或并联的热释电元,热释电元制成的两个电极化方向正好相反,环境背景辐射对两个热释元件几乎具有相同的作用,使其产生的释电效应相互抵消,于是探测器无信号输出。一旦人进入探测区域内,人体红外辐射通过部分镜面聚焦,并被热释电元接收,但是两片热释电元接收到的热量不同,热释电也不同,不能抵消,经信号处理而报警。菲泥尔滤光片根据性能要求不同,具有不同的焦距(感应距离),从而产生不同的监控视场,视场越多,控制越严密。

3. 触发方式

HC-SR501 有高、低电平两种触发方式,即 L 和 H,见图 18.1 中引脚①和②。其中,L 为不可重复触发方式,H 为可重复触发方式。可跳线选择,默认为 H。

(1) 不可重复触发方式:感应输出高电平后,延时时间一结束,输出将自动从高电平变为低电平。

(2) 可重复触发方式:感应输出高电平后,在延时时间内,如果有人体在其感应范围内活动,其输出将一直保持高电平,直到人离开后才延时将高电平变为低电平。感应模块检测到人体的每一次活动后会自动顺延一个延时时间段,并且以最后一次活动的时间为延时时间的起始点。

4. 旋钮作用

HC-SR501 模块有两个旋钮,分别可以调整模块的封锁时间和检测距离,见图 18.1 中的引脚③和④。这两个参数在实际应用中尤为重要,简单了解一下即可熟练运用。

(1) 封锁时间:感应模块在每一次感应输出后(高电平变为低电平),可以紧跟着设置一个封锁时间,在此时间段内感应器不接收任何感应信号。此功能可以实现(感应输出时间和封锁时间)两者的间隔工作,可应用于间隔探测产品;同时此功能可有效抑制负载切换过程中产生的各种干扰。

图 18.1　选择触发方式的引脚和距离调节装置

（2）检测距离：模块可感应的范围可以人为调节。

5. 安装条件

红外线热释电人体传感器只能安装在室内，其误报率与安装的位置、方式有极大的关系，正确的安装应满足下列条件：

（1）红外线热释电传感器应离地面 2.0～2.2m。

（2）红外线热释电传感器远离空调、冰箱、火炉等空气温度变化敏感的地方。

（3）红外线热释电传感器探测范围内不得家具、大型盆景或其他隔离物。

（4）红外线热释电传感器不要直对窗口，否则窗外的热气流扰动和人员走动会引起误报，有条件的最好把窗帘拉上。红外线热释电传感器也不要安装在有强气流活动的地方。

6. 模块优缺点

决定模块是否成为硬件产品的组成模块时，应根据其优缺点来决定。

HC-SR501模块优点是：本身不发出任何类型的辐射，器件功耗很低，隐蔽性好；价格低廉；模块具有抗干扰性，可以防小动物干扰、防电磁干扰、防强灯光干扰。

HC-SR501模块缺点是：容易受各种热源、光源干扰；被动红外穿透力差，人体的红外辐射容易被遮挡，不易被探头接收；易受射频辐射的干扰；环境温度和人体温度接近时，探测和灵敏度明显下降，有时造成短时失灵。

7. 使用注意事项

红外线热释电传感器对人体的敏感程度还和人的运动方向关系很大。热释电红外传感器对于径向移动反应最不敏感，而对于横切方向（即与半径垂直的方向）移动则最为敏感，在现场选择合适的安装位置是避免红外探头误报、求得最佳检测灵敏度极为重要的一环。

具体的使用过程中，应注意如下特性：

（1）全自动感应：人进入感应范围则输出高电平，人离开感应范围则自动延时关闭高电平，输出低电平。

（2）光敏控制（可选择，出厂时未设）：模块预留有位置，可设置光敏控制，白天或光线强时不感应。光敏控制为可选功能，出厂时未安装光敏电阻。

（3）温度补偿（可选择，出厂时未设）：在夏天当环境温度升高至 30～32℃，探测距离稍变短，温度补偿可作一定的性能补偿。

（4）两种触发方式（可跳线选择）：不可重复触发方式和可重复触发方式。

（5）具有感应封锁时间（默认设置：2.5s 封锁时间）。

（6）工作电压范围宽：默认工作电压 DC 4.5～20V。

（7）微功耗：静态电流<50μA，特别适合干电池供电的自动控制产品。

（8）输出高电平信号：可方便与各类电路实现对接。

（9）感应模块通电后有 1min 左右的初始化时间，在此期间模块会间隔地输出 0～3 次，1min 后进入待机状态。

（10）应尽量避免灯光等干扰源近距离直射模块表面的透镜，以免引进干扰信号产生误动作。使用环境尽量避免流动的风，风也会对感应器造成干扰。

（11）感应模块采用双元探头，探头的窗口为长方形，双元（A 元、B 元）位于较长方向的两端，当人体从左到右或从右到左走过时，红外光谱到达双元的时间、距离有差值，差值越大，感应越灵敏；当人体从正面走向探头或从上到下或从下到上方向走过时，双元检测不到红外光谱距离的变化,无差值,因此感应不灵敏或不工作。所以安装感应器时,应使探头双元的方向与人体活动最多的方向尽量平行,保证人体经过时先后被探头双元所感应。为了增加感应角度范围,模块采用圆形透镜,也使得探头四面都感应,但左右两侧仍然比上下两个方向感应范围大、灵敏度强,安装时仍需尽量按照以上要求。

18.2　实训十六　人体红外感应实验

18.2.1　实训设计

本实训所用到的硬件材料包括:STM32 最小系统板一块;HC-SR501 模块一个;CH340 串口线一根;LED 一个;杜邦线数根。

本实训软件设计用到 MDK 5 开发环境,主要工作有:

(1) 创建工程模、目录及添加头文件。

(2) 红外感应模块的使用。

(3) LED 的控制。

(4) 延时函数的编写。

(5) 主函数的编写。

18.2.2　实训过程

1. 创建工程、目录及添加头文件

本实训模板结构如图 18.2 所示。

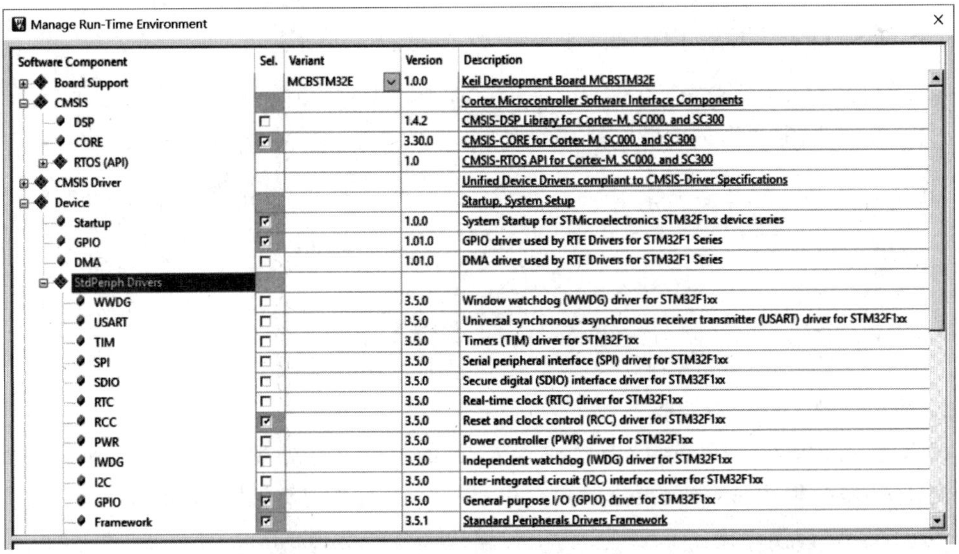

图 18.2　人体红外感应实验工程模板结构

根据工程模板,可以得到如图 18.3 所示的工程目录。

编辑 main.h 文件。这里主要包含了所用到的源文件的一些头文件,这些头文件中声明了一些函数和变量,便于在主程序中调用。不加这些头文件,当使用到其对应的源文件中的函数和变量时,将不发挥效果,同时编写代码的时候也会报错。

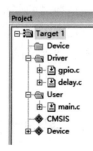

图 18.3 人体红外感应
实验工程目录

```
# ifndef _MAIN_H_
# define _MAIN_H_
# include "stm32f10x.h"
# include "gpio.h"
# include "delay.h"
# endif
```

编辑 delay.h 文件。该文件中最主要的是声明了 3 个延时函数,延时的单位分别是 μs、ms 和 s,根据不同的应用场景可以选择使用。在这 3 个函数中,参数 n 一定是一个整数,具体调用的时候,n 保持在一个合理的范围即可。

```
# ifndef _DELAY_H_
# define _DELAY_H_
# include "main.h"
void Delay_Configuration(void);
void delay_s(uint32_t n);
void delay_ms(uint32_t n);
void delay_us(uint32_t n);
# endif
```

编辑 gpio.h 文件。该文件中声明了 4 个函数,其中 Gpio_Configuration 是 I/O 口初始化的函数; ReadPin 是读取端口输入的函数,STM32 通过该函数读取传感器的状态; SetHigh 和 SetLow 是控制 LED 亮灭的函数,在这里声明出来便于调用。

```
# ifndef _GPIO_H_
# define _GPIO_H_
# include "main.h"
void Gpio_Configuration(void);
char ReadPin(uint8_t x);
void SetHigh(uint8_t x);
void SetLow(uint8_t x);
# endif
```

2. 编写函数实现相关控制

编辑 gpio.c 文件实现红外感应模块和 LED 的控制。红外感应模块可以感应到人体,当检测到人体时,输出低电平,反之输出高电平。传感器背面有两个旋钮,可以调节传感器的检测范围。将该模块接在 PA4 上,为上拉输入模式(GPIO_Mode_IPU)。

LED 可以通过 STM32 输出高、低电平控制灯的亮、灭。将 LED 阳极接在 PA5 上,为推挽输出模式(GPIO_Mode_Out_PP)。

在 gpio.c 文件中,为了方便扩展,SetHigh、SetLow、ReadPin 这 3 个函数都传入了参数 x,可以在 switch 函数中为每一个值设置来操作不同的引脚。

```
# include "gpio.h"
void Gpio_Configuration(void)
{
GPIO_InitTypeDef gpio;
RCC_APB2PeriphClockCmd(RCC_APB2Periph_GPIOA,ENABLE);
gpio.GPIO_Mode = GPIO_Mode_IPU;
gpio.GPIO_Pin = GPIO_Pin_4;
gpio.GPIO_Speed = GPIO_Speed_50MHz;
GPIO_Init(GPIOA,&gpio);
gpio.GPIO_Mode = GPIO_Mode_Out_PP;
gpio.GPIO_Pin = GPIO_Pin_5;
gpio.GPIO_Speed = GPIO_Speed_50MHz;
GPIO_Init(GPIOA,&gpio);
GPIO_SetBits(GPIOA,GPIO_Pin_5);
}
void SetHigh(uint8_t x)
{
switch(x)
{
    case 2:
        GPIO_SetBits(GPIOA,GPIO_Pin_5);
        break;
}
}
void SetLow(uint8_t x)
{
switch(x)
{
    case 2:
        GPIO_ResetBits(GPIOA,GPIO_Pin_5);
        break;
}
}
char ReadPin(uint8_t x)
{
switch(x)
{
    case 1:
        return GPIO_ReadInputDataBit(GPIOA,GPIO_Pin_4);
        break;
}
}
```

编辑 delay.c 文件,编写延时函数。延时函数通过操作 STM32 内核自带的定时器 SysTick 来实现精准定时。SysTick 使用了 72MHz 的时钟,通过函数 SysTick_CLKSourceConfig 对 SysTick 时钟源进行 8 分频,使之成为 9MHz 时钟,以方便实现毫秒级精准定时。编写的

3 个延时函数,分别为微秒级、毫秒级和秒级延时函数,这些函数写在 delay.c 文件,对应的头文件 delay.h 声明了 delay.c 中的所有函数。

```c
#include "delay.h"
void Delay_Configuration(void)
{
SysTick_CLKSourceConfig(SysTick_CLKSource_HCLK_Div8);
}
void delay_s(uint32_t n)
{
while(n--)
{
    delay_ms(1000);
}
}
void delay_ms(uint32_t n)
{
uint32_t temp;
if(n>1000)
{
    delay_s(n/1000);
    delay_ms(n%1000);
}
else
{
    SysTick->LOAD = n*9000;
    SysTick->VAL = 0;
    SysTick->CTRL = 1;
    do{
        temp = SysTick->CTRL;
    }
    while((temp&1)&&!(temp&(1<<16)));
    SysTick->LOAD = 0;
    SysTick->VAL = 0;
}
}
void delay_us(uint32_t n)
{
uint32_t temp;
SysTick->LOAD = n*9;
SysTick->VAL = 0;
SysTick->CTRL = 1;
do{
    temp = SysTick->CTRL;
}
while((temp&1)&&!(temp&(1<<16)));
SysTick->LOAD = 0;
SysTick->VAL = 0;
}
```

3. 编写主函数循环检测

最后,编写主函数。当检测到人体时,LED 开始闪烁,频率为 2s 闪烁 1 次;当没有检测到人体时,LED 不闪烁。

该函数逻辑上功能比较单一,程序开始初始化延时和引脚,就直接进入 while 循环。在循环中不断读取人体感应传感器是否输出低电平,当输出低电平时,LED 闪烁,再重新进入循环。

```
# include "main. h"
int main(void)
{
char i = 0;
Delay_Configuration();
Gpio_Configuration();
while(1)
{
    i = ReadPin(1);
    if(i == 0)
    {
        SetHigh(2);
        delay_ms(1000);
        SetLow(2);
        delay_ms(1000);
    }
}
return 0;
}
```

硬件连接完成后,下载程序运行,有人走近时 LED 会亮。一段时间内周围没人,LED 会熄灭。

18.3　本章小结

正确区分红外遥控、人体红外和触摸感应,是本章实验正确进行的前提。本实验使用的传感器,只会感应周围是否有人走动,并不会有其他作用。当有人走近的时候,LED 会亮起来。亮灯的延时时间和感应范围,都是可以在模块上用十字螺丝刀调节的。

思考与扩展

1. 自行编程,调整参数,测试 HC-SR501 对人体红外感应的灵敏度。
2. 结合所学知识,设计一个基于人体红外识别的入侵报警系统。

第四篇　实战篇

第**19**章

遥 控 小 车 系 统 设 计 与 实 现

本章学习目标

1. 初步掌握两个单片机配合的方式。

2. 学习应用 ADC 转换和按键实现输入。

3. 理解 PWM 调速原理。

19.1 系统概述

无线电遥控技术的诞生,起源于无线电通信技术,最初的构想是无线电电报技术的建立,真空电子管的发明使得无线电技术的应用和普及很快应用在民用和军用等各个领域。随着电子技术的飞速发展,新型大规模遥控集成电路的不断出现,使得遥控技术有了日新月异的发展。遥控装置的中心控制部件已从早期的分立元件、集成电路逐步发展到现在的单片机,智能化程度大大提高。近年来,遥控技术在工业生产、家用电器、安全保卫以及人们的日常生活中的使用越来越广泛。

从 20 世纪 60 年代开始,相继出现了无线电遥控的小车。本章设计主要采用 STM32 制作遥控小车,由发射和接收两部分组成。采用部分外围元器件,就可以实现发射与接收、编码与解码功能,具有抗干扰能力强、元器件数量少、可靠性高等优点。有一个摇杆模块用于控制遥控车的动作,包括前进、后退、左转、右转功能。系统设计需要使用无线串口模块和电机驱动模块,其中,电机驱动模块选择第 13 章介绍的双路直流电机驱动模块 L298N。

19.2 E32-TTL-100 无线串口模块

E32-TTL-100 是一款基于 SEMTECH 公司 SX1278 射频芯片的无线串口模块 (UART),透明传输方式,工作在 410～441MHz 频段(默认 433MHz),LoRa 扩频技术,TTL 电平输出,兼容 3.3V 和 5V 的 I/O 口电压。

　　LoRa直序扩频技术带来更远的通信距离,具有功率密度集中,抗干扰能力强的优势。E32-TTL-100模块具有软件FEC前向纠错算法,其编码效率较高,纠错能力强,在突发干扰的情况下,能主动纠正被干扰的数据包,大大提高可靠性和传输距离。在没有FEC的情况下,这种数据包只能被丢弃。

　　E32-TTL-100模块具有数据加密和压缩功能。在空中传输的数据具有随机性,通过严密的加/解密算法,使得数据截获失去意义。而数据压缩功能能够减小传输时间,减小受干扰的概率,提高可靠性和传输效率。E32-TTL-100共有5种使用方式,其基本用法见表19.1。

表 19.1　E32-TTL-100 基本用法

序号	使用方式	描　　述
1	透明传输	默认发射方式。例如:从A点发3字节数据01 02 03到B点,B点就收到数据01 02 03
2	定点发射	模块支持地址功能,主机可发射数据到任意地址模块,达到组网、中继等应用方式。例如:模块A需要向模块B(地址为0x0001,信道为0x80)发射数据AA BB CC,其通信格式为:00 01 80 AA BB CC;其中0001为模块B地址,80为模块B信道,则模块B可以收到AA BB CC(其他模块不接收数据)
3	广播监听	将模块地址设置为0xFFFF,可以监听相同信道上的所有模块的数据传输,发送的数据,可以被相同信道上任意地址的模块收到,从而起到广播和监听的作用
4	省电用法	当模块处于省电模式下,即模式2时,配置模块的接收响应延时时间可调节模块的整机功耗,模块可配置的最大接收响应延时为2000ms,在此配置下模块的平均电流约几十 μA
5	休眠功能	当模块处于休眠模式下,即模式3时,无线接收关闭,单片机处于休眠状态,此时模块整机功耗约2.0μA,在此模式下模块仍然可接收MCU发过来的配置数据

　　E32-TTL-100引脚图见图19.1,图中①~⑩标识的引脚名称和功能描述见表19.2。

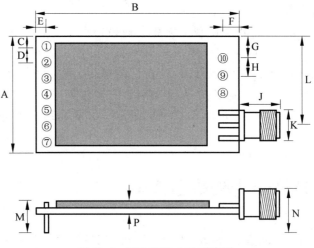

图 19.1　E32-TTL-100 引脚图

表 19.2　E32-TTL-100 引脚描述

引脚序号	引脚名称	引脚方向	引脚用途
1	M0	输入(极弱上拉)	和 M1 配合,决定模块的 4 种工作模式
2	M1	输入(极弱上拉)	和 M0 配合,决定模块的 4 种工作模式
3	RXD	输入	TTL 串口输入,连接到外部 TXD 输出引脚。可配置为漏极开路或上拉输入
4	TXD	输出	TTL 串口输出,连接到外部 RXD 输入引脚。可配置为漏极开路或推挽输出
5	AUX	输出	用于指示模块工作状态,用户唤醒外部 MCU,上电自检初始化期间输出低电平,可配置为漏极开路输出或推挽输出。可以悬空
6	VCC	—	模块电源参考,电压为 DC 2.3~5.5V
7	GND	—	模块地线
8	固定孔	—	固定孔
9	固定孔	—	固定孔
10	固定孔	—	固定孔

　　E32-TTL-100 与单片机可进行简单连接,如图 19.2 所示,连接时注意,无线串口模块为 TTL 电平,要与 TTL 电平的 MCU 连接;单片机 USART_RXD 和 USART_TXD 引脚与模块 RXD 和 TXD 交叉连接。其中,M0,M1 和 AUX 引脚与单片机输入/输出通道相连进行数据传输。

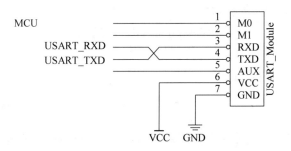

图 19.2　E32-TTL-100 与单片机连接

19.3　系统设计

　　设计制作的遥控小车硬件包括遥控器和车两个部分。遥控器由人操控,包含一个摇杆模块、一个 STM32 最小系统板和一个无线串口模块。可以根据人对摇杆的操作,通过无线串口模块发送指定的指令。车则包含一个带有两个直流减速电机的底盘、一个 STM32 最小系统板、一个稳压模块、一个双路电机驱动模块和一个无线串口模块。通过无线串口模块接收指令,STM32 发出指定占空比的 PWM 波,调节两个车轮的转速,从而实现小车前进、后退、左转、右转和原地转动的动作。

　　遥控小车系统设计所需的硬件材料包括:

（1）STM32 最小系统板两块。

（2）智能车底板一套（亚克力板、调速电机两个、普通轮子两个、万向轮一个、电池盒一个、开关一个及若干螺丝）。

（3）杜邦线若干根。

（4）摇杆模块一个。

（5）无线串口模块两个。

（6）电源模块一个。

（7）双路直流电机驱动模块（H 桥）一个。

（8）5 号干电池四节。

（9）SWD 仿真器一个（或 CH340 串口线一根）。

系统软件设计只需用到 MDK 开发环境。软件设计与硬件设计相对应，所做的工作也包括两部分。

1. 关于遥控器驱动设计

（1）编写两路 ADC 读取的驱动程序，分别记录遥感模块在 X 和 Y 两个方向上的位置。

（2）初始化一个按键 I/O 口，读取遥感的按键是否被按下。

（3）串口初始化，要使用无线串口模块发送数据。

2. 关于小车上的主板设计

（1）设置四个输出 I/O 口：两个给无线串口模块设置模式，两个和 PWM 一起控制电机转动。

（2）设置两路 PWM，实现左右两个轮子前进时的调速。

（3）串口初始化，开启串口中断，使用无线串口模块接收指令。

19.3.1 双路 ADC 遥控器设计

1. 软件设计

因为摇杆模块实际上就是两个电位器，两端加载 3.3V 电压，通过摇动来改变端头的位置，从而让 I/O 口读取到不同的电压值。所以，首先要初始化 ADC，使用两路 ADC 来读取 X 和 Y 两个方向上的位置。和 ADC 模/数转换实验（12.3 节）设计不同的是，这里虽然都用的是 ADC1，但却用到了它的两个通道。只需要多初始化一个引脚即可，并不需要声明是哪个通道，因为在固件库中引脚的地址已经被定义过了，编程的时候可以直接使用。

```
void Adc_Init(void)
{
ADC_InitTypeDef ADC_InitStructure;
GPIO_InitTypeDef GPIO_InitStructure;
RCC_APB2PeriphClockCmd(RCC_APB2Periph_GPIOA｜RCC_APB2Periph_ADC1, ENABLE );
//使能 ADC1 通道时钟
//设置 ADC 分频因子 6,72MHz/6 = 12MHz,ADC 最大频率不能超过 14MHz
RCC_ADCCLKConfig(RCC_PCLK2_Div6);
//PA1、PA2 作为模拟通道输入引脚
GPIO_InitStructure.GPIO_Pin = GPIO_Pin_1｜GPIO_Pin_2;
```

```
GPIO_InitStructure.GPIO_Mode = GPIO_Mode_AIN;              //模拟输入引脚
GPIO_Init(GPIOA, &GPIO_InitStructure);
ADC_DeInit(ADC1);                            //复位 ADC1,将外设 ADC1 的全部寄存器重设为默认值
//ADC 工作模式:ADC1 和 ADC2 工作在独立模式
ADC_InitStructure.ADC_Mode = ADC_Mode_Independent;
ADC_InitStructure.ADC_ScanConvMode = DISABLE;              //模/数转换工作在单通道模式
//模/数转换工作在单次转换模式
ADC_InitStructure.ADC_ContinuousConvMode = DISABLE;
//转换由软件而不是外部触发启动
ADC_InitStructure.ADC_ExternalTrigConv = ADC_ExternalTrigConv_None;
ADC_InitStructure.ADC_DataAlign = ADC_DataAlign_Right; //ADC 数据右对齐
ADC_InitStructure.ADC_NbrOfChannel = 1;                    //顺序进行规则转换的 ADC 通道的数目
//根据 ADC_InitStruct 中指定的参数初始化外设 ADCx 的寄存器
ADC_Init(ADC1, &ADC_InitStructure);
ADC_Cmd(ADC1, ENABLE);                                    //使能指定的 ADC1
ADC_ResetCalibration(ADC1);                               //使能复位校准
while(ADC_GetResetCalibrationStatus(ADC1));               //等待复位校准结束
ADC_StartCalibration(ADC1);                               //开启 ADC 校准
while(ADC_GetCalibrationStatus(ADC1));                    //等待校准结束
}
```

接下来,因为遥感模块上还有一个按键,所以还需要初始化一个 I/O 口来作为按键的输入使用,该部分可以直接参考按键的初始化,没有任何改动。

```
void Key_Cfg(void)
{
    GPIO_InitTypeDef key_gpio;
    RCC_APB2PeriphClockCmd(RCC_APB2Periph_GPIOA, ENABLE);
    /* 按键 I/O 配置 */
    key_gpio.GPIO_Pin = GPIO_Pin_3;
    key_gpio.GPIO_Mode = GPIO_Mode_IPU;              //上拉输入
    GPIO_Init(GPIOA, &key_gpio);
}
```

然后,还需要初始化串口,因为对小车的操作控制是使用 USART1 连接无线串口模块来发送的。直接使用广播模式,即该模块的 M0 和 M1 都置低电平,可以不单独初始化 I/O 口,直接把这两端接到单片机的 GND 端;而 TXD 和 RXD 端,还是和单片机的收发端对接。

串口初始化的代码默认都是放在 SYSTEM 中的,直接调用 uart_init(9600)设置串口波特率就可以完成初始化。因为遥控器不需要使用中断,所以可以把中断优先级部分删掉,中断服务函数也可以删掉。

最后进入主函数的部分,与按键设计的思想一样,使用 while 循环不断检测 X 和 Y 两个方向上的 ADC 值,并且检测按键是否按下,发出不同指令。为简单起见,在本设计中,指令用大写的字符构成。值得一提的是,ADC 的记录是 12 位二进制数,理论上是 $0 \sim 4095$,中间值应该是 2047。但实际上,不操作按键的时候,X 约为 1978,Y 约为 2030,所以为避免误触,在原值的基础上加减 100 作为判定条件。

```
while(1)
{
    x = Get_Adc(ADC_Channel_1);
    y = Get_Adc(ADC_Channel_2);
    if(KEY_STA == KEY_DN)
    {
        delay_ms(1);
    if(KEY_STA == KEY_DN)                    //原地转圈
    {
        USART1 -> DR = 'E';
        while((USART1 -> SR&0X40) == 0); //等待发送结束
    }
    }
    else if(y <= 1930 && KEY_STA == KEY_UP )//前进
    {
        USART1 -> DR = 'A';
        while((USART1 -> SR&0X40) == 0); //等待发送结束
    }
    else if( y > 1930 && x < 1878 && KEY_STA == KEY_UP )//左转
    {
        USART1 -> DR = 'B';
        while((USART1 -> SR&0X40) == 0); //等待发送结束
    }
    else if( y > 1930 && x > 2078 && KEY_STA == KEY_UP )//右转
    {
        USART1 -> DR = 'C';
        while((USART1 -> SR&0X40) == 0); //等待发送结束
    }
    else if( y > 2130 && x < 2078 && x > 1878 && KEY_STA == KEY_UP )//后退
    {
        USART1 -> DR = 'F';
        while((USART1 -> SR&0X40) == 0); //等待发送结束
    }
    else//无操作
    {
        USART1 -> DR = 'D';
        while((USART1 -> SR&0X40) == 0); //等待发送结束
    }
    delay_ms(10);
}
```

2. 硬件连接

　　首先是摇杆模块连接,如图 19.3 所示,尽管它的高电平标注 5V,但是这里单片机 ADC 读入为 0~3.3V,所以电源口是连接 3.3V 和 GND 的。VRX 和 VRY 分别是横、纵坐标轴的电压,将它们连接到 ADC 的读入通道上,也就是 PA1 和 PA2。PA3 是初始化时候配置的按键引脚,并将 SW 端与它连接。

　　接下来是无线串口模块连接,如图 19.4 所示,只需要将其 TXD 和 RXD 连接到单片机的 RXD 和 TXD,

图 19.3　摇杆模块连接图

VCC 连接到 3.3V,GND、MD0、MD1 连接到开发板的 GND 即可。在这里可以直接用单片机的电源拓展口。

供电部分连接如图 19.5 所示,可以直接用移动电源通过 CH340 模块供电,这个办法很省事。但是若有条件还是可以通过电池盒来供电的。这样,简易的遥控器就做好了。

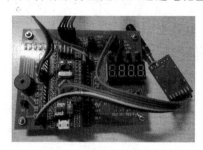

图 19.4　无线串口模块连接图

图 19.5　供电连接图

19.3.2　小车主控模块设计

1. 软件设计

小车前进和转向的核心思想: PWM 输出信号的占空比越高,即单位时间内高电平的时间越长,电机转速越快,设置两路 PWM 就可以分别控制两个轮子的转速以及它们的转速差。首先,使用 PWM 输出实验(10.3 节)中介绍的 TIM1 高级定时器的 CH1 通道输出一路,再使用 TIM3 普通定时器的 CH2 通道输出一路。它们的初始化大同小异,只是高级定时器多了一个参数。

为了编程方便,就用一个初始化函数来设置,也顺便将分频系数和自动重装系数设置成一样的:

```
void TIM_PWM_Init(u16 arr,u16 psc)
{
GPIO_InitTypeDef GPIO_InitStructure;
TIM_TimeBaseInitTypeDef TIM_TimeBaseStructure;
TIM_OCInitTypeDef TIM_OCInitStructure;
RCC_APB2PeriphClockCmd(RCC_APB2Periph_TIM1, ENABLE);
RCC_APB2PeriphClockCmd(RCC_APB2Periph_GPIOA | RCC_APB2Periph_AFIO , ENABLE);
                                              //使能 GPIO 外设时钟使能
RCC_APB1PeriphClockCmd(RCC_APB1Periph_TIM3, ENABLE);
RCC_APB2PeriphClockCmd(RCC_APB2Periph_GPIOB | RCC_APB2Periph_AFIO, ENABLE);
                              //使能 GPIO 外设和 AFIO 复用功能模块时钟使能
//Timer3 部分重映射 TIM3_CH2 - > PB5
GPIO_PinRemapConfig(GPIO_PartialRemap_TIM3, ENABLE);
//设置该引脚为复用输出功能,输出 TIM1_CH1 的 PWM 脉冲波形
GPIO_InitStructure.GPIO_Pin = GPIO_Pin_8;           //TIM_CH1
GPIO_InitStructure.GPIO_Mode = GPIO_Mode_AF_PP;     //复用推挽输出
GPIO_InitStructure.GPIO_Speed = GPIO_Speed_50MHz;
GPIO_Init(GPIOA, &GPIO_InitStructure);
```

```
//设置在下一个更新事件装入活动的自动重装载寄存器频率的值 80kHz
TIM_TimeBaseStructure.TIM_Period = arr;
//设置用来作为 TIMx 时钟频率除数的预分频值不分频
TIM_TimeBaseStructure.TIM_Prescaler = psc;
TIM_TimeBaseStructure.TIM_ClockDivision = 0;              //设置时钟分割:TDTS = Tck_tim
//TIM 向上计数模式
TIM_TimeBaseStructure.TIM_CounterMode = TIM_CounterMode_Up;
//根据 TIM_TimeBaseInitStruct 中指定的参数初始化 TIMx 的时间基数单位
TIM_TimeBaseInit(TIM1, &TIM_TimeBaseStructure);
//选择定时器模式:TIM 脉冲宽度调制模式 2
TIM_OCInitStructure.TIM_OCMode = TIM_OCMode_PWM2;
TIM_OCInitStructure.TIM_OutputState = TIM_OutputState_Enable;     //比较输出使能
TIM_OCInitStructure.TIM_Pulse = 0;                       //设置待装入捕获比较寄存器的脉冲值
//输出极性:TIM 输出比较极性高
TIM_OCInitStructure.TIM_OCPolarity = TIM_OCPolarity_Low;
//根据 TIM_OCInitStruct 中指定的参数初始化外设 TIMx
TIM_OC1Init(TIM1, &TIM_OCInitStructure);
TIM_CtrlPWMOutputs(TIM1,ENABLE);                         //MOE 主输出使能
TIM_OC1PreloadConfig(TIM1, TIM_OCPreload_Enable);        //CH1 预装载使能
TIM_ARRPreloadConfig(TIM1, ENABLE);                      //使能 TIMx 在 ARR 上的预装载寄存器
TIM_Cmd(TIM1, ENABLE); //使能 TIM1
//Timer3 部分重映射 TIM3_CH2 -> PB5
GPIO_PinRemapConfig(GPIO_PartialRemap_TIM3, ENABLE);
GPIO_InitStructure.GPIO_Pin = GPIO_Pin_5;               //TIM_CH2
GPIO_InitStructure.GPIO_Mode = GPIO_Mode_AF_PP;         //复用推挽输出
GPIO_InitStructure.GPIO_Speed = GPIO_Speed_50MHz;
GPIO_Init(GPIOB, &GPIO_InitStructure);
//设置在下一个更新事件装入活动的自动重装载寄存器频率的值 80kHz
TIM_TimeBaseStructure.TIM_Period = arr;
//设置用来作为 TIMx 时钟频率除数的预分频值不分频
TIM_TimeBaseStructure.TIM_Prescaler = psc;
TIM_TimeBaseStructure.TIM_ClockDivision = 0;            //设置时钟分割:TDTS = Tck_tim
//TIM 向上计数模式
TIM_TimeBaseStructure.TIM_CounterMode = TIM_CounterMode_Up;
//根据 TIM_TimeBaseInitStruct 中指定的参数初始化 TIMx 的时间基数单位
TIM_TimeBaseInit(TIM3, &TIM_TimeBaseStructure);
//选择定时器模式:TIM 脉冲宽度调制模式 2
TIM_OCInitStructure.TIM_OCMode = TIM_OCMode_PWM2;
TIM_OCInitStructure.TIM_OutputState = TIM_OutputState_Enable;     //比较输出使能
TIM_OCInitStructure.TIM_Pulse = 0;                     //设置待装入捕获比较寄存器的脉冲值
//输出极性:TIM 输出比较极性低
TIM_OCInitStructure.TIM_OCPolarity = TIM_OCPolarity_Low;
//根据 TIM_OCInitStruct 中指定的参数初始化外设 TIMx
TIM_OC2Init(TIM3, &TIM_OCInitStructure);
//使能 TIMx 在 CCR2 上的预装载寄存器
TIM_OC2PreloadConfig(TIM3, TIM_OCPreload_Enable);
TIM_ARRPreloadConfig(TIM3, ENABLE);                    //使能 TIMx 在 ARR 上的预装载寄存器
TIM_Cmd(TIM3, ENABLE);                                 //使能 TIMx 外设
}
```

电机是靠电机驱动模块来驱动的,单片机只要给电机驱动模块信号就可以了,不用考虑能量输出。步进电机实验(13.3节)中提到过,一个电机有2极,需要2个信号,其中一个由PWM负责,另一个就是I/O口。当PWM输出不同占空比的信号时,I/O口输出低电平,轮子就以不同的速度向前转动;当PWM输出为0时,I/O口输出高电平,轮子就向后转动。至于串口模块,同样需要2个I/O来设置模式,全部置低即可设置成广播模式。所以,需要参考流水灯实验(6.3节)来设置4个I/O口进行输出:

```
void MOTOR_Cfg(void)
{
    GPIO_InitTypeDef led_gpio;
    //使能端口 A 的时钟
    RCC_APB2PeriphClockCmd(RCC_APB2Periph_GPIOA, ENABLE);
    /* LED I/O 配置 */
    led_gpio.GPIO_Pin = GPIO_Pin_0 | GPIO_Pin_1 | GPIO_Pin_2 | GPIO_Pin_3;
    led_gpio.GPIO_Mode = GPIO_Mode_Out_PP;      //通用推挽输出
    led_gpio.GPIO_Speed = GPIO_Speed_2MHz;      //2MHz
    GPIO_Init(GPIOA, &led_gpio);
    /* 配置完后关闭所有 LED */
    A0_OFF;
    A1_OFF;
    B0_OFF;
    B1_OFF;
}
```

接下来是串口的部分,要使用中断服务函数来接收指令,所以在进行串口初始化的同时,不要忘记配置中断优先级。这里要求实现速度实时遥控,指令只有一位,修改串口1的中断服务程序,只用其中一位就可以了:

```
#if EN_USART1_RX                                    //如果使能了接收
void USART1_IRQHandler(void)                         //串口 1 中断服务程序
{
    u8 Res;
    Res = USART_ReceiveData(USART1); //(USART1->DR);   //读取接收到的数据
    USART_RX_BUF[0] = Res ;
}
#endif
```

在本设计中,若中断分组函数和PWM初始化函数同时运行,就常会导致一方不起作用的情况,所以在初始化的过程中加上一个关于时钟的STM32库函数,即SystemInit()函数,可以使时钟精确,在多个固件初始化的情况下能得以顺利进行。

初始化结束之后,可以通过不断判断USART_RX_BUF[0]位记录的字符,也就是串口接收中断函数所得到的指令,改变PWM和I/O口的输出,使小车进行相应操作。本设计用的是6V干电池供电,PWM的占空比低于2/3的情况下,小车也是不会动的,所以,将PWM的占空比设置在8/9到1之间波动。

```
while(1)
{
```

```
if(USART_RX_BUF[0] == 'A')//前进
{
    TIM_SetCompare1(TIM1,899);
    TIM_SetCompare2(TIM3,899);
    A0_ON;
    A1_ON;
}
if(USART_RX_BUF[0] == 'B')//左转
{
    TIM_SetCompare1(TIM1,800);
    TIM_SetCompare2(TIM3,899);
    A0_ON;
    A1_ON;
}
if(USART_RX_BUF[0] == 'C')//右转
{
    TIM_SetCompare1(TIM1,899);
    TIM_SetCompare2(TIM3,800);
    A0_ON;
    A1_ON;
}
if(USART_RX_BUF[0] == 'D')//停止
{
    TIM_SetCompare1(TIM1,0);
    TIM_SetCompare2(TIM3,0);
    A0_ON;
    A1_ON;
}
if(USART_RX_BUF[0] == 'E')//掉头
{
    TIM_SetCompare1(TIM1,899);
    TIM_SetCompare2(TIM3,0);
    A0_OFF;
    A1_ON;
}
if(USART_RX_BUF[0] == 'F')//后退
{
    TIM_SetCompare1(TIM1,0);
    TIM_SetCompare2(TIM3,0);
    A0_OFF;
    A1_OFF;
}
delay_ms(1);
}
```

2. 硬件连接

首先是电机驱动模块,图 19.6 为正面连接图,图 19.7 为反面连接图,该模块的电源供电直接由电池盒提供,信号输入 IN1、IN2、IN3、IN4 和 GND 则连接到单片机。其中 IN1、IN2 控制电机 A,IN3、IN4 控制电机 B。所以,将控制左轮的 PWM 输出端 PA8 接 IN3,

PA1 接 IN4；控制右轮的 PWM 输出端 PB5 接 IN1,PA0 接 IN2,再分别将两个电极焊到驱动模块输出端。

图 19.6 电机驱动模块接线图（正面）

图 19.7 电机驱动模块接线图（反面）

接下来是电源模块,如图 19.8 所示,电源模块接线比较简单,将电池盒接到输入端,将单片机供电接到 5V 和 GND 上。该模块的主要作用是降压,避免烧坏单片机。

然后,就是无线串口模块接线,如图 19.9 所示。它的 TXD 和 RXD 与单片机的 RXD 和 TXD 对接,VCC 和 GND 也可以直接接到单片机的 3.3V 和 GND,而它的 MD0 和 MD1 两个配置端,就直接接到 PA2 和 PA3 上,之前已配置好,这两个引脚是输出低电平的。

图 19.8 电源模块接线图

图 19.9 无线串口模块接线图

至于单片机的接线,如图 19.10 所示。

最后,用绝缘胶带固定一下各模块,将开关串联在电池盒的一端,硬件整体连接完成如图 19.11 所示,整个小车就做好了。

图 19.10 最小系统板连接图

图 19.11 小车整体图

19.4   遥控小车系统功能

确保接线没有问题,打开小车的开关,遥控器通电,摇杆模块有排针的边向左。控制小车可以实现:

(1) 向前拉动遥感,小车全速前进。

(2) 向左拉动遥感,小车前进且左转。

(3) 向右拉动摇杆,小车前进且右转。

(4) 向后拉动摇杆,小车全速后退。

(5) 按下摇杆,小车原地转圈。

19.5   本章小结

本章介绍了如何制作一个使用无线串口进行遥控的小车,设计完成的成品,可以拿到户外脱离 PC,不再是一个简单的设计板而已。所以,一是要用到电池供电,在本设计中要考虑实际电压的功率问题,既要保证有足够的动力前进,又要保证不会烧坏其他板子;二是要写两个驱动程序,其中一个给遥控器,另一个给小车作为接收器和主控模块,它们之间通过无线串口连接。

该设计的原理是基于基础篇和应用篇的内容自行探索的,目的在于 STM32 创意应用。和智能车不同的是,遥控小车是人为遥控,不需要自动寻迹,只要两路 PWM 调速,使用速度差实现转弯,而不用舵机;和航模不同的是,该设计遥控的发送和接收,都是自己编写的程序,而不是成熟的飞控模块。

第**20**章

简易交互狗系统设计与实现

本章学习目标

1. 运用语音模块、舵机和触摸传感器模拟现实交互。

2. 学习使用蓝牙遥控。

20.1 系统概述

现在市面上,能够通过语言、动作与人互动的机器人琳琅满目,既可以充当玩具,也可以从事管家、生产等工作。许多嵌入式工程师也会选择进行机器人方面的研究,本章就是用前面学习过的模块来制作一个简单的机器人。

本章设计制作的简易交互小狗,可以通过人手触动和手机遥控两种方式,来实现人与"机器狗"的互动。当人的手接触狗的尾巴时,位于狗尾的触摸传感器会感应到,小狗的脸会发红,摇头三下并说"别摸我";用安卓手机上的 APP,可以通过蓝牙模块遥控小狗的头左右转动和打招呼。

系统硬件设计中使用到语音模块、SG90 9g 舵机、HC-05 蓝牙模块和触摸传感器模块(TTP223),语音模块、舵机和蓝牙模块前面已经介绍过,下面简单介绍 TTP223 模块。

20.2 TTP223 触摸传感器模块

TTP223 模块是一个基于触摸检测 IC(TTP223B)的电容式点动型触摸开关模块。常态下,模块输出低电平,模式为低功耗模式;当用手指触摸相应位置时,模块会输出高电平,模式切换为快速模式;当持续 12s 没有触摸时,模式又切换为低功耗模式。模块外形见图 20.1。其组件包括:

(1) 控制接口:共 3 个引脚(GND、VCC、SIG),GND 为地,VCC 为供电电源,SIG 为数字信号输出脚。

图 20.1 TTP223 模块实物图

(2) 电源指示灯：绿色 LED，上电正确即发亮。

(3) 触摸区域：类似指纹的图标内部区域，手指轻轻触摸即可触发。

(4) 定位孔：4 个 M2 螺丝定位孔，孔径为 2.2mm，使模块便于安装定位，实现模块间的组合。

可以将模块安装在非金属材料（如塑料、玻璃）的表面，将薄薄的纸片（非金属）覆盖在模块的表面，只要触摸的位置正确，即可做成隐藏在墙壁、桌面等地方的按键。模块的特点为：点动型（类似轻触按键功能）；低功耗；正反面均可作为触摸面，可替代传统的轻触按键。使用中需要了解 TTP223 模块的电气特性，见表 20.1。

表 20.1　TTP223 模块的电气特性

项目	最小值	典型值	最大值	单位
电源电压 VCC	2.0	3	5.5	V
输出高电平 V_{OH}	—	0.8VCC	—	V
输出高电平 V_{OL}	—	—	0.3VCC	V
输出引脚灌电流（VCC=3V，V_{OL}=0.6V）	—	8	—	mA
输出引脚拉电流（VCC=3V，V_{OH}=2.4V）	—	−4	—	mA
响应时间（低功耗模式）	—	—	220	ms
响应时间（快速模式）	—	—	60	ms

20.3　简易交互狗系统设计

从简易交互狗的外壳来看，该小狗主要分为头部、躯干和尾部三部分：头部包括 STM32 最小系统板、蓝牙模块、红色 LED、语音合成模块及喇叭，也就是说最主要的部分都包含在头部；躯干主要是通过一个舵机与头部连接，舵机的左右转动可以实现"摇头"的动作；尾部则直接就是一个触摸传感器。从逻辑结构上看，小狗通过触摸传感器感应到人体触摸，通过蓝牙模块接收 APP 的遥控信号，STM32 接收到信号后，控制 LED、舵机和语音合成模块进行相应的动作，从而实现与人的交互。

简易交互狗系统设计所需的硬件材料包括：

(1) STM32 最小系统板一块。

(2) 小狗外壳一个（连接物、胶水）。

(3) 语音模块一个（带喇叭）。

(4) HC-05 蓝牙模块一个。

(5) 触摸传感器一个。

(6) SG90 9g 舵机一个。

(7) 电源模块一个（含适配器）。

(8) 万能板一块。

(9) 红色 LED 两个。

(10) 排针、杜邦线若干。

(11) 焊锡、海绵、电烙铁。

(12) SWD 仿真器一个(或 CH340 串口线一根)。

系统软件设计需用到 MDK 开发环境、串口调试助手和安卓蓝牙串口 APP。

20.3.1　系统软件设计

1. 固件初始化

语音模块和蓝牙模块都是需要使用串口的,所以在这里就需要初始化两个串口:串口 USART1 来连接蓝牙模块,是需要中断服务函数来接收指令的;而串口 USART2 来连接语音模块,只需要进行输出即可,不需要给它设置中断。在初始化串口之前,要进行中断分组。

串口 1 的引脚很熟悉了,串口 2 的引脚也相似,PA2 是 TXD,PA3 是 RXD。编写的串口 1 的初始化函数中,加入串口 2 的部分,就像串口 1 一样初始化一下即可,不需要给串口 2 设置中断优先级等。

```
void uart1_init(u32 bound)
{
    //GPIO 端口设置
    GPIO_InitTypeDef GPIO_InitStructure;
    USART_InitTypeDef USART_InitStructure;
    NVIC_InitTypeDef NVIC_InitStructure;
    RCC_APB1PeriphClockCmd(RCC_APB1Periph_USART2, ENABLE);
    RCC_APB2PeriphClockCmd(RCC_APB2Periph_USART1|RCC_APB2Periph_GPIOA, ENABLE);
                                                    //使能 USART1,GPIOA 时钟
    USART_DeInit(USART1);                           //复位串口 1
    //USART1_TX PA.9
    GPIO_InitStructure.GPIO_Pin = GPIO_Pin_9; //PA.9
    GPIO_InitStructure.GPIO_Speed = GPIO_Speed_50MHz;
    GPIO_InitStructure.GPIO_Mode = GPIO_Mode_AF_PP;  //复用推挽输出
    GPIO_Init(GPIOA, &GPIO_InitStructure);           //初始化 PA9
    //USART1_RX PA.10
    GPIO_InitStructure.GPIO_Pin = GPIO_Pin_10;
    GPIO_InitStructure.GPIO_Mode = GPIO_Mode_IN_FLOATING;  //浮空输入
    GPIO_Init(GPIOA, &GPIO_InitStructure);           //初始化 PA10
    RCC_APB1PeriphClockCmd(RCC_APB1Periph_USART2, ENABLE);
    USART_DeInit(USART2);                            //复位串口 1
    //USART2_TX  PA.9
    GPIO_InitStructure.GPIO_Pin = GPIO_Pin_2; //PA.2
    GPIO_InitStructure.GPIO_Speed = GPIO_Speed_50MHz;
    GPIO_InitStructure.GPIO_Mode = GPIO_Mode_AF_PP;  //复用推挽输出
    GPIO_Init(GPIOA, &GPIO_InitStructure);           //初始化 PA9
    //USART2_RX PA.10
    GPIO_InitStructure.GPIO_Pin = GPIO_Pin_3;
    GPIO_InitStructure.GPIO_Mode = GPIO_Mode_IN_FLOATING;  //浮空输入
    GPIO_Init(GPIOA, &GPIO_InitStructure);           //初始化 PA10
    //Usart1 NVIC 配置
    NVIC_InitStructure.NVIC_IRQChannel = USART1_IRQn;
```

```
    NVIC_InitStructure.NVIC_IRQChannelPreemptionPriority = 3 ;     //抢占优先级 3
    NVIC_InitStructure.NVIC_IRQChannelSubPriority = 3;             //子优先级 3
    NVIC_InitStructure.NVIC_IRQChannelCmd = ENABLE;               //IRQ 通道使能
    NVIC_Init(&NVIC_InitStructure);                    //根据指定的参数初始化 NVIC 寄存器
    //USART 初始化设置
    USART_InitStructure.USART_BaudRate = bound;                    //一般设置为 9600
    //字长为 8 位数据格式
    USART_InitStructure.USART_WordLength = USART_WordLength_8b;
    USART_InitStructure.USART_StopBits = USART_StopBits_1;         //一个停止位
    USART_InitStructure.USART_Parity = USART_Parity_No;           //无奇偶校验位
    //无硬件数据流控制
    USART_InitStructure.USART_HardwareFlowControl = USART_HardwareFlowControl_None;
    //收发模式
    USART_InitStructure.USART_Mode = USART_Mode_Rx | USART_Mode_Tx;
    USART_Init(USART1, &USART_InitStructure);                      //初始化串口
    USART_ITConfig(USART1, USART_IT_RXNE, ENABLE);               //开启中断
    USART_Cmd(USART1, ENABLE);                                    //使能串口
    USART_Init(USART2, &USART_InitStructure);                      //初始化串口
    USART_Cmd(USART2, ENABLE);                                    //使能串口
    }
```

因为触摸传感器是通过触发中断让小狗执行动作的,所以需要进行中断初始化。在本设计中只要初始化一个中断即可,与中断按键实验(8.4 节)不同的是,该设计的中断由触摸传感器触发,是高电平触发的。所以在触发方式上要改成 EXTI_Trigger_Rising,其他设置与中断按键实验是一样的。

```
    void EXTIX_Init(void)
    {
        EXTI_InitTypeDef EXTI_InitStructure;
        NVIC_InitTypeDef NVIC_InitStructure;
        //外部中断,需要使能 AFIO 时钟
        RCC_APB2PeriphClockCmd(RCC_APB2Periph_AFIO,ENABLE);
        Key_Cfg();              //初始化按键对应 I/O 模式
        //GPIOA.15 中断线以及中断初始化配置
        GPIO_EXTILineConfig(GPIO_PortSourceGPIOB,GPIO_PinSource9);
        EXTI_InitStructure.EXTI_Line = EXTI_Line9;
        EXTI_InitStructure.EXTI_Mode = EXTI_Mode_Interrupt;
        EXTI_InitStructure.EXTI_Trigger = EXTI_Trigger_Rising;
        EXTI_InitStructure.EXTI_LineCmd = ENABLE;
        //根据 EXTI_InitStruct 中指定的参数初始化外设 EXTI 寄存器
        EXTI_Init(&EXTI_InitStructure);
        //使能按键所在的外部中断通道
        NVIC_InitStructure.NVIC_IRQChannel = EXTI9_5_IRQn;
        NVIC_InitStructure.NVIC_IRQChannelPreemptionPriority = 0x02;   //抢占优先级 2
        NVIC_InitStructure.NVIC_IRQChannelSubPriority = 0x00;          //子优先级 1
        NVIC_InitStructure.NVIC_IRQChannelCmd = ENABLE;               //使能外部中断通道
        NVIC_Init(&NVIC_InitStructure);
    }
```

　　舵机是靠 PWM 占空比来调整角度的,故小狗的摇头是靠 PWM 来实现的,所以初始化的过程中要进行 PWM 初始化。与舵机实验(14.3 节)一样,初始化的时候,通过预分频将周期设置为 0.1ms,将自动重装值设置为 199,这样每个周期就是 20ms,然后再设置 0.5~2.5ms 的高电平时间,就可以控制舵机的角度了。与 PWM 实验不同,定时器的输出比较极性要设置为低。

```
void PWM_Init(u16 arr,u16 psc)
{
GPIO_InitTypeDef GPIO_InitStructure;
TIM_TimeBaseInitTypeDef TIM_TimeBaseStructure;
TIM_OCInitTypeDef TIM_OCInitStructure;
RCC_APB1PeriphClockCmd(RCC_APB1Periph_TIM3, ENABLE);
RCC_APB2PeriphClockCmd(RCC_APB2Periph_GPIOA | RCC_APB2Periph_AFIO, ENABLE); //使能 GPIO 外设
                                                               //和 AFIO 复用功能模块时钟使能
//用于 TIM3 的 CH2 输出的 PWM 通过该 LED 显示
//设置该引脚为复用输出功能,输出 TIM3 CH2 的 PWM 脉冲波形
GPIO_InitStructure.GPIO_Pin = GPIO_Pin_7;                      //TIM_CH2
GPIO_InitStructure.GPIO_Mode = GPIO_Mode_AF_PP;                //复用推挽输出
GPIO_InitStructure.GPIO_Speed = GPIO_Speed_50MHz;
GPIO_Init(GPIOA, &GPIO_InitStructure);
//GPIO_WriteBit(GPIOA, GPIO_Pin_7,Bit_SET);                    //PA7 上拉
//设置在下一个更新事件装入活动的自动重装载寄存器频率的值 80kHz
TIM_TimeBaseStructure.TIM_Period = arr;
//设置用来作为 TIMx 时钟频率除数的预分频值不分频
TIM_TimeBaseStructure.TIM_Prescaler = psc;
TIM_TimeBaseStructure.TIM_ClockDivision = 0;                   //设置时钟分割:TDTS = Tck_tim
//TIM 向上计数模式
TIM_TimeBaseStructure.TIM_CounterMode = TIM_CounterMode_Up;
//根据 TIM_TimeBaseInitStruct 中指定的参数初始化 TIMx 的时间基数单位
TIM_TimeBaseInit(TIM3, &TIM_TimeBaseStructure);
//选择定时器模式:TIM 脉冲宽度调制模式 2
TIM_OCInitStructure.TIM_OCMode = TIM_OCMode_PWM2;
TIM_OCInitStructure.TIM_OutputState = TIM_OutputState_Enable;  //比较输出使能
//输出极性:TIM 输出比较极性低
TIM_OCInitStructure.TIM_OCPolarity = TIM_OCPolarity_Low;
//根据 TIM_OCInitStruct 中指定的参数初始化外设 TIMx
TIM_OC2Init(TIM3, &TIM_OCInitStructure);
TIM_Cmd(TIM3, ENABLE);                                         //使能 TIMx 外设
}
```

　　接下来,还需要编辑 LED 和按键初始化函数,这次用到的触觉传感器和按键很相似,可以直接借鉴中断按键实验(8.4 节)的代码。

```
void Key_Cfg(void)
{
    GPIO_InitTypeDef key_gpio;
    RCC_APB2PeriphClockCmd(RCC_APB2Periph_GPIOB, ENABLE);
```

```
    /* 按键 I/O 配置 */
    key_gpio.GPIO_Pin = GPIO_Pin_9;
    key_gpio.GPIO_Mode = GPIO_Mode_IPU;              //上拉输入
    GPIO_Init(GPIOB, &key_gpio);
}
void LED_Cfg(void)
{
    GPIO_InitTypeDef led_gpio;
    //使能端口 A 的时钟
    RCC_APB2PeriphClockCmd(RCC_APB2Periph_GPIOA, ENABLE);
    led_gpio.GPIO_Pin = GPIO_Pin_0 ;
    led_gpio.GPIO_Mode = GPIO_Mode_Out_PP;           //通用推挽输出
    led_gpio.GPIO_Speed = GPIO_Speed_2MHz;           //2MHz
    GPIO_Init(GPIOA, &led_gpio);
    LED1_OFF;
}
```

2. 导入语音合成发送函数

固件初始化完毕,需要将语音发送函数复制过来。为了方便,就直接把它放在关于中断的 exti.c 里边。合成指令的函数是不需要变的,只需要将发送函数都改成串口 2 发送即可。这两个函数放进来之后,需要在 exti.h 中声明一下,以免其他函数调用的时候找不到。

```
void USART_Send_Byte(u8 mydata)
{
    USART_ClearFlag(USART2,USART_FLAG_TC);
    USART_SendData(USART2, mydata);
    while(USART_GetFlagStatus(USART2,USART_FLAG_TC) == RESET);
    USART_ClearFlag(USART2,USART_FLAG_TC);
}
void TTSPlay(char * Text)
{
    u8 i = 0;
    u8 xorcrc = 0, ulen;
    u8 SoundBuf[110];
    ulen = strlen(Text);
    SoundBuf[0] = 0xFD;
    SoundBuf[1] = 0x00;
    SoundBuf[2] = ulen + 3;
    SoundBuf[3] = 0x01;
    SoundBuf[4] = 0x00;
    for (i = 0; i < ulen; i++)
    {SoundBuf[5 + i] = Text[i];}
    for (i = 0; i < ulen + 5; i++)
    {xorcrc = xorcrc ^ SoundBuf[i];}
    for (i = 0; i < ulen + 5; i++)
    {USART_Send_Byte(SoundBuf[i]);}
    USART_Send_Byte(xorcrc);
}
```

3. 编写中断函数实现触摸反应和语音控制

下面要编写两个中断服务函数,第一个是触摸传感器的中断服务函数,将触摸传感器的输入端接在 PB9 上,所以它使用的中断服务函数是 EXTI9_5_IRQHandler()。在进入函数之后照例需要进行消抖,因为是高电平触发,所以消抖条件变成高电平输入。

确定触摸之后,就要让小狗执行相应的动作。先编辑指令发给语音合成模块,再让舵机执行相应的动作。注意,舵机的 PWM 设定要有一定延时,让舵机有足够的时间转过去。

```c
void EXTI9_5_IRQHandler(void)
{
    delay_ms(10);                                //消抖
    if(KEY2_STA == KEY_UP){
    LED1_ON;
    TTSPlay("别摸我");
    TIM_SetCompare2(TIM3,10);
    delay_ms(500); //
    TIM_SetCompare2(TIM3,20);
    delay_ms(500);
    TIM_SetCompare2(TIM3,15);
    delay_ms(500);
    LED1_OFF;
    }
    EXTI_ClearITPendingBit(EXTI_Line9);          //清除 LINE5 上的中断标志位
}
```

第二个中断服务函数是串口接收中断。根据设计,发送 'A' 指令,小狗读出"评委老师好,我是小贝";发送 'B' 指令,PWM 的占空比减小,小狗的头左转;发送 'C' 指令,PWM 的占空比增大,小狗的头右转。

```c
#if EN_USART1_RX                                 //如果使能了接收
void USART1_IRQHandler(void)                     //串口 1 中断服务程序
{
u8 Res;
u8 temperature;
u8 humidity;
Res = USART_ReceiveData(USART1); //(USART1 -> DR);  //读取接收到的数据
USART_RX_BUF[0] = Res ;
if(USART_RX_BUF[0] == 'A')                       //说话
    {
        TTSPlay("评委老师好,我是小贝");
    }
if(USART_RX_BUF[0] == 'B')                       //左转
    {
        if(ab < 25 && ab > 5)
            ab -= 1;
        TIM_SetCompare2(TIM3,ab);
    }
if(USART_RX_BUF[0] == 'C')                       //右转
```

```
    {
        if(ab < 25 && ab > 5)
            ab += 1;
        TIM_SetCompare2(TIM3,ab);
    }
}
#endif
```

4. 编写主函数

回到主函数中,要进行各初始化函数的调用,并且在开机的时候让小狗用语音打招呼,只是 while 循环里不需要放代码。

```
int main(void)
{
    SystemInit();
    delay_init();                   //延时函数初始化
    NVIC_Configuration();           //设置中断优先级分组
    uart1_init(9600);               //串口初始化为 9600
    LED_Cfg();                      //初始化与 LED 连接的硬件接口
    PWM_Init(199,7199);             //PWM 频率为 50Hz
    LED1_ON;                        //点亮 LED
    TIM_SetCompare2(TIM3,15);
    delay_ms(500);
    TTSPlay("你好,我是小贝");
    LED1_OFF;
    EXTIX_Init();                   //外部中断初始化
    while(1)
    {  }
}
```

5. 蓝牙配置

借鉴蓝牙实验(17.3 节)进行蓝牙配置:按住蓝牙模块的 KRY 按键,用 CH340 模块将蓝牙模块接到计算机上,除了供电和串口的收发端,模块的 EN 也需要接 3.3V。蓝牙模块的指示灯慢闪,就代表进入了设置状态。将串口调试助手的波特率调成 384 000,依次输入下面命令:

```
AT + ORGL
AT + NAME = DOG
AT + UART = 9600,1,0
AT + ROLE = 0
AT + RESET
```

蓝牙模块的指示灯开始快闪,代表已经设置好,可以使用了。

20.3.2　系统硬件连接

编程结束后,就需要进行硬件组装。因为模块比较多,所以需要用电源模块供电,但是不需要将模块放到小狗体内,只需要将它的电源用杜邦线引入小狗,再手工焊制供电电路板,如图 20.2 所示。

为了节省空间,将供电电路板和控制脸红的 LED 焊制在一块板子上了,直接固定在小狗的脸下,而 LED 信号则连接到 PA0 上,它同时控制两个灯的亮灭,如图 20.3 所示。

图 20.2　电源模块

图 20.3　供电电路板及 LED 板

如图 20.4 所示,蓝牙模块是和串口 1 连接的,所以它的收发端在 PA9 和 PA10 上。而蓝牙模块对供电要求较高,单片机的 5V 供电功率较低,会让蓝牙模块产生电压不稳的现象,所以将蓝牙模块的供电连接到供电电路。

语音模块是和串口 2 连接的,所以把它的串口收发端连在单片机的 PA2 和 PA3,供电则是连接在单片机的 3.3V 和 GND 上。喇叭直接用绝缘胶带贴在外壳上即可,如图 20.5 所示。

图 20.4　蓝牙模块连接

图 20.5　语音模块连接

触摸传感器本来是设计成小狗尾巴的,只不过形状确实有点大,所以将触摸传感器通过杜邦线引到外壳以外,信号输入端连接在单片机的 PB9 上,供电连接单片机和供电电路板均可,如图 20.6 所示。

舵机对供电要求比较高,所以要将舵机的供电线引到供电电路板上,否则容易产生转不到位的现象。而舵机的信号输入端,则是连接到单片机的 PA7,如图 20.7 所示。线连接好以后,用胶水和排针粘住舵机与头部,外壳底部则是钻一个洞与舵机连接,直接插上去即可,如图 20.8 所示。

图 20.6　触摸传感器连接

图 20.7　舵机与头部连接

最后,就是将单片机的供电线引到供电电路板上,将各模块的导线用绝缘胶带粘上,以免在机器人内部短路。将所有模块放入外壳,注意 LED 面板位置,拧上螺丝即可。完成的小狗整体图如图 20.9 所示。

图 20.8　舵机与底座连接

图 20.9　小狗整体图

在手机蓝牙软件上设置不同的按钮,发送 A、B、C 三个字符,即可完成设置。

20.4　简易交互狗系统功能

小狗通电后,可以实现下面功能:
(1) 用语音向大家打招呼:"大家好,我是小贝。"
(2) 用手摸一下小狗尾巴上的触摸传感器,小狗脸红,左右摇头,回答:"别摸我。"
(3) 用手机给小狗发送字符'A',小狗用语音打招呼:"你好,我是小贝。"
(4) 用手机给小狗发送字符'B'和'C',可以控制小狗向左、右摇头。

20.5　本章小结

模仿人和动物的感官,是制作机器人的第一步。该设计的目的在于,使用简单的模块进行人机交互,让小狗产生触觉、说话和摇头的反应。因为本设计较为简单,故而将其称为"机器狗"。

设计中,在小狗身上放一个触摸传感器,用它来触发中断,在中断服务函数中执行摇头、说话和脸红的操作。用蓝牙通过串口给单片机发出指令,但这次是在串口中断函数中执行一次就可以了,而不是循环执行。小狗的“输入”设备有蓝牙模块和触摸传感器;“输出”设备有控制脸红的 LED、控制摇头的舵机和控制说话的语音合成模块。

本系统实现的是初级功能,读者可以在此基础上增加更多功能。

第21章

电子驱蚊器系统设计与实现

本章学习目标

1. 掌握使用蓝牙串口 APP 编辑遥控器。
2. 熟练使用 PWM 功能和延时,产生多路谐波。
3. 结合语音模块,使用 STM32 制作实用家居。

21.1　系统概述

超声波驱蚊器采用声波合成技术,通过超声波高频振荡产生低频脉冲声波,超声波驱蚊器还能模仿雄蚊翼部拍动的频率的声音,驱赶已交配的雌蚊(雌蚊对该声波敏感),使蚊子在飞行时,实现干扰其飞行及抑制其起飞的作用,使其不敢接近人体,从而达到驱赶蚊虫,创造一个安静、卫生、不受蚊虫困扰的生活环境的目的。

在蚊子中,只有怀孕的雌蚊才需要吸人血,以获取所需的养分,促进卵巢发育。雄蚊和未怀孕的雌蚊是不需要吸血的。怀孕的雌蚊会非常避讳与雄蚊再次交配,因为这会影响卵巢发育,导致雌蚊死亡。所以可以通过模仿雄蚊飞行的声音,让吸血的雌蚊远离人类。

事实上,不同的蚊种发出的声音有略微的区别,雄蚊和雌蚊发出的声音也有略微的区别。而这些声音本来就是超声波,靠人耳是听不见的,也无法辨别。为了方便设计过程中的调试,高频波就没有采用超声波,而是采用频率呈倍数的声波,这样人是可以感觉到实际现象的。而雄蚊遇到雌蚊,发出声波的频率也是有一个略微变化的,这涉及一些交叉学科,在这里则主要展示 STM32 的部分,因此在系统中忽略了变化的存在。

在最终的成品上,可以通过蓝牙模块遥控驱蚊器来切换高频声波频率,低频的 800Hz是不需要切换的。在切换的过程中,会有语音提示对应的蚊种。

驱蚊器还可以根据所在的地理位置不同和蚊种不同,模仿不同蚊种的发声,发出不同的驱蚊信号。可以用手机 APP 通过蓝牙来遥控,实现驱蚊器播放不同的波形。为确保驱蚊器工作正常,驱蚊器在接收到遥控指令后,会以语音的形式反馈接收到的指令。综合来看,驱蚊器内部包括了一个 STM32 最小系统板、一个蓝牙模块、一个语音合成模块以及一个硬件合成声波电路板,它们的供电都由稳压降压芯片提供,可以直接把 220V 的交流电变成 3.3V 和 5V 的直流供电。

下面介绍设计的重点——合成声波部分。

21.2　合成声波设计

1. 合成声波总体设计

为了单独寻找配偶,许多品种的雄性蚊子吸引雌性。一旦一只雌蚊被定位,雄性会根据雌性发出的飞行音调来定位自己的相对位置。雄蚊对一个经过的雌蚊发出的音调信号的听觉,被调谐成积极的和非线性的,放大雌蚊微弱的声音,从而增强自己的追踪和追求雌蚊的能力。

在这整个飞行过程中,双方飞行发出的声波,都会向对方的声音频率靠近。同时,振翅的频率会有微弱的上升。雄蚊本来的声音音调是略高于雌蚊的,因此,在飞近的过程中,雄蚊的声波频率会有所下降。为了使电子驱蚊器具有完美的仿生效果,设计中采用 MATLAB 对原始声波进行滤波,使其更加接近实际蚊子的声音,然后加入谐波进行调整,使产生的信号接近蚊子单独飞行的声音,再调整 BP 神经网络节点,确定训练函数,经过 BP 网络处理的信号加入谐波作为遇到雄蚊时的信号。声波合成总体设计思路如图 21.1 所示。

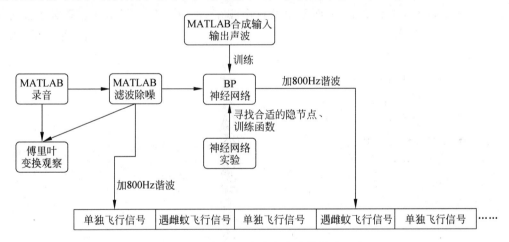

图 21.1　驱蚊系统声波合成总体设计思路

2. STM32 产生 PWM 波

合成了雌性蚊子遇到雄性蚊子时的信号之后,需要将信号进行傅里叶变换,编写驱动用单片机产生不同频率的波形,并且在硬件电路上合成,最后产生相应的声波。本设计是基于已经得到成熟波形数据的情况下进行的,振翅产生的高频声音由 PWM 模仿,而振翅的 800Hz 则直接由 I/O 口输出高、低电平来产生,两种声波在硬件电路上直接合成,由高频喇叭发出声音。

PWM 利用微处理器的数字输出对模拟电路进行控制,控制方式就是对逆变电路开关器件的通断进行控制,使输出端得到一系列幅值相等的脉冲,用这些脉冲来代替正弦波或所需要的波形。也就是在输出波形的半个周期中产生多个脉冲,使各脉冲的等值电压为正弦波形,所获得的输出平滑且低次谐波少。按一定的规则对各脉冲的宽度进行调制,即可改变逆变电路输出电压的大小,也可改变输出频率。例如,把正弦半波波形分成 N 等份,就可把正弦半波看成由 N 个彼此相连的脉冲所组成的波形。这些脉冲宽度相等,都等于 Π/N,但幅值不等,且脉冲顶部不是水平直线,而是曲线,各脉冲的幅值按正弦规律变化。如果把上述脉冲序列用同样数量的等幅而不等宽的矩形脉冲序列代替,使矩形脉冲的中点和相应正弦等分的中点重合,且使矩形脉冲和相应正弦部分面积(即冲量)相等,就得到一组脉冲序列,这就是 PWM 波形。可以看出,各脉冲宽度是按正弦规律变化的。根据冲量相等效果相同的原理,PWM 波形和正弦半波是等效的。对于正弦的负半周,也可以用同样的方法得到PWM 波形。

在 PWM 波形中,各脉冲的幅值是相等的,要改变等效输出正弦波的幅值时,只要按同一比例系数改变各脉冲的宽度即可,因此在交-直-交变频器中,PWM 逆变电路输出的脉冲电压就是直流侧电压的幅值。

21.3 电子驱蚊系统设计

设计一个驱蚊器,同时发出两个频率声波:雄蚊振翅频率和雄蚊飞行发出的超声波频率。雄蚊振翅频率大约为 800Hz,而发出的超声波在 20kHz 以上,但是在这里为了能让人听见,三种蚊子设置的频率分别是 2kHz、4kHz 和 8kHz。对于 STM32 来说,设置为 20kHz和 2kHz,只需要设置自动重装系数即可。

电子灭蚊器设计所需的硬件材料有:

(1) STM32 最小系统板一块。

(2) HC-05 蓝牙模块一个。

(3) 整流降压模块一个。

(4) 语音模块一个。

(5) 万能板一张。

(6) 超声波喇叭一个。

(7) 驱蚊器外壳一个。

(8) 开关一个。

(9) 单片机供电模块一个。

(10) 100kΩ 电位器两个。

(11) 电烙铁及排针、焊锡、杜邦线若干。

软件软件设计只需要用到 MDK 5 开发环境。

21.3.1 系统软件设计

1. I/O 初始化

该设计中产生的低频波,需要使用延时来控制 I/O 口输出高、低电平频率。在设计中需要进行延时函数初始化,设置一个 I/O 口进行输出。而延时函数初始化则不必介绍,只需直接调用 delay_init()。

```
void Bell_Cfg(void)
{
    GPIO_InitTypeDef bell_gpio;
    RCC_APB2PeriphClockCmd(RCC_APB2Periph_GPIOB, ENABLE);
    /* 蜂鸣器 I/O 配置 */
    bell_gpio.GPIO_Pin = GPIO_Pin_0;
    bell_gpio.GPIO_Mode = GPIO_Mode_Out_PP;      //通用推挽输出
    bell_gpio.GPIO_Speed = GPIO_Speed_2MHz;      //2MHz
    GPIO_Init(GPIOB, &bell_gpio);
}
```

2. 声波合成 PWM 输出设置

高频波的频率比较高,这时再用 I/O 口来输出显然不合适,于是选用 PWM 来输出,将占空比调为 50%,即可驱动超声波喇叭发出高频波。在这里输出声音,所以还是将 PWM 输出极性调成高,只需输出频率即可。

```
void TIM1_PWM_Init(u16 arr,u16 psc)
{
GPIO_InitTypeDef GPIO_InitStructure;
TIM_TimeBaseInitTypeDef TIM_TimeBaseStructure;
TIM_OCInitTypeDef TIM_OCInitStructure;

RCC_APB2PeriphClockCmd(RCC_APB2Periph_TIM1, ENABLE);
//使能 GPIO 外设时钟使能
RCC_APB2PeriphClockCmd(RCC_APB2Periph_GPIOA , ENABLE);
//设置该引脚为复用输出功能,输出 TIM1_CH1 的 PWM 脉冲波形
GPIO_InitStructure.GPIO_Pin = GPIO_Pin_8;          //TIM_CH1
GPIO_InitStructure.GPIO_Mode = GPIO_Mode_AF_PP;    //复用推挽输出
GPIO_InitStructure.GPIO_Speed = GPIO_Speed_50MHz;
GPIO_Init(GPIOA, &GPIO_InitStructure);
//设置在下一个更新事件装入活动的自动重装载寄存器频率的值 80kHz
TIM_TimeBaseStructure.TIM_Period = arr;
//设置用来作为 TIMx 时钟频率除数的预分频值不分频
TIM_TimeBaseStructure.TIM_Prescaler = psc;
TIM_TimeBaseStructure.TIM_ClockDivision = 0;        //设置时钟分割:TDTS = Tck_tim
//TIM 向上计数模式
TIM_TimeBaseStructure.TIM_CounterMode = TIM_CounterMode_Up;
//根据 TIM_TimeBaseInitStruct 中指定的参数初始化 TIMx 的时间基数单位
TIM_TimeBaseInit(TIM1, &TIM_TimeBaseStructure);
//选择定时器模式:TIM 脉冲宽度调制模式 2
TIM_OCInitStructure.TIM_OCMode = TIM_OCMode_PWM2;
TIM_OCInitStructure.TIM_OutputState = TIM_OutputState_Enable;   //比较输出使能
TIM_OCInitStructure.TIM_Pulse = 0;                  //设置待装入捕获比较寄存器的脉冲值
//输出极性:TIM 输出比较极性高
TIM_OCInitStructure.TIM_OCPolarity = TIM_OCPolarity_High;
```

```
//根据 TIM_OCInitStruct 中指定的参数初始化外设 TIMx
TIM_OC1Init(TIM1, &TIM_OCInitStructure);
TIM_CtrlPWMOutputs(TIM1,ENABLE);                    //MOE 主输出使能
TIM_OC1PreloadConfig(TIM1, TIM_OCPreload_Enable);   //CH1 预装载使能
TIM_ARRPreloadConfig(TIM1, ENABLE);                 //使能 TIMx 在 ARR 上的预装载寄存器
TIM_Cmd(TIM1, ENABLE);                              //使能 TIM1
}
```

3. 串口初始化

在本设计中,还是需要使用蓝牙对驱蚊器进行遥控,并用语音模块进行相应的提示,所以还是需要进行两个串口的初始化。将两个串口的收发端引脚初始化,并且只给 USART1设置中断,最后将它们使能。

```
void uart1_init(u32 bound)
{
    //GPIO 端口设置
    GPIO_InitTypeDef GPIO_InitStructure;
    USART_InitTypeDef USART_InitStructure;
    NVIC_InitTypeDef NVIC_InitStructure;
    RCC_APB1PeriphClockCmd(RCC_APB1Periph_USART2, ENABLE);
    RCC_APB2PeriphClockCmd(RCC_APB2Periph_USART1|RCC_APB2Periph_GPIOA, ENABLE);
                                                       //使能 USART1,GPIOA 时钟
    USART_DeInit(USART1);                              //复位串口 1
    //USART1_TX PA.9
    GPIO_InitStructure.GPIO_Pin = GPIO_Pin_9;          //PA.9
    GPIO_InitStructure.GPIO_Speed = GPIO_Speed_50MHz;
    GPIO_InitStructure.GPIO_Mode = GPIO_Mode_AF_PP;    //复用推挽输出
    GPIO_Init(GPIOA, &GPIO_InitStructure);             //初始化 PA9
    //USART1_RX PA.10
    GPIO_InitStructure.GPIO_Pin = GPIO_Pin_10;
    GPIO_InitStructure.GPIO_Mode = GPIO_Mode_IN_FLOATING; //浮空输入
    GPIO_Init(GPIOA, &GPIO_InitStructure);             //初始化 PA10
    RCC_APB1PeriphClockCmd(RCC_APB1Periph_USART2, ENABLE);
    USART_DeInit(USART2);                              //复位串口 1
    //USART2_TX PA.9
    GPIO_InitStructure.GPIO_Pin = GPIO_Pin_2;          //PA.2
    GPIO_InitStructure.GPIO_Speed = GPIO_Speed_50MHz;
    GPIO_InitStructure.GPIO_Mode = GPIO_Mode_AF_PP;    //复用推挽输出
    GPIO_Init(GPIOA, &GPIO_InitStructure);             //初始化 PA9
    //USART2_RX PA.10
    GPIO_InitStructure.GPIO_Pin = GPIO_Pin_3;
    GPIO_InitStructure.GPIO_Mode = GPIO_Mode_IN_FLOATING; //浮空输入
    GPIO_Init(GPIOA, &GPIO_InitStructure);             //初始化 PA10
    //Usart1 NVIC 配置
    NVIC_InitStructure.NVIC_IRQChannel = USART1_IRQn;
    NVIC_InitStructure.NVIC_IRQChannelPreemptionPriority = 3; //抢占优先级 3
    NVIC_InitStructure.NVIC_IRQChannelSubPriority = 3;     //子优先级 3
    //IRQ 通道使能
```

```
    NVIC_InitStructure.NVIC_IRQChannelCmd = ENABLE;
    NVIC_Init(&NVIC_InitStructure);              //根据指定的参数初始化 VIC 寄存器
    //USART 初始化设置
    USART_InitStructure.USART_BaudRate = bound;         //一般设置为 9600
    //字长为 8 位数据格式
    USART_InitStructure.USART_WordLength = USART_WordLength_8b;
    USART_InitStructure.USART_StopBits = USART_StopBits_1;//一个停止位
    USART_InitStructure.USART_Parity = USART_Parity_No;   //无奇偶校验位
    USART_InitStructure.USART_HardwareFlowControl = USART_HardwareFlowControl_None;
                                                 //无硬件数据流控制
    //收发模式
    USART_InitStructure.USART_Mode = USART_Mode_Rx | USART_Mode_Tx;
    USART_Init(USART1, &USART_InitStructure);        //初始化串口
    USART_ITConfig(USART1, USART_IT_RXNE, ENABLE);   //开启中断
    USART_Cmd(USART1, ENABLE);                        //使能串口
    USART_Init(USART2, &USART_InitStructure);        //初始化串口
    USART_Cmd(USART2, ENABLE);                        //使能串口
}
```

4. 导入语音合成发送函数

在驱蚊器中会用到语音提示,所以需要将语音指令合成函数,发送函数再复制到 usart. c 中,并且在 usart. h 中声明一下。

```
void USART_Send_Byte(u8 mydata)
{
    USART_ClearFlag(USART2,USART_FLAG_TC);
    USART_SendData(USART2, mydata);
    while(USART_GetFlagStatus(USART2,USART_FLAG_TC) == RESET);
    USART_ClearFlag(USART2,USART_FLAG_TC);
}
void TTSPlay(char * Text)
{
    u8 i = 0;
    u8 xorcrc = 0, ulen;
    u8 SoundBuf[110];
    ulen = strlen(Text);
    SoundBuf[0] = 0xFD;
    SoundBuf[1] = 0x00;
    SoundBuf[2] = ulen + 3;
    SoundBuf[3] = 0x01;
    SoundBuf[4] = 0x00;
    for (i = 0; i < ulen; i++)
    {
            SoundBuf[5 + i] = Text[i];
    }
    for (i = 0; i < ulen + 5; i++)
    {
```

```
            xorcrc = xorcrc ^ SoundBuf[ i ];
        }
        for ( i = 0; i < ulen + 5; i++ )
        {
                USART_Send_Byte(SoundBuf[ i ]);
        }
        USART_Send_Byte(xorcrc);
}
```

5. 编写主函数

接下来进行主函数的编写。该函数的结构很明确,首先是进行各种固件的初始化,然后就是用 while 循环,通过延时来设置频率。在这里最好使用 SystemInit()函数,使时钟信号更精准。

```
int main(void)
{
    u16 i;
    SystemInit();
    Bell_Cfg();                      //系统初始化
    delay_init();                    //延时函数初始化
    TIM1_PWM_Init(35999,0);          //不分频,PWM 频率 = 72MHz/(3599 + 1) = 20kHz
    NVIC_Configuration();            //设置中断优先级分组
    uart1_init(9600);                //串口初始化为 9600
    TIM_SetCompare1(TIM1,1799);
    LED_Cfg();
    TTSPlay("进入驱蚊模式,正发出超声波,请将声音强度调至您舒适的范围内");
    while (1)
    {
        for(i = 0; i < 800; i++)
        {
                delay_us(625);
        BELL_ON;
        delay_us(625);
        BELL_OFF;
        }
        for(i = 0; i < 900; i++)
        {
                delay_us(620);
        BELL_ON;
        delay_us(620);
        BELL_OFF;
        }
    }
}
```

6. 编写串口中断函数

按照设计要求,需要使用蓝牙对驱蚊器进行遥控,改变 PWM 输出的频率,并且将占空比都设置成 50%,这就可以直接在串口中断函数中进行设置。所以编写串口中断函数,不仅要考虑让它接收数据,还要根据接收到指令字符的不同而有不同的操作,并且进行相关的语音提示。

```
void USART1_IRQHandler(void)                        //串口1中断服务程序
{
    u8 Res;
    Res = USART_ReceiveData(USART1); //(USART1 -> DR);    //读取接收到的数据
    USART_RX_BUF[0] = Res ;
    if(USART_RX_BUF[0]  == 'A')
    {
        TTSPlay("驱逐蚊种为:白纹伊蚊");
        AR = 36000;
        TIM1_PWM_Init(AR - 1,0);                //不分频,PWM 频率 = 72MHz/(3599 + 1) = 20kHz
        TIM_SetCompare1(TIM1,AR/2 - 1);
    }
    if(USART_RX_BUF[0]  == 'B')
    {
        TTSPlay("驱逐蚊种为:致倦库蚊");
        AR = 18000;
        TIM1_PWM_Init(AR - 1,0);                //不分频,PWM 频率 = 72MHz/(3599 + 1) = 20kHz
        TIM_SetCompare1(TIM1,AR/2 - 1);
    }
    if(USART_RX_BUF[0]  == 'C')
    {
        TTSPlay("驱逐蚊种为:中华按蚊");
        AR = 9000;
        TIM1_PWM_Init(AR - 1,0);                //不分频,PWM 频率 = 72MHz/(3599 + 1) = 20kHz
        TIM_SetCompare1(TIM1,AR/2 - 1);
    }
    if(USART_RX_BUF[0]  == 'D')
    {
        TTSPlay("演示无高频情况,仅有雄蚊振翅频率");
        TIM_SetCompare1(TIM1,0);
    }
    if(USART_RX_BUF[0]  == 'E')
    {
        TTSPlay("真实工作环境,加入超声波");
        TIM1_PWM_Init(3599,0);                //不分频,PWM 频率 = 72MHz/(3599 + 1) = 20kHz
        TIM_SetCompare1(TIM1,1799);
    }
    if(USART_RX_BUF[0]  == 'F')
    {
        TTSPlay("您位于北京,主要蚊种为:白纹伊蚊");
        AR = 36000;
        TIM1_PWM_Init(AR - 1,0);                //不分频,PWM 频率 = 72MHz/(3599 + 1) = 20kHz
        TIM_SetCompare1(TIM1,AR/2 - 1);
    }
```

```
if(USART_RX_BUF[0] == 'G')
{
    TTSPlay("您位于上海,主要蚊种为:致倦库蚊");
    AR = 18000;
    TIM1_PWM_Init(AR - 1,0);              //不分频,PWM 频率 = 72MHz/(3599 + 1) = 20kHz
    TIM_SetCompare1(TIM1,AR/2 - 1);
}
if(USART_RX_BUF[0] == 'H')
{
    TTSPlay("您位于广州,主要蚊种为:中华按蚊");
    AR = 9000;
    TIM1_PWM_Init(AR - 1,0);              //不分频,PWM 频率 = 72MHz/(3599 + 1) = 20kHz
    TIM_SetCompare1(TIM1,AR/2 - 1);
}
if(USART_RX_BUF[0] == 'I')
{
    TTSPlay("该驱蚊器由北京科技大学物联网系研发,结合 BP 神经网络与单片机,模仿雄蚊飞
行遇到雌蚊发出的超声波,并加入振翅频率,达到最有效的仿生驱蚊效果");
    }
}
```

7. 蓝牙设置

蓝牙设置见蓝牙实验(17.3 节),蓝牙模块的指示灯开始快闪,代表已经设置好,在手机端则需要设置蓝牙软件的按键,使它可以分别发出不同的指令字符,如图 21.2 所示。

图 21.2　蓝牙软件界面

21.3.2 系统硬件连接

软件编程完成后,还需要焊制声音合成的电路板。焊接好的电路板如图21.3所示。喇叭的一端永远和单片机的GND端连接,另一端则和单片机的PB0和PA8同时连接,但都串联有一个电位器以调节功率。连接好的合成声波部分的实物电路图如图21.4所示。

图21.3 焊接好的合成声波电路板

图21.4 合成声波部分的实物电路图

检查电路没有问题后,将该发声电路与灭蚊器结合,制作灭蚊与驱蚊一体的装置。灭蚊器的原理比较简单,只有一个紫光LED和一个风扇,搭载合成声波电路的驱蚊器实物电路图如图21.5所示。

最后将所有硬件装入驱蚊器外壳,该装置具有一个选择开关,可以让用户自行选定是灭蚊模式还是驱蚊模式。在外壳上,还保留有调节幅度的电位器旋钮和电源开关。制作好的电子驱蚊器如图21.6所示,整个设备已经可以投入实际使用了。

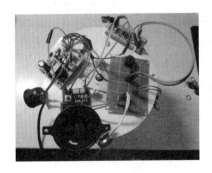
图21.5 搭载合成声波电路的驱蚊器实物电路图

图21.6 电子驱蚊器整体实物外观

21.4 电子灭蚊器功能

本章设计制作的电子驱蚊器具有如下功能:

(1) 开机,将模式选择为驱蚊模式,LED不亮、风扇不转,喇叭发出800Hz和2kHz合成的声波。

（2）在 APP 按下"白纹伊蚊"按钮，PWM 发出 2kHz 的信号，语音提示："驱逐蚊种为：白纹伊蚊"。

（3）在 APP 按下"致倦库蚊"按钮，PWM 发出 4kHz 的信号，语音提示："驱逐蚊种为：致倦库蚊"。

（4）在 APP 按下"中华按蚊"按钮，PWM 发出 8kHz 的信号，语音提示："驱逐蚊种为：中华按蚊"。

（5）在 APP 按下"北京"按钮，PWM 发出 2kHz 的信号，语音提示："您位于北京，主要蚊种为：白纹伊蚊"。

（6）在 APP 按下"上海"按钮，PWM 发出 4kHz 的信号，语音提示："您位于上海，主要蚊种为：致倦库蚊"。

（7）在 APP 按下"广州"按钮，PWM 发出 8kHz 的信号，语音提示："您位于广州，主要蚊种为：中华按蚊"。

（8）在 APP 按下"无高频"按钮，PWM 不发出信号，语音提示："演示无高频情况，仅有雄蚊振翅频率"。

（9）在 APP 按下"真实"按钮，PWM 发出 20kHz 的超声波信号，语音提示："真实工作环境，加入超声波"。

（10）在 APP 按下"介绍"按钮，则不会改变 PWM 设置，而是用语音读一段介绍性的文字。

21.5　本章小结

本章介绍了电子驱蚊器的设计过程，声波合成部分是本系统的重要部分。声波合成使用 MATLAB 处理的信号，通过 STM32 的 PWM 输出产生不同蚊子的声音。设计的系统可以同时发出雄蚊振翅频率和雄蚊飞行发出的超声波频率。设计中，三种蚊子设置的频率分别是 2kHz、4kHz 和 8kHz，通过设置 PWM 的自动重装系数可以改变为各种频率。

系统其他部分的设计还包括用蓝牙模块遥控驱蚊器来切换高频声波频率，低频的 800Hz 是不需要切换的。在切换的过程中，会有语音提示对应的蚊种。

第22章

室内环境监控系统设计

本章学习目标
1. 了解三种常用传感器的使用方法。
2. 学习使用 STM32 进行传感器数据采集与处理。
3. 掌握 STM32 的 I2C 的基础知识。

22.1 系统概述

　　日常生活中,经常会见到各种各样监控室内环境的传感器,如蔬菜大棚的温湿度传感器、写字楼的烟雾报警器。人们出于各种目的对室内环境进行监管,已经变成了一种刚性需要,各种传感器也与单片机完美兼容。使用单片机获取环境的数据已经成为嵌入式入门的必备课程之一。

　　本章设计一个室内环境监控系统,设计中结合温湿度、光照强度和空气质量三种传感器,使用单片机将环境参数打印在 PC 端的串口调试助手上。DHT11 温湿度传感器使用的是单总线技术,需要自行编辑函数将读取到的不同时长的高低电平转换成 0 和 1,得出最终结果。BH1750 光照强度传感器使用的是 I2C 接口,STM32 自身所带的 I2C 接口性能不稳定,本设计通过电平来模拟 I2C 接口。MQ-135 空气质量传感器比较简单,可以直接使用 ADC 读取到传感器输出的电压,也就代表了当前的空气质量。

　　总体来说,本章就是将三种传感器的数据通过 STM32 汇总起来,STM32 再将数据通过串口传递给计算机,在串口调试助手中打印,从而实现对于环境的实时监控。

22.2 DHT11 温湿度传感器

　　DHT11 是一款温湿度一体化的数字传感器,它使用专用的数字模块采集技术和温湿度传感技术,具有超快响应、抗干扰能力强、性价比高等优点,并具有极高的可靠性与长期稳定性。每个 DHT11 传感器都在极为精确的湿度校验室中进行校准。校准系数以程序的形式存储在 OTP 内存中,传感器内部在检测信号的处理过程中要调用这些校准系数。单线制串行接口可使系统集成变得简易、快捷;超小的体积、极低的功耗,信号传输距离可达 20m 以上,使 DHT11 成为各类应用甚至最为苛刻的应用场合的最佳选择。DHT11 传感器包括一个电阻式感湿元件和一个 NTC 测温元件,外观如图 22.1 所示。

DHT11 为 4 针单排引脚封装,如图 22.2 所示,引脚及说明见表 22.1。其中,DHT11 的供电电压为 3~5.5V。传感器上电后,要等待 1s 以越过不稳定状态,在此期间无须发送任何指令。电源引脚(VDD,GND)之间可增加一个 100nF 的电容,用以去耦滤波。Dout 为串行接口(单线双向),用于单片机与 DHT11 之间的通信和同步,采用单总线数据格式,一次通信时间为 4ms 左右,用户 MCU 发送一次开始信号后,DHT11 从低功耗模式转换到高速模式,等待主机开始信号结束后,DHT11 发送响应信号,送出 40 位的数据,并触发一次信号采集,用户可选择读取部分数据。从模式下,DHT11 接收到开始信号触发一次温湿度采集,如果没有接收到主机发送开始信号,DHT11 不会主动进行温湿度采集,采集数据后转换到低速模式。

图 22.1　DHT11 传感器实物图

图 22.2　DHT11 引脚图

表 22.1　DHT11 引脚及说明

序号	引脚名称	类型	引脚说明
1	VCC	电源	正电源输入,3~5.5V DC
2	Dout	输出	单总线,数据输入/输出引脚
3	NC	空	空脚,扩展未用
4	GND	地	电源地

通过与单片机等微处理器简单的电路连接,DHT11 就能够实时地采集本地湿度和温度。DHT11 与单片机之间能采用简单的单总线进行通信,仅需要一个 I/O 口。传感器内部湿度和温度数据以 40 位的数据一次性传给单片机,数据采用校验和方式进行校验,有效地保证了数据传输的准确性。

DHT11 是单总线器件,使用时要求采用严格的信号时序,以保证数据的完整性。主要的时序信号有:

(1) 复位脉冲和应答脉冲:单总线上的所有通信都以初始化序列开始。主机输出低电平,以产生复位脉冲,接着主机释放总线,并进入接收模式(Rx)。

(2) 写时序:写操作包括写 0 时序和写 1 时序。所有写时序至少需要 60μs,且在两次独立的写时序之间至少需要 1μs 的恢复时间。

（3）读时序：单总线器件仅在主机发出读时序时，才向主机传输数据，所以，在主机发出读数据命令后，必须马上产生读时序，以便从机能够传输数据。

22.3　BH1750 光照强度传感器

BH1750 是一种用于两线式串行总线接口的数字型光照强度传感器集成电路，其输出对应亮度的数字值。这种集成电路可以根据收集的光线强度数据，来调整液晶或者键盘背景灯的亮度。利用它的高分辨率可以探测较大范围（1～65 535lx）的光照强度变化。

设计时可参考图 22.3，其中，C1、C2 为电源滤波电容；R1、R3 为 I2C 上拉电阻；ADDR 是 I2C 通信时设备地址的选择；DVI 是 I2C 总线的参考电压端口，也是整个芯片的非同步 Reset 端口，参考图 22.3 连接 DVI，即可满足延时要求。

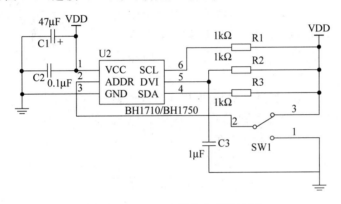

图 22.3　BH1750 模块参考设计图

BH1750 使用中需要了解一些相关参数，见表 22.2 和表 22.3。

表 22.2　BH1750 最大额定参数

参数	符号	额定值	单位
电源电压	V_{max}	4.5	V
运行温度	Topr	$-40\sim85$	℃
储存温度	T_{stg}	$-40\sim100$	℃
反向电流	I_{max}	7	mA
功率损耗	P_d	260	mW

表 22.3　BH1750 运行条件

参数	符号	最小值	时间	最大值	单位
VCC 电压	VCC	2.4	3.0	3.6	V
I2C 参考电压	V_{DVI}	1.65	—	VCC	V

BH1750 传感器具有主要特点有：支持 I2C BUS 接口，有两种可选的 I2C 从机地址；接近视觉灵敏度的光谱灵敏度特性；通过降低功率功能实现低电流化；通过 50Hz/60Hz 除

光噪声功能实现稳定的测定；支持1.8V逻辑输入接口；光源依赖性弱；可调的测量结果，影响较大的因素为光入口大小；最小误差变动为±20%；受红外线影响很小；使用时不需要其他外部件。

22.4 MQ135空气质量传感器

MQ135传感器对氨气、硫化物、苯系蒸汽的灵敏度高，对烟雾和其他有害物的监测也很理想。这种传感器可检测多种有害气体，是一款适合多种应用的低成本传感器，广泛适用于家庭用气体泄漏报警器、工业用可燃气体报警器以及便携式气体检测器。MQ135气体传感器所使用的气敏材料是在清洁空气中电导率较低的二氧化锡。当传感器所处环境中存在污染气体时，传感器的电导率随空气中污染气体浓度的增加而增大。使用简单的电路即可将电导率的变化转换为与该气体浓度相对应的输出信号。

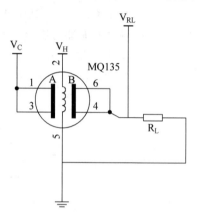

图22.4 MQ135测试电路图

MQ135传感器的基本测试电路见图22.4。该传感器需要施加2个电压：加热器电压（V_H）和测试电压（V_C）。图中，V_H为传感器提供特定的工作温度，可用直流电源或交流电源；V_{RL}是传感器串联的负载电阻（R_L）上的电压；V_C是为负载电阻R_L提供测试的电压，必须用直流电源。

使用时需要参考MQ135的标准工作条件、环境条件和灵敏度特性参数，详见表22.4～表22.6。

表22.4 MQ135标准工作条件

参数名称	技术条件	备注
回路电压	≤24V	DC
加热电压	5.0V±0.2V	AC或DC
负载电阻	可调	—
加热电阻	31Ω±3Ω	室温
加热功耗	≤900mW	—

表22.5 MQ135环境条件

参数名称	技术条件	备注
使用温度	−10～+50℃	
储存温度	−20～+70℃	—
相对湿度	小于95%	
氧气浓度	21%（标准条件），氧气浓度会影响灵敏度特性	最小值大于2%

表 22.6　MQ135 灵敏度特性

参数名称	技 术 参 数	备注
敏感体表面电阻	2～20kΩ(100ppm NH3)	适用范围：10～1000ppm
浓度斜率	≤0.6	氨气,甲苯,氢气

使用时需注意,MQ135 检测的是污染气体的浓度,而不是普通的 PM2.5,两个概念不要混淆。该模块可以测量 10～1000ppm 的污染气体浓度,通过输出电压的改变表示不同的气体浓度。真实环境下,该模块的使用需要十几小时的预热,在本设计不要求精度的情况下,也可以正常使用。

22.5　STM32 的 I2C 简介

I2C(Inter-Integrated Circuit)总线是两线式串行总线,用于连接微控制器及其外围设备;由数据线 SDA 和时钟 SCL 构成的串行总线,可发送和接收数据;在 CPU 与被控 IC 之间、IC 与 IC 之间进行双向传送,高速 I2C 总线一般可达 400kbps 以上。I2C 接口接收和发送数据,并将数据从串行转换成并行,或从并行转换成串行;可以开启或禁止中断;接口通过数据引脚(SDA)和时钟引脚(SCL)连接到 I2C 总线。

I2C 接口有四种运行模式:从发送器、从接收器、主发送器和主接收器,默认模式为从模式。接口在生成起始条件后自动从从模式切换到主模式;当仲裁丢失或产生停止信号,则从主模式切换到从模式。I2C 接口允许多主机功能。主模式时,I2C 接口启动数据传输并产生时钟信号;串行数据传输总是以起始条件开始和停止条件结束;由软件控制产生起始条件和停止条件。从模式时,I2C 接口能识别它自己的地址(7 位或 10 位)和广播呼叫地址;软件控制开启或禁止广播呼叫地址的识别。

本章设计中,主系统中通过 I2C 接口向 BH1750 发送各种控制命令以及读取测量数据,有两个过程。

1. 主控器向 BH1750 发送控制命令

(1) 主控器产生通信启动信号。

(2) 主控器发送 8 位的地址数据(地址的最后一位应为 0,表示写命令)。

(3) 主控器读取 BH1750 的应答信号。

(4) 主控器发送 8 位的命令数据。

(5) 主控器读取应答。

(6) 主控器产生停止信号。

2. 主控器从 BH1750 读取数据

(1) 主控器产生通信启动信号。

(2) 主控器发送 8 位的地址数据(地址的最后一位应为 1,表示读命令)。

(3) 主控器读取应答。

(4) 主控器读取高 8 位数据。

(5) 主控器产生应答信号。

（6）主控器读取低 8 位数据。

（7）主控器产生应答信号。

（8）主控器产生停止信号。

22.6 室内环境监控系统设计

室内环境监控系统设计中，主要将三种传感器与 STM32 最小系统板进行通信实现数据传输，所需的硬件材料有：

（1）STM32 最小系统板一块。

（2）CH340 串口模块一个。

（3）DHT11 温湿度传感器一个。

（4）BH1750 光照强度传感器一个。

（5）MQ135 空气质量传感器一个。

系统软件设计只需用到 MDK 5 开发环境。

系统硬件连接比较简单，下面主要介绍 STM32 读入三种传感器数据的编程设计。

1. I/O 读入 DHT11 传感器数据

首先，DHT11 传感器需使用单总线技术，要初始化引脚，再根据时序设置总线的引脚配置函数。在这里，同一引脚需要不断进行读写操作，所以要不断进行重新设置，直接调用函数会方便一些。

```
u8 DHT11_Init(void)
{
    GPIO_InitTypeDef GPIO_InitStructure;
    //使能 PA 端口时钟
    RCC_APB2PeriphClockCmd(RCC_APB2Periph_GPIOA, ENABLE);
    //GPIOF9,F10 初始化设置
    GPIO_InitStructure.GPIO_Pin = GPIO_Pin_8;              //LED0 -->PB.5 端口配置
    GPIO_InitStructure.GPIO_Mode = GPIO_Mode_Out_PP;       //推挽输出
    GPIO_InitStructure.GPIO_Speed = GPIO_Speed_50MHz;      //I/O 口设置为 50MHz
    GPIO_Init(GPIOA, &GPIO_InitStructure);                 //根据设定参数初始化 GPIOB.5
    GPIO_SetBits(GPIOA,GPIO_Pin_8);
    DHT11_Rst();
    //返回 DHT11_Check()函数
    return 0;
}
void DHT11_PortIN(void)
{
    GPIO_InitTypeDef GPIO_InitStructure;
    //设置 pin 为输入
    GPIO_InitStructure.GPIO_Pin = GPIO_Pin_8 ;
    GPIO_InitStructure.GPIO_Speed = GPIO_Speed_50MHz;
    GPIO_InitStructure.GPIO_Mode = GPIO_Mode_IN_FLOATING; //浮动输入
    GPIO_Init(GPIOA,&GPIO_InitStructure);
```

```
}
void DHT11_PortOUT(void)
{
    GPIO_InitTypeDef GPIO_InitStructure;
    //设置 pin 为输出
    GPIO_InitStructure.GPIO_Pin = GPIO_Pin_8 ;
    GPIO_InitStructure.GPIO_Speed = GPIO_Speed_50MHz;
    GPIO_InitStructure.GPIO_Mode = GPIO_Mode_Out_PP;        //推挽输出
    GPIO_Init(GPIOA,&GPIO_InitStructure);
}
```

根据时序，要设置总线引脚的复位脉冲和应答脉冲、写时序和读时序函数。DHT11 数字温湿度传感器采用单总线数据格式，即单个数据引脚端口完成输入/输出双向传输。其数据包由 5 字节(40 位)组成。数据分为小数部分和整数部分，一次完整的数据传输为 40 位，高位先出。DHT11 的数据格式为：8 位湿度整数数据＋8 位湿度小数数据＋8 位温度整数数据＋8 位温度小数数据＋8 位校验和。其中，校验和数据为前 4 个字节相加。

```
//复位 DHT11
void DHT11_Rst(void)
{
    DHT11_PortOUT();                    //SET OUTPUT
    DHT11_DQ_OUT = 0;                   //拉低 DQ
    delay_ms(20);                       //拉低至少 18ms
    DHT11_DQ_OUT = 1;                   //DQ = 1
    delay_us(30);                       //主机拉高 20～40μs
}
//等待 DHT11 的回应。返回 1:未检测到 DHT11 的存在;返回 0:存在
u8 DHT11_Check(void)
{
    u8 retry = 0;
    DHT11_PortIN();
    while (DHT11_DQ_IN&&retry < 100)    //DHT11 会拉低 40～80μs
    {
    retry++;
    delay_us(1);
    }
    if(retry > = 100)return 1;
    else retry = 0;
    whil(!DHT11_DQ_IN&&retry < 100)     //DHT11 拉低后会再次拉高 40～80μs
    {
    retry++;
    delay_us(1);
    }
    if(retry > = 100) return 1;
    return 0;
}
//从 DHT11 读取一个位。返回值: 1/0
u8 DHT11_Read_Bit(void)
```

```
{
    u8 retry = 0;
    while(DHT11_DQ_IN&&retry < 100)            //等待变为低电平
    {
    retry++;
    delay_us(1);
    }
    retry = 0;
    while(!DHT11_DQ_IN&&retry < 100)           //等待变高电平
    {
    retry++;
    delay_us(1);
    }
    delay_us(40);                              //等待 40μs
    if(DHT11_DQ_IN)return 1;
    else return 0;
}
//从 DHT11 读取一个字节。返回值：读到的数据
u8 DHT11_Read_Byte(void)
{
    u8 i,dat;
    dat = 0;
    for (i = 0;i < 8;i++)
    {
    dat << = 1;
     dat| = DHT11_Read_Bit();
    }
    return dat;
}
//从 DHT11 读取一次数据。temp:温度值(范围:0～50℃),humi:湿度值(范围:20 % ～90 %)
//返回值: 0,正常;1,读取失败
u8 DHT11_Read_Data(u8 * temp,u8 * humi)
{
    u8 buf[5];
    u8 i;
    DHT11_Rst();
    if(DHT11_Check() == 0)
    {
    for(i = 0;i < 5;i++)//读取 40 位数据
    {
        buf[i] = DHT11_Read_Byte();
        printf(" % d",buf[i]);
    }
    if((buf[0] + buf[1] + buf[2] + buf[3]) == buf[4])
    {
        * humi = buf[0];
        * temp = buf[2];
    }
    }
    else return 1;
    return 0;
}
```

2. I2C 接口读入 BH1750 数据

使用 BH1750 传感器时,首先用电平模拟 I2C 接口。I2C 接口实际意义上只有两条线:SDA 和 SCL,分别是数据线和时钟线,因此,使用 I2C 接口的第一步就是使用结构体给这两条线初始化。配置成输出即可,相应代码如下:

```c
void IIC_Init(void)
{
    GPIO_InitTypeDef GPIO_InitStructure;
    //使能 GPIOB 时钟
    RCC_APB2PeriphClockCmd(RCC_APB2Periph_GPIOB, ENABLE );
    GPIO_InitStructure.GPIO_Pin = GPIO_Pin_8 | GPIO_Pin_9 ;
    GPIO_InitStructure.GPIO_Mode = GPIO_Mode_Out_PP;
    GPIO_InitStructure.GPIO_Speed = GPIO_Speed_50MHz;
    GPIO_Init(GPIOB, &GPIO_InitStructure);        //初始化 PB8.9
    IIC_SCL = 1;                                  //SCL 拉高
    IIC_SDA = 1;                                  //SDA 拉高
}
```

I2C 总线在传送数据过程中共有三种类型信号:

(1) 开始信号:SCL 为高电平时,SDA 由高电平向低电平跳变,开始传送数据。

(2) 结束信号:SCL 为高电平时,SDA 由低电平向高电平跳变,结束传送数据。

(3) 应答信号:接收数据的 IC 在接收到 8 位数据后,向发送数据的 IC 发出特定的低电平脉冲,表示已收到数据。CPU 向受控单元发出一个信号后,等待受控单元发出一个应答信号,CPU 接收到应答信号后,根据实际情况做出是否继续传递信号的判断。若未收到应答信号,判断为受控单元出现故障。

这些信号中,起始信号是必需的,结束信号和应答信号都可以不要。因此在使用的过程中,为 I2C 的时序编写一系列流程的程序来调用,相关代码如下:

```c
void IIC_Start(void) /* 函数名: I2C 起始信号 */
{
    SDA_OUT();          //SDA 线输出模式
    IIC_SDA = 1;        //SDA 拉高
    IIC_SCL = 1;        //SCL 拉高
    delay_us(4);        //延时
    IIC_SDA = 0;        //SCL 高电平的时候,SDA 由高到低,发出一个起始信号
    delay_us(4);        //延时
    IIC_SCL = 0;        //SCL 拉低
}
void IIC_Stop(void) /* 函数名: I2C 停止信号 */
{
    SDA_OUT();          //SDA 线输出模式
    IIC_SCL = 0;        //SCL 拉低
    IIC_SDA = 0;        //SDA 拉低
    delay_us(4);        //延时
    IIC_SCL = 1;        //SCL 拉高
    IIC_SDA = 1;        //SDA 拉高 SCL 高电平,SDA 由低到高,发出停止信号
```

```
    delay_us(4);                    //延时
}
u8 IIC_Wait_Ack(void) / * 函数名:等待应答 * /
{
    u8 timeout = 0;
    SDA_IN();                       //SDA 线输出模式
    IIC_SDA = 1;delay_us(1);        //SDA 拉高 延时
    IIC_SCL = 1;delay_us(1);        //SCL 拉高 延时
    //等待 SDA 变低,表示应答到来,不然一直 while 循环,直到超时
    while(READ_SDA)
    {
    timeout++;                      //超时计数 + 1
    if(timeout > 250)               //如果大于 250
    {
        IIC_Stop();                 //发送停止信号
        return 1;                   //返回 1,表示失败
    }
    }
    IIC_SCL = 0;                    //SCL 拉低
    return 0;                       //返回 0,表示成功
}
void IIC_Ack(void) / * 函数名:发送应答 * /
{
    IIC_SCL = 0;                    //SCL 拉低
    SDA_OUT();                      //SDA 线输出模式
    IIC_SDA = 0;                    //SDA 拉低,表示应答
    delay_us(2);                    //延时
    IIC_SCL = 1;                    //SCL 拉高
    delay_us(2);                    //延时
    IIC_SCL = 0;                    //SCL 拉低
}
void IIC_NAck(void) / * 函数名:不发送应答 * /
{
    IIC_SCL = 0;                    //SCL 拉低
    SDA_OUT();                      //SDA 线输出模式
    IIC_SDA = 1;                    //SDA 拉高,表示不应答
    delay_us(2);                    //延时
    IIC_SCL = 1;                    //SCL 拉高
    delay_us(2);                    //延时
    IIC_SCL = 0;                    //SCL 拉低
}
void IIC_Send_Byte(u8 txd) / * 函数名:发送一个字节 * /
{
    u8 t;
    SDA_OUT();                      //SDA 线输出模式
    IIC_SCL = 0;                    //SCL 拉低,开始数据传输
    for(t = 0;t < 8;t++)            //for 循环,一位一位的发送,从最高位(位 7)开始
    {
    //除了位 7 外,其余全屏蔽为 0,然后右移到位 0,给 SDA 数据线
    IIC_SDA = (txd&0x80)>> 7;
```

```
    txd << = 1;                          //左移一位,准备下一次发送
    delay_us(2);                         //延时
    IIC_SCL = 1;                         //SCL 拉高
    delay_us(2);                         //延时
    IIC_SCL = 0;                         //SCL 拉低
    delay_us(2);                         //延时
    }
}
u8 IIC_Read_Byte(unsigned char ack) / * 函数名:读取一个字节 * /
{
    u8 i, receive = 0;
    SDA_IN();                            //SDA 设置为输入
    for(i = 0; i < 8; i++)               //for 循环,一位一位的读取,从最高位(位 7)开始
    {
        IIC_SCL = 0;                     //SCL 拉低
        delay_us(2);                     //延时
        IIC_SCL = 1;                     //SCL 拉高
        receive << = 1;                  //左移一位,准备下次的读取
        if(READ_SDA)receive++;           //如果读取的是高电平,也就是 1,receive + 1
    delay_us(1);                         //延时
    }
    if (!ack)                            //不需要发送
        IIC_NAck();                      //发送 nACK
    else                                 //需要发送
        IIC_Ack();                       //发送 ACK
    return receive;
}
```

处理好 I2C 接口,就可以用其操作 BH1750 模块了。需要进行读数的时候,首先要初始化 I2C 接口,使用 I2C 接口对 BH1750 内部寄存器赋值、调整分辨率,等待模块内部初始化完毕。而在读取数据的过程中,也需要通过 I2C 接口发送起始信号、设备号等。因此,需要通过三个主要针对 BH1750 的函数来实现这些操作。

```
void Write_BH1750(u8 REG_Address) / * 函数名:写 BH1750 * /
{
    IIC_Start();                         //起始信号
    IIC_Send_Byte(0x46);                 //发送设备地址 + 写信号
    if(IIC_Wait_Ack())printf("等待应答超时 1\r\n");
    IIC_Send_Byte(REG_Address);          //内部寄存器地址
    if(IIC_Wait_Ack())printf("等待应答超时 2\r\n");
    IIC_Stop();                          //发送停止信号
}
void Read_BH1750(void) / * 函数名:读 BH1750 * /
{
    IIC_Start();                         //起始信号
    IIC_Send_Byte(0x47);                 //发送设备地址 + 读信号
    if(IIC_Wait_Ack())printf("等待应答超时 3\r\n");
    BUF[0] = IIC_Read_Byte(1);           //发送 ACK
```

```
        BUF[1] = IIC_Read_Byte(0);           //发送 NACK
        IIC_Stop();                          //停止信号
        delay_ms(5);
    }
    void Start_BH1750(void) /* 函数名：开启数据采集 */
    {
        IIC_Init();                          //I2C 总线初始化
        Write_BH1750(0x01);                  //上电
        Write_BH1750(0x10);                  //一种分辨率模式,至少 120ms,之后自动断电模式
    }
```

3. ADC 读取 MQ-135 检测数据

MQ-135 模块获得的数值就直接表示为电压的高低,可以直接通过 ADC 读取来获得。STM32 的 ADC 是 12 位逐次逼近型的模/数转换器,它有 18 个通道,可测量 16 个外部信号源和 2 个内部信号源。各通道的 ADC 转换可以单次、连续、扫描或间断模式执行。最大转换速率为 1MHz,也就是转换时间为 $1\mu s$。

ADC 通道 2 在 PA2 上,所以先要使能 PORTA 的时钟,然后设置 PA2 为模拟输入。使能 GPIOA 和 ADC 时钟用 RCC_APB2PeriphClockCmd 函数,设置 PA2 的输入方式,使用 GPIO_Init 函数即可。开启 ADC1 时钟之后要复位 ADC1,将 ADC1 的全部寄存器重设为默认值之后,就可以通过 RCC_CFGR 设置 ADC1 的分频因子。分频因子要确保 ADC1 的时钟(ADCCLK)不要超过 14MHz,否则容易失灵。相关代码如下:

```
RCC_APB2PeriphClockCmd(RCC_APB2Periph_GPIOA | RCC_APB2Periph_ADC1, ENABLE );
                                               //使能 ADC1 通道时钟
//设置 ADC 分频因子 6,72MHz/6 = 12MHz,ADC 最大频率不能超过 14MHz
RCC_ADCCLKConfig( RCC_PCLK2_Div6);
//PA1 作为模拟通道输入引脚
GPIO_InitStructure.GPIO_Pin = GPIO_Pin_1;
GPIO_InitStructure.GPIO_Mode = GPIO_Mode_AIN;          //模拟输入引脚
GPIO_Init(GPIOA, &GPIO_InitStructure);
```

下面开始用结构体 ADC_InitStructure 进行 ADC1 的模式配置,设置单次转换模式、触发方式选择、数据对齐方式等都在这一步实现。同时,还要设置 ADC1 规则序列的相关信息,这里只有一个通道,并且是单次转换的,所以设置规则序列中通道数为 1。

```
//ADC 工作模式:ADC1 和 ADC2 工作在独立模式
ADC_InitStructure.ADC_Mode = ADC_Mode_Independent;
ADC_InitStructure.ADC_ScanConvMode = DISABLE;          //模/数转换工作在单通道模式
//模/数转换工作在单次转换模式
ADC_InitStructure.ADC_ContinuousConvMode = DISABLE;
//转换由软件而不是外部触发启动
ADC_InitStructure.ADC_ExternalTrigConv = ADC_ExternalTrigConv_None;
ADC_InitStructure.ADC_DataAlign = ADC_DataAlign_Right;//ADC 数据右对齐
ADC_InitStructure.ADC_NbrOfChannel = 1;                //顺序进行规则转换的 ADC 通道的数目
//根据 ADC_InitStruct 中指定的参数初始化外设 ADCx 的寄存器
ADC_Init(ADC1, &ADC_InitStructure);
```

使能并校准 ADC1 是非常重要的,不像其他固件,ADC 的使能速度较慢,并且不校准的话会使结果有很大偏差。在这里需要一段确定使能和校准完毕的代码,如下:

```
ADC_Cmd(ADC1, ENABLE);                           //使能指定的 ADC1
ADC_ResetCalibration(ADC1);                      //使能复位校准
while(ADC_GetResetCalibrationStatus(ADC1));      //等待复位校准结束
ADC_StartCalibration(ADC1);                      //开启 ADC 校准
while(ADC_GetCalibrationStatus(ADC1));           //等待校准结束
```

接下来,在串口中断服务函数中进行设置,当接收到主节点发送的命令字时,调用函数读取模块的 ADC 值。和其他模块不同的是,模块的模拟量虽然被转化成了数字量,但是要作为展示给用户的数据,需要在单片机内部使用公式进行换算,最终得出与环境变量对应的数值来输出。

```
if(USART_RX_BUF[0] == 'E')                       //空气质量
{
    adcx = Get_Adc_Average(ADC_Channel_2,10);
    temp = (float)adcx/4096;
    air = (int)pow(10, temp * 2 + 1);
    AirDate[4] = air/100;
    AirDate[5] = (air - 100 * AirDate[4])/10;
    AirDate[6] = air % 10;
    for(t = 0;t < 9;t++)
    {
        USART1 -> DR = AirDate[t];
        while((USART1 -> SR&0X40) == 0);         //等待发送结束
    }
}
```

4. 串口打印配置

串口的配置可以参照 ADC 模/数转换实验(12.3 节),可以正常打印即可。编写完所有底层调用的函数,接下来就是回到主函数中,循环调用传感器的数据,通过串口打印。

```
While(1)
{
    while(DHT11_Init() == 1);
    delay_ms(1000);
    delay_ms(1000);
    DHT11_Read_Data(&temperature,&humidity);
    Start_BH1750();
    delay_ms(200);
    Read_BH1750();
    dis_data = BUF[0];
    dis_data = (dis_data << 8) + BUF[1];
    temp = (dis_data)/1.2;
    light = (int)temp;
    adcx = Get_Adc_Average(ADC_Channel_2,10);
```

```
temp = (float)adcx/4096;
//通过电压值与空气质量的转换公式,计算实际的空气质量
air = (int)pow(10,temp * 2 + 1);
printf("温度:%c\r\n湿度:%c\r\n光照强度:%c\r\n空气质量:%c\r\n\r\n",
temperature,humidity,light,air);
delay_ms(1000);}
```

软件设计完成后,将传感器插到电路板上,再将电路板通过 CH340 模块和计算机连接。打开串口,通电正常的情况下,计算机桌面的串口调试助手中会循环打印当前的温度、湿度、光照强度和空气质量。

22.7 本章小结

选取最需要关注是环境参数,是监测系统设计的第一步。除了本章设计中提到的三种传感器外,常见的还有气压、音量和 PM2.5 等参数,但实际上在室内监测中这些参数的意义不大,所以在设计之初只用到了设计中出现的三种传感器。

通过本章的设计,读者应初步体会到传感器是通过各种方式与单片机连接的,不仅有USART、SPI、I2C 这类的数据接口,还有单片机自身的外设,所以开发单片机本身就是一个设计它与外部器件协同工作的过程。对于 STM32F103 这种比较初级的单片机,自身的算法反而比较简单,也比较严谨,必须按照规定步骤配置好外设。

在本设计中,没有开发相应的上位机软件,所以就直接结合串口助手,将单片机采集的数据以字符串的形式打印出来。也就是说,单片机起到的作用就是一个汇总数据、打印显示的作用。如果配置了蜂鸣器或 LED,也可以开发报警的功能,学有余力的读者可以自行尝试。

STM32 编程 C 语言基础

A.1 STM32 编程 C 语言简介

　　C 语言编写 STM32 单片机应用程序,不用像汇编语言那样具体组织、分配存储器资源和处理端口数据,但对数据类型与变量的定义,必须要与单片机的存储结构相关联,否则编译器不能正确地映射定位。编写单片机应用程序的 C 语言与标准的 C 语言程序也有区别,C 语言编写单片机应用程序时,需根据单片机存储结构及内部资源定义相应的数据类型和变量,而标准的 C 语言程序不需要考虑这些问题。

　　STM32 单片机 C 语言编程时,包含的数据类型、变量存储模式、输入/输出处理、函数等方面与标准的 C 语言有一定的区别。其他的语法规则、程序结构及程序设计方法等与标准的 C 语言程序设计相同。区别在于:

　　(1) STM32 定义的库函数和标准 C 语言定义的库函数不同。标准 C 语言定义的库函数是按通用微型计算机来定义的,而 STM32 编程中的库函数是按 STM32 单片机相应情况来定义的。

　　(2) STM32 编程中的数据类型与标准 C 语言的数据类型也有一定的区别,增加了几种针对 STM32 单片机特有的数据类型。

　　(3) STM32 编程中的变量的存储模式与标准 C 中变量的存储模式不一样,其存储模式与 STM32 单片机的存储器紧密相关。

　　(4) STM32 编程中的输入/输出处理与标准 C 不一样,其输入/输出是根据不同的操作来设定的。

A.2 STM32 编程中的数据类型

　　编程过程中,不同的 MCU 或编译器,其数据类型的意义各不相同,所以一定要注意相应变量数据类型的定义和转换,否则在程序编译时候会出错。

MDK 的基本数据类型见表 A.1。

表 A.1 MDK 的基本数据类型

数据类型	关键字	长度(字节)
字符型	char	1
短整型	short int	2
整型	int	4
长整型	long int	4
单精度浮点型	float	4
双精度浮点型	double	8

另外,为了使用方便,MDK 还进行数据类型定义,见表 A.2。

表 A.2 MDK 的数据类型定义

原类型	新类型	含　义
unsigned char	uint8	无符号 8 位字符型
signed char	int8	有符号 8 位字符型
unsigned short	uint16	无符号 16 位短整型
signed short	int16	有符号 16 位短整型
unsigned int	uint32	无符号 32 位整型
signed int	int32	有符号 32 位整型
float	fp32	单精度浮点型(32 位长度)
double	fp64	双精度浮点型(64 位长度)

STM32 采用了大量的固件库,保存在 V3.5 库中的 STM32F10X.H 文件中,同时也有自己的数据类型定义,STM32 库中的数据类型定义见表 A.3。

表 A.3 STM32 库中的数据类型定义

类型	符号	长度(字节)	数据范围
有符号整型	s8	1	$-2^7 \sim (2^7-1)$
	s16	2	$-2^{15} \sim (2^{15}-1)$
	s32	4	$-2^{31} \sim (2^{31}-1)2^{31}$
	int64_t	8	$-2^{63} \sim (2^{63}-1)$
无符号整型	u8	1	$0 \sim 2^8$
	u16	2	$0 \sim 2^{16}$
	u32	4	$0 \sim 2^{32}$
	uint64_t	8	$0 \sim 2^{64}$

STM32 也使用 float 和 double 表达负数和小数。其中,float 至少能精确表示到小数点后 6 位,double 至少能精确到小数点后 10 位。

在编程过程中,不同 CPU 的数据类型的意义各不相同,所以一定要注意相应变量数据类型的定义和转换,否则在计算中可能会出现不确定的错误。

在 C 语言中,不同类型的数据间是可以混合运算的。在进行运算时,不同类型的数据要先转换成同一类型,然后进行运算。转换的规则如图 A.1 所示。其中,箭头的方向只表示数据类型级别的高低,由低向高转换,这个转换过程是一步到位的。

各类数据类型的转换,分为两种方式:隐式(编译软件自动完成)和显式(程序强制转换)。

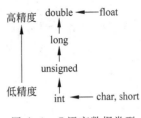

图 A.1　C 语言数据类型转换规则

1. 隐式转换规则

(1) 字符必须先转换为整型(C 语言规定字符类型数据和整型数据之间可以通用)。

(2) short 型转换为 int 型(同属于整型)。

(3) float 型数据在运算时一律转换为 double 型,以提高运算精度(同属于实型)。

(4) 赋值时,一律是右部值转换为左部类型。

其中,当整型数据和双精度数据进行运算时,先将整型数据转换成双精度型数据,再进行运算,结果为双精度类型数据;当字符型数据和实型数据进行运算时,先将字符型数据转换成实型数据,然后进行计算,结果为实型数据。

2. 显式转换规则:

例如:

```
(int)(x + y); //将(x + y)转换为 int
```

其中,强制类型转换时,得到一个所需要的中间变量,原来变量的类型未发生变化。

A.3　STM32 编程常用 C 语言知识点

这里主要介绍 STM32 开发中几个 C 语言基础知识点。

A.3.1　位操作

位操作是对基本类型变量在位级别进行操作。C 语言支持 6 种位操作,如表 A.4 所示。

表 A.4　C 语言中的位操作

运算符	含义	运算符	含义
&	按位与	~	取反
|	按位或	<<	左移
^	按位异或	>>	右移

与或非,取反,异或,右移,左移的运算规则,请阅读分析下面例子。

例如,设 a=0x45=01010100B,b=0x3b=00111011B,则 a&b、a|b、a^b、~a、a<<2、b>>2 的值分别为:

```
a&b = 00010000b = 0x10.
a|b = 01111111B = 0x7f.
a^b = 01101111B = 0x6f.
~a = 10101011B = 0xab.
a << 2 = 01010000B = 0x50.
b >> 2 = 00001110B = 0x0e.
```

在 STM32 开发中的位操作有一些实用技巧,如下所述。

1. 对指定位进行设置

不改变其他位的值的情况下,对一位或某几位进行设置。这种操作方法是先对需要设置的位,用"&"操作符进行清零操作,然后用"|"操作符赋值。

对 GPIOA 的状态修改,先对寄存器 CRL 的值进行"&"清零操作:

```
GPIOA -> CRL& = 0XFFFFFFF0; //将第 0~3 位清零
```

然后,再与需要设置的值进行或运算:

```
GPIOA -> CRL| = 0X00000004; //设置第 2 位的值,不改变其他位的值
```

2. 移位操作提高代码的可读性

例如,一个固件库的 GPIO 初始化的函数里面的一行代码:

```
GPIOx -> BSRR = (((uint32_t)0x01) << 5);
```

与下面直接设置一个固定的值相比:

```
GPIOx -> BSRR = 0x0030;
```

可以直观看出,将 BSRR 寄存器的第 5 位设置为 1,提高代码的可读性;如果将 5 改为变量 pinpos,是将第 pinpos 位设置为 1,代码可重用性也可以提高。

3. 使用"~"取反操作提高可读性

SR 寄存器的每一位代表一个状态,有时需要设置某一位的值为 0,同时其他位都保留为 1。例如,设置第 3 位为 0。可以直接给寄存器设置一个值:

```
TIMx -> SR = 0xFFF7;
```

也可以使用库函数代码:

```
TIMx -> SR = (uint16_t)~TIM_FLAG;
```

TIM_FLAG 通过宏定义来定义值:

```
#define TIM_FLAG_Update        ((uint16_t)0x0001)
#define TIM_FLAG_CC1           ((uint16_t)0x0002)
```

从宏定义中看出,TIM_FLAG_Update 设置第 0 位,可读性非常强。

A.3.2　宏定义和条件编译

1. define 宏定义

define 是 C 语言中的预处理命令,用于宏定义可以提高源代码的可读性,为编程提供方便。常见的格式:

```
♯define 标识符 字符串
```

"标识符"为所定义的宏名,"字符串"可以是常数、表达式、格式串等。例如:

```
♯define SYSCLK_FREQ_8MHz   8000000
```

定义标识符 SYSCLK_FREQ_8MHz 的值为 8000000。

2. ifdef 条件编译

STM32 程序开发过程中,经常会遇到一种情况,当满足某条件时对一组语句进行编译,而当条件不满足时则编译另一组语句。这时需要使用条件编译命令,常见形式为:

```
♯ifdef 标识符
程序段 1
♯else
程序段 2
♯endif
```

条件编译作用是,当标识符已经被定义过(一般是用♯define 命令定义),则对程序段 1 进行编译,否则编译程序段 2。其中,♯else 部分也可以没有,即:

```
♯ifdef
  程序段 1
♯endif
```

这个条件编译在 STM32 开发环境 MDK 里面用得很多,例如,在 stm32f10x.h 这个头文件中经常会看到这样的语句:

```
♯ifdef STM32F10X_MD
<中容量芯片需要的一些变量定义>
♯end
```

在需要引入<中容量芯片需要的一些变量定义>时,在代码中加入"♯define STM32F10X_MD"编译预处理命令即可,否则忽略对其编译。条件编译编程技巧在 STM32 中使用较多,有必要熟练掌握。

A.3.3　外部声明

C 语言中 extern 可以置于变量或者函数前,以表示变量或者函数的定义在其他文件中,编译器遇到此变量和函数时,在其他模块中来寻找其定义。可以多次用 extern 声明变量,但定义只有一次。例如,在 main.c 定义全局变量 u16 USART_RX_STA:

```
U8 USART_RX_STA; //变量定义
```

如果同一个工程中包含 test.c 文件,可以写一个声明语句将该变量引入并使用:

```
extern u8 USART_RX_STA;//变量声明,可以多次
void test(void){
printf("d%", USART_RX_STA);
}
```

A.3.4　定义类型别名

typedef 用于为现有类型创建一个新的名字,或称为类型别名。定义别名后,就可以用别名代替数据类型说明符对变量进行定义。别名可以用大写,也可以用小写,为了区别,一般用大写字母表示。在 MDK 中用得最多的就是定义结构体的类型别名和枚举类型。例如,有如下结构体类型定义:

```
struct _GPIO
{
  __IO uint32_t CRL;
  __IO uint32_t CRH;
  …
};
```

定义该类型变量的方式为:

```
struct  _GPIO  GPIOA;//定义结构体变量 GPIOA
```

MDK 中有很多这样的结构体变量需要定义,可以为结体定义一个别名 GPIO_TypeDef,在使用时可以通过别名 GPIO_TypeDef 来定义结构体变量:

```
typedef struct
{
  __IO uint32_t CRL;
  __IO uint32_t CRH;
  …
} GPIO_TypeDef;                    //结构体类型别名定义
GPIO_TypeDef _GPIOA, _GPIOB;       //结构体变量
```

这里,GPIO_TypeDef 与 struct _GPIO 是等同的作用。

A.3.5 结构体

MDK 中很多地方使用结构体以及结构体指针。结构体就是将多个变量组合为一个有机的整体。结构体的使用方法是先声明结构体类型,再定义结构体变量,最后,通过结构体变量引用其成员。

1. 声明结构体类型

结构体类型声明形式如下:

```
struct 结构体名
{
成员列表;
};
```

2. 定义结构体变量:

结构体变量定义形式如下:

```
struct 结构体名变量名列表;
```

例如:

```
struct U_TYPE {
   Int BaudRate
   Int  WordLength;  };
struct U_TYPE usart1,usart2, * usart3;
```

也可以在结构体声明的时候直接定义变量和指针。

3. 引用结构体成员变量:

结构体成员变量的引用方法是:

```
结构体变量名.成员名
结构体指针名->成员名
```

例如要引用 usart1 的成员 BaudRate,方法是:

```
usart1.BaudRate;
Usart3 -> BaudRate;
```

STM32 程序开发过程中,经常会遇到要初始化一个外设,如串口,它的初始化状态是由几个属性来决定的,如串口号、波特率、极性以及模式。不使用结构体的初始化函数形参列表是这样的:

```
void USART_Init(u8 usartx,u32 BaudRate,u8 parity,u8 mode);
```

如果需要增加一个入口参数，需要做如下修改：

```
void USART_Init (u8 usartx,u32 BaudRate, u8 parity,u8 mode,u8 wordlength );
```

函数的入口参数随着开发不断地增多，就要不断地修改函数的定义。使用结构体就能解决这个问题了：只需要改变结构体的成员变量，就可以达到改变入口参数的目的。

参数 BaudRate、wordlength、Parity、mode、wordlength 对于串口而言，是一个有机整体，可以将其定义成一个结构体。MDK 中是这样定义的：

```
typedef struct {
uint32_t USART_BaudRate;
uint16_t USART_WordLength;
uint16_t USART_StopBits;
uint16_t USART_Parity;
uint16_t USART_Mode;
uint16_t USART_HardwareFlowControl; } USART_InitTypeDef;
```

这样，初始化串口的时候，入口参数可以使用 USART_InitTypeDef 类型的变量或者指针变量，MDK 中是这样做的：

```
void USART_Init(USART_TypeDef * USARTx, USART_InitTypeDef * USART_InitStruct);
```

其中，USART_TypeDef 和 USART_InitTypeDef 是两种结构体类型。在结构体中加入新的成员变量，就可以达到修改入口参数同样的目的，不用修改任何函数定义，同时可以提高代码的可读性。

参 考 文 献

［1］ 严海蓉.嵌入式微处理器原理与应用——基于 ARM Cortex-M3 微控制器［M］.北京：清华大学出版社，2014.

［2］ 意法半导体.STM32 中文参考手册.第十版. 2010.

［3］ 周立功.单片机 MF RC500 高集成度 ISO14443A 读写卡芯片.广州：广州周立功单片机发展有限公司，2010.

［4］ 宇音天下. SYN6288 中文语音合成芯片数据手册.2010.

［5］ 刘作新.高电压、大电流电相驱动芯片 L298［J］.电子世界，2003(9).

［6］ 刘火良. STM32 库开发实战指南：基于 STM32F103［M］. 2 版.北京：机械工业出版社. 2017.

［7］ 沈红卫.STM32 单片机应用与全案例实践［M］.北京：电子工业出版社. 2017。

［8］ 杨余柳.基于 ARM Cortex-M3 的 STM32 微控制器实战教程［M］. 2 版.北京：中国电力出版社. 2014.

［9］ 赵庆松,苏敏.基于 ARM 的直流电机调速系统的设计与实现［J］.微计算机信息，2007(02)：173-175.

［10］ 张来源.基于智能硬件的蚊类灭杀设计与实现［D］.哈尔滨：黑龙江大学,2016.

图书资源支持

感谢您一直以来对清华版图书的支持和爱护。为了配合本书的使用，本书提供配套的资源，有需求的读者请扫描下方的"书圈"微信公众号二维码，在图书专区下载，也可以拨打电话或发送电子邮件咨询。

如果您在使用本书的过程中遇到了什么问题，或者有相关图书出版计划，也请您发邮件告诉我们，以便我们更好地为您服务。

我们的联系方式：

地 址：北京市海淀区双清路学研大厦 A 座 701

邮 编：100084

电 话：010－62770175－4608

资源下载：http://www.tup.com.cn

客服邮箱：tupjsj@vip.163.com

QQ：2301891038（请写明您的单位和姓名）

资源下载、样书申请

书圈

扫一扫，获取最新目录

用微信扫一扫右边的二维码，即可关注清华大学出版社公众号"书圈"。